刘培杰数学工作室

前提不匹配的T-S模糊时滞系统的稳定性分析与镇定

STABILITY ANALYSIS AND STABILIZATION FOR T-S FUZZY SYSTEMS WITH TIME-DELAY UNDER IMPERFECT PREMISE MATCHING

张泽健 编著

HITP
哈爾濱工業大學出版社
HARBIN INSTITUTE OF TECHNOLOGY PRESS

内 容 简 介

本书共6章,包括绪论,前提不匹配的T-S模糊时滞系统时滞无关稳定性分析与控制器设计,T-S模糊系统时滞相关镇定及鲁棒稳定性分析等.

本书适合相关专业人员参考阅读.

图书在版编目(CIP)数据

前提不匹配的T-S模糊时滞系统的稳定性分析与镇定/
张泽健编著.—哈尔滨:哈尔滨工业大学出版社,
2024.11.—ISBN 978－7－5767－1788－4

Ⅰ.TP13

中国国家版本馆CIP数据核字第2024XK8011号

QIANTI BU PIPEI DE T-S MOHU SHIZHI XITONG DE WENDINGXING FENXI YU ZHENDING

策划编辑　刘培杰　张永芹
责任编辑　王勇钢
封面设计　孙茵艾
出版发行　哈尔滨工业大学出版社
社　　址　哈尔滨市南岗区复华四道街10号　邮编150006
传　　真　0451-86414749
网　　址　http://hitpress.hit.edu.cn
印　　刷　哈尔滨午阳印刷有限公司
开　　本　787 mm×1 092 mm　1/16　印张13.25　字数213千字
版　　次　2024年11月第1版　2024年11月第1次印刷
书　　号　ISBN 978－7－5767－1788－4
定　　价　98.00元

前言

日本学者 Takagi（高木）和 Sugeno（关野）给出 T-S（Takagi-Sugeno）模糊模型的定义，为模糊控制理论的研究提供了更广泛的研究空间. 万能逼近定理的提出又为 T-S 模糊模型能够以任意精度逼近非线性系统提供了充分的理论依据. 因此，通过 T-S 模糊模型的控制方法来分析和综合非线性系统的一些特性是行之有效的，并且也会取得比较好的控制效果. 在实际工程系统中，工业生产技术的迅猛发展与计算机技术的广泛应用，使得控制系统中出现了越来越多的高度非线性和时间滞后的现象. 时滞的存在使得系统在控制理论分析和工程实践方面都有着特殊的困难，并且是造成实际系统中的控制性能指标严重恶化，使系统难以保持稳定状态的重要因素. 因此，对于时滞系统稳定性的研究无论在控制理论方面还是在实际应用方面都有着广泛的研究价值. 然而，直接对非线性时滞系统进行建模与控制是有很大困难的. 鉴于 T-S 模糊模型能够很好地描述非线性系统，所以对于含有时滞的 T-S 模糊系统稳定性问题的研究受到国内外理论界以及工程界学者的广泛关注.

本书提出了前提不匹配的 T-S 模糊时滞模型，此时该模型中的被控对象与模糊控制器拥有不同的隶属度函数. 针对这类时滞系统，作者给出了改进的具有较小保守性的稳定性条件,鲁棒稳定性判据以及不同于传统并行分布补偿(parallel distributed compensation,PDC)控制器的设计方法.该设计方法弥补了并行分布补偿设计方法的不足,并且提高了控制器设计的灵活性.

本书分别研究了前提不匹配条件下连续和离散型的T-S模糊时滞系统时滞无关的稳定性以及相应的控制器设计问题.由于前提不匹配条件的提出,使得模糊控制器的隶属度函数可以选取不同于模糊模型的隶属度函数,因此与已有文献的分析方法不同的是,本书在分析过程中考虑了二者隶属度函数的信息,并且给出了二者隶属度函数之间的关系,所以得到了具有较小保守性的时滞无关的稳定性条件.同时基于该稳定性条件,本书还给出了前提不匹配的控制器设计方法.该设计方法打破了传统并行分布补偿控制器设计方法对于模糊控制器设计的限制,使得模糊控制器的隶属度函数的选取有了更大的自由度,从而提高了控制器设计的灵活性.更重要的是当模糊模型的隶属度函数的结构非常复杂或者含有不确定参数时,该设计方法能够降低控制器执行的难度,并且避免了控制器无法执行的情况发生,进而保留了模糊控制器隶属度函数的内在鲁棒性.然后,通过数值算例与仿真实例进一步验证了本书方法的有效性与优越性.

本书讨论了前提不匹配条件下T-S模糊时滞系统的时滞相关稳定性以及镇定问题.首先,通过构造新的Lyapunov(李雅普诺夫)泛函,利用积分不等式并结合自由权矩阵分析了常时滞T-S模糊系统的稳定性,得到保守性较小的稳定性条件.进一步给出了前提不匹配的时滞相关镇定的控制器设计方法.其次,将上述研究对象推广到区间变时滞的T-S模糊系统,引进了包含时滞上、下界信息的新的Lyapunov泛函,并且利用改进的自由权矩阵方法代替了积分不等式的使用,整个分析过程中不仅没有进行不等式的放缩处理,而且包含了全部有意义的信息量.与已有文献的结果相比,能够获得更大的时滞上界,因此所得到的鲁棒稳定性判定准则具有更小的保守性.然后,通过数值算例以及仿真实例进一步验证了本书方法在降低保守性方面的有效性以及镇定方法的优越性.

针对含有常时滞的前提不匹配的T-S模糊系统的时滞相关的鲁棒稳定性以及鲁棒镇定问题,提出了含有三重积分的增广Lyapunov泛函.利用积分不等式,并且结合带有少量自由权矩阵的参数化模型变换的分析方法给出了鲁棒稳定性的充分条件.与已有文献相比,本书所选取的Lyapunov泛函更具有普遍意义,从而为各系统信息提供了比较宽松的约束条件,因此扩大了保证系统稳定的区域.而积分不等式的引入,使得引入的额外矩阵变量少于已有文献的结果,从而减少了计算的复杂度.因此所得到的鲁棒稳定性结果在减少保守性的同时,具有形式简洁,涉及决策变量少的特点,因此本书所提出的分析方法更加高效.同时,在稳定性条件的基础上给出了前提不匹配的时滞相关的鲁棒镇定方法，大大提高了控制器设计的灵活性，同时降低了控制器执行的难度. 进一步，将上述分析方法应用到具有变时滞的T-S模糊系统的鲁棒稳定性问题的研究中，同样得到了具有较小保守性的鲁棒稳定性条件. 因此三重积分的引入对于降低稳定性的保守性起到了至关重要的作用. 然后，通过仿真算例进一步说明本书方法的有效性与高效性.

本书分析了前提不匹配条件下同时含有状态时滞和输入时滞的T-S模糊控制系统的时滞相关鲁棒稳定性问题. 此时系统中的输入时滞与状态时滞均为时变时滞，且二者互不相等. 与已有文献的分析方法不同的是，本书在分析过程中提出了包含输入时滞以及状态时滞信息的含有三重积分的增广的Lyapunov泛函，并且考虑了隶属度函数的信息，因此得到了具有较小保守性的稳定性条件. 同时给出了此类不确定系统在稳定条件下的状态反馈增益的求解方法. 然后，通过数值算例说明本书所得到的结果具有更小的保守性，而仿真实例验证了本书所得到的控制器设计方法的有效性.

作　者

2024年11月

目录

绪　论

第1章

1.1 本书来源及研究意义

日本学者 Takagi(高木) 和 Sugeno(关野) 在 1985 年提出 T-S(Takagi-Sugeno)[1] 模糊模型,为模糊控制理论的研究提供了更广泛的研究空间. T-S 模糊模型的主要思想是利用一系列的线性系统来描述每个模糊规则的局部动态,然后再利用非线性的隶属度函数将这些局部线性模型通过插值叠加起来以描述整体的非线性系统,从而构成描述整个系统的模糊模型. 数学上的万能逼近定理可以证明 T-S 模糊模型能够以任意精度逼近非线性系统. 因此 T-S 模糊模型的出现为描述非线性系统提供了一个新的方法. 更为重要的是 T-S 模糊模型在处理高阶非线性系统时,可以有效地降低模糊规则数量,为处理复杂的高阶非线性系统提供了很好的解决方案. 另外,已有的较为完备与成熟的控制理论与技术可以有效地应用到 T-S 模糊模型中,可以系统地对模糊控制系统进行稳定性分析以及控制器设计. 因此这方面的研究吸引了大量的国内外研究学者,并且取得了令人瞩目的研究成果[2-9]. 然而,上述所考虑的 T-S 模糊系统均不含有时滞项.

在实际的工业生产过程系统中，时滞现象是广泛存在的. 例如，核反应过程系统，冶金生产过程系统，通信设备系统，电力传输系统，机械传动系统等. 时滞现象的出现基本是由两个方面的原因引起的. 一方面是由于控制系统自身固有的特性所决定的. 例如，系统中弹性材质的滞后效应，长形管道进料口或皮带传送装置中的摩擦作用所产生的滞后，传染病源的潜伏期，网络传输系统受信号传输速度和带宽等物理元件的有限性的限制而导致时间滞后的现象等. 另一方面是为了达到某种预期的控制结果而人为引入的滞后项. 例如，某些高阶复杂的非线性系统在处理过程中被近似为带有纯滞后的适当低阶的系统，或者是对混沌的时滞系统实施反馈过程控制等. 由于时间滞后现象的广泛存在，从而使得系统在控制理论分析方面和具体工程应用方面都出现了许多难以克服的困难，而且还会导致实际系统中的各项控制性能指标极度恶化，以至于系统的稳定性态遭受破坏. 所以，时滞系统的研究无论从控制理论方面，还是在实际应用方面都有着十分广泛的研究意义和应用价值. 工业生产技术的迅猛发展与计算机技术的广泛应用，使得控制系统中出现了越来越多的高度非线性的时滞系统. 然而相对于线性系统，非线性系统的研究体系还不是十分完善和成熟. 因此，直接对非线性时滞系统进行建模及其控制要困难得多. 而 T-S 模糊模型能够以任意精度逼近非线性系统，因此关于 T-S 模糊时滞系统的控制理论应运而生. 而在这些控制理论的研究中，对于 T-S 模糊时滞系统的稳定性问题是首要解决的重要问题之一，并且引起了国内外研究学者的广泛关注，同时取得了很多令人瞩目的研究成果. 而目前的任何稳定性分析方法都是充分条件而不是充分必要条件，所以得到的稳定性条件都是具有保守性的. 因此，目前对于 T-S 模糊时滞系统稳定性的研究主要有两种思路：一种是通过提出新的方法和技巧来得到稳定性条件，另一种是通过改进已有的分析方法来降低稳定性的保守性. 保守性较小的稳定性条件可以设计出满足性能要求的控制器. 因此，寻找具有更小保守性的稳定性充分条件具有更重要的意义.

在 T-S 模糊时滞系统的稳定性分析中，稳定性分析的目的是设计出使得闭环控制系统渐近稳定的控制器. 而目前所得到的模糊控制器都是基于传统的并行分布补偿(parallel distributed compensation，PDC) 的设计方法[10]. 该方法主要是针对 T-S 模型的每个局部线性模型设计出相应的线性控制器，然后通过模糊加权构成整个非线性系统的反馈控制器. 因此该模糊控制器与模糊模型拥有相同的模糊规则前件,从而使得模糊控制器在设计时选取与模糊被控对象相同的隶属度函数. 在这种前提下,通过寻找并建立拥有共同隶属度函数的 Lyapunov(李雅普诺夫) 不等式来降低稳定性的保守性. 然而,此时的模糊控制器是通过模糊模型的隶属度函数去实现的,因此这就要求模糊模型的隶属度函数必须是确定的,从而导致模糊控制器的隶属度函数的内在鲁棒性被忽略. 此外,对于实际系统中的高度非线性系统,为了更加逼近原始的非线性系统,在构造 T-S 模糊模型时,会选取结构比较复杂的隶属度函数,这样就会增加模糊控制器执行的难度. 甚至如果该隶属度函数中含有不确定项,那么就会导致该模糊控制器无法执行. 特别是在实际工程系统中,往往只有少数的实际系统满足被控系统的隶属度函数与控制器的隶属度函数相同,因此在工程实践中并行分布补偿的设计方法具有一定的局限性. 然而,如果我们在设计过程中可以让模糊控制器的隶属度函数不受模糊模型隶属度函数选取的限制,即可以任意地选取,那么将会大大提高控制器设计的灵活性,进而可以适用于更广泛的实际非线性时滞系统. 特别是对于含有不确定隶属度函数的非线性系统的控制问题也可以给出很好的解决方案. 2009 年 Lam(莱姆) 首次针对模糊模型与模糊控制器拥有不同前件的一类 T-S 模糊系统的稳定性与控制器设计问题展开研究[11],并且定义该条件为前提不匹配条件(imperfect premise matching). Lam 通过理论分析和仿真验证向读者展示了该条件的提出对于减少稳定性的保守性起到了重要的作用;同时在控制器设计方面,使得模糊控制器的隶属度函数的选取有了更大的自由度,因此不但提高了控制器设计的灵活性,而且提高了系统的响应速度. 然而,文献[11] 所研究的系统仅仅局限于 T-S 模糊系统,而没有考虑时滞的因素. 因此,如果将这种分析思想推广到含有时滞的 T-S 模糊模型的研究领域中,将会具有更大的实际应用价值.

本书主要针对具有时滞的 T-S 模糊系统提出了前提不匹配的条件,此时系统中的被控对象与控制器拥有不同的隶属度函数. 下面的详细研究过程可以看出本书不仅是减少保守性方法的一个重要补充,同时是 T-S 模糊时滞系统在控制理论方面的一个重要的推广.

1.2 T-S 模糊系统的发展

在现实生活中,由于控制系统的广泛存在,从而推动了频域的经典控制理论和时域的现代控制理论的产生和发展. 目前这两种控制理论被广泛地应用在工业生产的许多领域. 值得说明的是这些成熟的控制方法的应用首先必须基于比较准确的数学模型,而对于一些比较复杂的多变量控制系统,不能对其建立精确的数学模型,从而导致控制系统设计无法实现. 而对于一些有经验的专家或操作人员,在不需要了解被控对象的精确数学表达式的前提下,能够凭借已有的先验知识对其实现有效的控制. 这种通过人的操作经验或人脑的直觉来解决的方法是具有模糊特性的. 然而这种基于知识的无模型的控制方法具有一个致命的缺陷就是无法进行稳定性分析和系统性能分析,所以在很长一段时间该方法无法得到控制理论界的认可.

自从 Zadeh(扎德) 教授于 1965 年提出模糊集合论[12],从而为模糊集合和模糊控制理论的发展奠定了数学基础. 模糊集合是在引入语言变量的基础上,提出用模糊“IF-THEN” 规则来量化人类的知识,使得人的思维判断过程可以用简单的数学表达式来描述,从而使得过去将无模型控制转化为有模型控制的实现成为一种可能. 1972 年 Zadeh 教授将模糊数学的方法成功地应用在控制器设计的例子[13],为模糊控制器设计提供了坚实的理论基础. Zadeh 教授在文献 [13] 中指出了模糊逻辑在控制领域中的应用,同时预言模糊逻辑控制将在实际的控制工程系统中发挥重要的作用. 1974 年,Mamdani(马丹尼) 和他的助手首次成功地将模糊逻辑控制应用在锅炉和汽轮机的运行控制中[14-15],从而使 Zadeh 教授的预言得以实现,同时它也成为模糊控制技术应用方面的典范. 自此,许多基于模糊逻辑的控制器被广泛地提出,比如 1975 年 King(金) 和 Mamdani 将模糊控制系统应用在工业反应过程中对于温度的控制[16]. 1976 年,佟仁民用模糊控制对含有压力的容器内部的压力和容器内部的液面进行控制,并且取得的成果解决了过程控制中的强耦合、非线性、时变和时滞特性的难题,得到了最佳的 PI 控制效果[17]. 1979 年,Procyk(普罗齐克) 和 Mamdani 研究了一种自动组织的模糊控制器[18],它可以在控制过程中不断地修改和调整模糊控制规则,从而使得控制系统的性能得到完善. 1984 年,日本学者将模糊逻辑引入到水泥窑生产的自动控制和汽车速度的自动控制中,得到了很好的控制性能和强鲁棒性,而这些性能是经典和现代控制理论所不能达到的[19-20]. 1985 年以后,模糊控制进入实用化时代,将以大众生活中的家用电器产品的应用为主要研究对象,主要反映在用于家用电器的模糊控制器以及模糊逻辑推理专用芯片的产生. 目前模糊逻辑的应用已经向复杂的非线性多变量系统,智能系统,人类社会系统以及自然界系统等方向发展,并且在这些领域得到了广泛的应用[21-30].

模糊逻辑的主要目标是对于一些病态的数学模型,或者是对于实际应用价值比较缺乏的数学模型以及含有较强非线性性质的系统模型提供一种有效的建模方法[31]. 在模糊逻辑控制中主要有 Mamdani 模糊模型和 T-S 模糊模型. T-S 模糊模型与 Mamdani 模型有许多相似之处,都是由"IF-THEN" 逻辑规则构成,并且规则前件部分中都含有模糊语言值. 然而与 Mamdani 型相比,由于 T-S 模糊模型的后件部分为解析表达式的形式,而该解析表达式一般为线性函数,这就为现有的线性系统理论与模糊控制理论相结合提供了可能. 因此 T-S 模糊模型的出现是模糊控制领域史上的重要的里程碑. 该模型的提出使得已有的控制理论与技术可以有效地应用到模糊控制系统中,从而可以进一步对其进行稳定性分析与控制器设计.

1.2.1 T-S 模糊模型

T-S 模糊模型是由一些模糊逻辑规则构成,每个逻辑规则由"如果(IF)" 和"那么(THEN)" 语句构成,"如果 ……" 部分称为前件部分,"那么 ……" 部分称为后件部分. 前件部分主要由语言变量和模糊集合构成,后件部分主要由解析表达式构成. 假设 T-S 模糊模型由 r 个模糊逻辑规则构成,其中第 i 条模糊逻辑规则的基本表达式如下.

模糊规则 i:如果 $f_1(\boldsymbol{x}(t))$ 属于 M_1^i,……,$f_p(\boldsymbol{x}(t))$ 属于 M_p^i,那么

$$\dot{\boldsymbol{x}}(t) = \boldsymbol{A}_i\boldsymbol{x}(t) + \boldsymbol{B}_i\boldsymbol{u}(t) \tag{1.1}$$

其中,前件部分中的 $M_\alpha^i(\alpha = 1,2,\cdots,p;i = 1,2,\cdots,r)$ 为相应函数 $f_\alpha(\boldsymbol{x}(t))$ 的模糊语言值,后件部分中的 $\boldsymbol{x}(t) \in \mathbf{R}^n$ 是系统的状态向量,$\boldsymbol{u}(t) \in \mathbf{R}^m$ 是系统的控制输入,$\boldsymbol{A}_i$,$\boldsymbol{B}_i$ 分别代表系统矩阵和输入矩阵.

通过单点模糊化,乘积推理,中心加权平均解模糊器,动态模糊模型(1.1)

可以表示为

$$\dot{\boldsymbol{x}}(t)=\sum_{i=1}^{r}w_i(\boldsymbol{x}(t))(\boldsymbol{A}_i\boldsymbol{x}(t)+\boldsymbol{B}_i\boldsymbol{u}(t)) \tag{1.2}$$

其中

$$\sum_{i=1}^{r}w_i(\boldsymbol{x}(t))=1,w_i(\boldsymbol{x}(t))\geqslant 0 \tag{1.3}$$

$$w_i(\boldsymbol{x}(t))=\frac{\mu_i(\boldsymbol{x}(t))}{\sum_{i=1}^{r}\mu_i(\boldsymbol{x}(t))},\mu_i(\boldsymbol{x}(t))=\prod_{\alpha=1}^{p}\mu_{M_\alpha^i}(f_\alpha(\boldsymbol{x}(t))) \tag{1.4}$$

$w_i(\boldsymbol{x}(t))(i=1,2,\cdots,r)$ 表示归一化的隶属度函数,$\mu_{M_\alpha^i}(f_\alpha(\boldsymbol{x}(t)))$ 表示 $f_\alpha(\boldsymbol{x}(t))$ 对应于模糊集合 M_α^i 的隶属度函数. 一般情况下,所谓的 T-S 模糊模型的隶属度函数是指归一化的隶属度函数 $w_i(\boldsymbol{x}(t))(i=1,2,\cdots,r)$.

由上述表达式可以看出,后件部分中的解析表达式实际上是一个线性函数. 因此 T-S 模糊模型实质上是由一系列局部线性模型经由非线性的隶属度函数以加权方式连接起来的非线性模型,并且在数学上已经证明,T-S 模糊模型在紧集上能够以任意的精度逼近非线性函数[32]. 因此,在建模领域,T-S 模糊模型可以逼近任意实际的动态非线性系统.

相对于上述连续型的 T-S 模糊模型离散型的 T-S 模糊模型可以表示为

$$\boldsymbol{x}(k+1)=\sum_{i=1}^{r}w_i(\boldsymbol{x}(k))(\boldsymbol{A}_i\boldsymbol{x}(k)+\boldsymbol{B}_iu(k)) \tag{1.5}$$

基于上述 T-S 模糊模型,我们可以得到 T-S 模糊时滞模型的数学表达式,为了阐述方便,这里我们简单给出下面连续型和离散型的表达式

$$\dot{\boldsymbol{x}}(t)=\sum_{i=1}^{r}w_i(\boldsymbol{x}(t))(A_{1i}\boldsymbol{x}(t)+A_{2i}\boldsymbol{x}(t-\tau)+\boldsymbol{B}_i\boldsymbol{u}(t)) \tag{1.6}$$

$$\boldsymbol{x}(k+1)=\sum_{i=1}^{r}w_i(\boldsymbol{x}(k))(A_{1i}\boldsymbol{x}(k)+A_{2i}\boldsymbol{x}(k-\tau)+\boldsymbol{B}_i\boldsymbol{u}(k)) \tag{1.7}$$

其中 τ 表示时滞项,由于该时滞存在于系统的状态变量 $\boldsymbol{x}(t)$ 或 $\boldsymbol{x}(k)$ 中,也称为状态时滞. 而当时滞存在于系统的输入变量 $\boldsymbol{u}(t)$ 或 $\boldsymbol{u}(k)$ 中时,称为输入时滞. 对于输入时滞的情况,我们将在第 5 章给出详细的讨论.

然而上述 T-S 模糊时滞模型并不具有一般性,由于针对不同的系统来说,时滞也是变化的. 依据时滞的变化特点,时滞又分为好几种类型,而且已有的每篇文献都是针对某一类型的时滞进行研究的. 总结起来,时滞基本分为以下

几类.

(1) 基于时滞的变化情况.

① 常数时滞:已知常数时滞和未知常数时滞.

② 时变时滞:慢变时滞($\dot{\tau} < 1$) 和快变时滞($\dot{\tau} > 1$).

(2) 基于时滞界的情况.

① 具有上界($0 \leqslant \tau \leqslant \tau_{\max}$) 的时滞.

② 具有上界和下界的时滞,也称为区间型($\tau_{\min} \leqslant \tau \leqslant \tau_{\max}$) 时滞.

T-S 模糊时滞模型不仅是 T-S 模糊模型的一种推广,而且为非线性时滞系统的研究提供了新的思想和方法.

1.2.2 并行分布补偿控制器

为了对上述 T-S 模糊模型进行有效的反馈控制,我们首先要确定控制器的结构和形式. 基于 T-S 模糊模型的分布补偿方案,日本学者 Kang(康) 和 Sugeno 在文献[10] 提出了并行分布补偿模糊控制器的设计思想. 其主要基本思想是针对 T-S 的每个局部线性模型设计一个线性反馈控制器,然后将这些局部的线性控制器进行模糊加权组合构成整个非线性系统的反馈控制器(该控制器一般是非线性的). 由上述设计思想可以看出该模糊控制器与模糊模型拥有相同的模糊规则前件,即在并行分布补偿的模糊控制器中的每条逻辑规则与 T-S 模糊模型中的模糊逻辑规则是一一对应的,那么其中第 j 条模糊逻辑规则可以表示如下.

模糊规则 j:如果 $f_1(\boldsymbol{x}(t))$ 属于 M_1^j,……,$f_p(\boldsymbol{x}(t))$ 属于 M_p^j,那么

$$\boldsymbol{u}(t) = \boldsymbol{F}_j\boldsymbol{x}(t), j = 1,2,\cdots,r \tag{1.8}$$

其中后件部分中的 $\boldsymbol{F}_j \in \mathbf{R}^{m\times n}$ 表示局部子控制器的反馈增益矩阵. 由上式可以看出,并行分布补偿的模糊控制器与 T-S 模糊模型拥有相同的模糊集合,从而使得每个子模型所设计的子控制器在整个控制器中所占的权重与该子模型在整个系统中所占的权重是相同的,即并行分布补偿模糊控制器与模糊模型拥有相同的隶属度函数. 因此整个状态反馈控制器可以表示为

$$\boldsymbol{u}(t) = \sum_{j=1}^{r} w_j(\boldsymbol{x}(t))\boldsymbol{F}_j\boldsymbol{x}(t) \tag{1.9}$$

相应于离散系统的并行分布补偿反馈控制器可以表示为

$$\boldsymbol{u}(k)=\sum_{j=1}^{r}w_j(\boldsymbol{x}(k))\boldsymbol{F}_j\boldsymbol{x}(k) \tag{1.10}$$

基于式(1.2)(1.5)(1.6)(1.7)(1.9)(1.10),可以分别得到 T-S 模糊控制系统以及含有时滞的 T-S 模糊控制系统如下

$$\dot{\boldsymbol{x}}(t)=\sum_{i=1}^{r}\sum_{j=1}^{r}w_i(\boldsymbol{x}(t))w_j(\boldsymbol{x}(t))(\boldsymbol{A}_i+\boldsymbol{B}_i\boldsymbol{F}_j)\boldsymbol{x}(t) \tag{1.11}$$

$$\boldsymbol{x}(k+1)=\sum_{i=1}^{r}\sum_{j=1}^{r}w_i(\boldsymbol{x}(k))w_j(\boldsymbol{x}(k))(\boldsymbol{A}_i+\boldsymbol{B}_i\boldsymbol{F}_j)\boldsymbol{x}(k) \tag{1.12}$$

$$\dot{\boldsymbol{x}}(t)=\sum_{i=1}^{r}\sum_{j=1}^{r}w_i(\boldsymbol{x}(t))w_j(\boldsymbol{x}(t))(\boldsymbol{\Theta}_{ij}\boldsymbol{x}(t)+\boldsymbol{A}_{2i}\boldsymbol{x}(t-\tau)) \tag{1.13}$$

$$\boldsymbol{x}(k+1)=\sum_{i=1}^{r}\sum_{j=1}^{r}w_i(\boldsymbol{x}(k))w_j(\boldsymbol{x}(k))(\boldsymbol{\Theta}_{ij}\boldsymbol{x}(k)+\boldsymbol{A}_{2i}\boldsymbol{x}(k-\tau)) \tag{1.14}$$

其中

$$\boldsymbol{\Theta}_{ij}=\boldsymbol{A}_{1i}+\boldsymbol{B}_i\boldsymbol{F}_j \tag{1.15}$$

所谓的控制器设计问题,就是设计局部反馈增益矩阵 $\boldsymbol{F}_j,j=1,2,\cdots,r$,使得上述闭环控制系统是渐近稳定的.

由上述并行分布补偿控制器的设计原理可以看出,此时所设计的模糊控制器的隶属度函数必须与模糊模型的隶属度函数相同,因此该模糊控制器的隶属度函数是通过模糊模型的隶属度函数去实现的. 这就要求模糊模型的隶属度函数必须是确定的,否则该模糊控制器将无法执行. 另外,如果模糊模型的隶属度函数的结构非常复杂,将会增大模糊控制器设计的复杂度. 基于上述情况来看,并行分布补偿的设计方法的提出主要是为了简化模糊控制器的设计,以便于进一步对模糊控制系统进行稳定性分析. 因此,从实际应用角度来看,并行分布补偿的设计方法仅仅适用于那些所设计的模糊控制器的隶属度函数与被控对象的隶属度函数相同的系统. 事实上,在实际的控制工程系统中,大多数的系统都属于二者隶属度函数不匹配的情况,因此并行分布补偿的设计方法在实际应用中具有一定的局限性.

1.2.3 前提不匹配的控制器

为了弥补并行分布补偿设计方法的不足,2009 年 Lam(文献[11])针对 T-S 模糊模型提出了前提不匹配的模糊控制器,并研究了基于该模糊控制器下的

T-S 模糊控制系统的稳定性以及相应的前提不匹配的控制器设计的问题. Lam 通过仿真算例已经证实该条件的引入对于降低稳定性的保守性起到了至关重要的作用,同时大大提高了控制器设计的灵活性. 然而 Lam 的结果仅仅局限在 T-S 模糊模型,而没有考虑时滞的因素. 所谓前提不匹配的控制器是指该模糊控制器与被控对象可以拥有不同的隶属度函数.

针对上述 T-S 模糊模型,采用相同的模糊逻辑规则数 r,相应的前提不匹配的模糊控制器的第 j 条模糊逻辑规则可以表述如下.

模糊规则 j:如果 $g_1(\boldsymbol{x}(t))$ 属于 N_1^j,……,$g_q(\boldsymbol{x}(t))$ 属于 N_q^j,那么

$$\boldsymbol{u}(t)=\boldsymbol{F}_j\boldsymbol{x}(t),j=1,2,\cdots,r \tag{1.16}$$

其中前件部分中的 $N_\beta^j(\beta=1,2,\cdots,q;j=1,2,\cdots,r)$ 为相应函数 $g_\beta(\boldsymbol{x}(t))$ 的模糊语言值,后件部分中的 $\boldsymbol{F}_j\in\mathbf{R}^{m\times n}$ 是第 j 条规则的反馈增益矩阵.

由上述描述过程可以看出,该模糊控制器与 T-S 模糊模型拥有不同的前件. 并且对于精确的变量,此时的模糊控制器与模糊模型拥有不同的模糊集合,从而使得每个子控制器在整个控制器中所占的权重与该子模型在整个系统中所占的权重是不同的. 所以该模糊控制器与 T-S 模糊模型拥有不同的隶属度函数,于是全局模糊控制律可以表示为

$$\boldsymbol{u}(t)=\sum_{j=1}^{r}m_j(\boldsymbol{x}(t))\boldsymbol{F}_j\boldsymbol{x}(t) \tag{1.17}$$

其中

$$\sum_{j=1}^{r}m_j(\boldsymbol{x}(t))=1,m_j(\boldsymbol{x}(t))\geqslant 0$$

$$m_j(\boldsymbol{x}(t))=\frac{v_j(\boldsymbol{x}(t))}{\sum_{j=1}^{r}v_j(\boldsymbol{x}(t))},v_j(\boldsymbol{x}(t))=\prod_{\beta=1}^{q}v_{N_\beta^j}(g_\beta(\boldsymbol{x}(t))) \tag{1.18}$$

$m_j(\boldsymbol{x}(t))(j=1,2,\cdots,r)$ 表示归一化的隶属度函数,并且 $w_j(\boldsymbol{x}(t))\neq m_j(\boldsymbol{x}(t))$, $\forall j=1,2,\cdots,r$, $v_{N_\beta^j}(g_\beta(\boldsymbol{x}(t)))$ 表示 $g_\beta(\boldsymbol{x}(t))$ 对应于模糊集 N_β^j 上的隶属度函数.

相应于离散系统的前提不匹配的状态反馈控制器可以表示为

$$\boldsymbol{u}(k)=\sum_{j=1}^{r}m_j(\boldsymbol{x}(k))\boldsymbol{F}_j\boldsymbol{x}(k) \tag{1.19}$$

由上述表达式可以看出,前提不匹配的模糊控制器与 T-S 模糊模型拥有不同的

隶属度函数,因此在设计过程中我们可以选取与模糊被控对象的隶属度函数不同的函数来作为该模糊控制器的隶属度函数,从而打破了并行分布补偿在设计过程中对于模糊控制器的隶属度函数的限制,增大了模糊控制器的隶属度函数选取的自由度,从而提高了控制器设计的灵活性. 特别是在实际的控制工程系统中,对于一些模糊被控对象的隶属度函数结构非常复杂的非线性系统,利用前提不匹配的控制器设计方法,我们可以选取一些结构简单的函数来作为模糊控制器的隶属度函数,从而降低了控制器执行的难度. 而对于一些模糊被控对象的隶属度函数中含有不确定参数的系统,我们可以选取确定的易于操作的函数来作为模糊控制器的隶属度函数,从而避免了模糊控制器无法执行的情况发生,进而保留了模糊控制器内在的鲁棒性. 因此该设计方法在实际的控制工程系统中具有更广泛的适用范围. 基于以上描述可以看出前提不匹配的模糊控制器的提出是并行分布补偿模糊控制器的重要推广和补充.

1.3 T-S 模糊时滞系统稳定性的研究现状

时滞系统,即带有时间滞后效应的系统,一般可以用泛函微分方程来描述. 在 18 世纪,Euler(欧拉),Lagrange(拉格朗日),Laplace(拉普拉斯) 等学者首次利用该方程研究各种几何问题. 到20世纪20年代初,现实生活中的一些实际问题开始通过该方程进行建模. (例如,1928 年由 Volterra(沃尔泰拉) 提出的人口动力学捕食模型问题,1942 年 Minorsky(米诺尔斯基) 提出的舰船镇定问题等.) 这些实际应用问题的产生吸引了大量的数学研究者. 而在实际问题中,例如,通信、电力、交通等都存在时滞现象. 值得说明的是,时滞的存在是导致实际系统性能恶化甚至不稳定的重要原因之一. 因此对于时滞系统的研究有着广泛的实际应用价值和工程价值,并且受到了国内外工程界和理论界研究学者的广泛关注. 最早的研究工作是 1936 年 Callender(卡伦德) 等人在控制系统中引入时滞的分析[33]. 继而,1998 年,国际自动控制联合会(IFAC) 就开始组织三个工作组展开对时滞系统的研究. 在此阶段的研究成果主要集中在计算技术的改进以及系统鲁棒性能问题的分析,主要代表成果有改进的求解线性矩阵不等式(LMI) 的计算方法[34] 以及鲁棒稳定性的分析方法[35]. 鉴于对时滞系统应用价值方面的考虑,其稳定性方面的研究成为众多领域学者的研究重点[36-37]. 然而,上述结果主要是基于线性时滞系统的研究,而在实际工程中所研究的系统都为非线性的复杂系统,因此有必要将上述结果推广到非线性时滞系统的研究中. 众所周知,基于 T-S 模型的模糊控制方法来分析和综合非线性系统的一些特性是行之有效的,并且也会取得比较好的控制效果. 因此,2000 年及 2001 年,曹咏艳和 Frank(弗兰克)首次将 T-S 模糊模型推广到关于非线性时滞系统的研究中[38-39]. 他们分别应用 Lyapunov-Krasovskii(李雅普诺夫 - 克拉索夫斯基)泛函方法和 Razumikhin(拉兹密辛)方法,针对连续型和离散型的模糊时滞系统的稳定性进行定量的研究,同时给出了基于线性矩阵不等式的并行分布补偿模糊控制器的设计方法,从而开辟了基于 T-S 模糊时滞模型研究非线性时滞系统的研究领域. 目前关于 T-S 模糊时滞系统的研究已经发展出很多比较成熟的分析方法(图 1.1),归结起来主要有频域和时域两种基本分析方法.

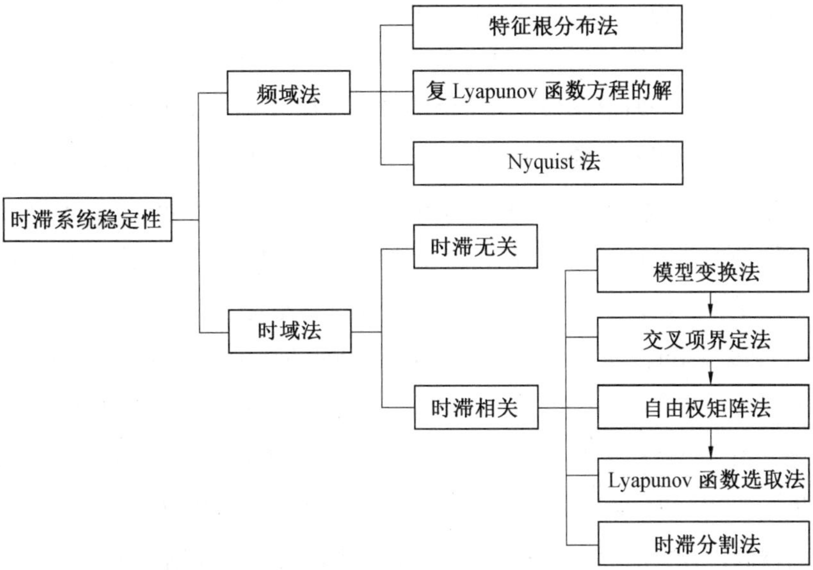

图 1.1　时滞系统基本分析方法

频域法是最早提出的,主要通过特征根分布法[40],复 Lyapunov 函数方程的解[41] 或 Nyquist(奈奎斯特)法[42] 来判定稳定性. 频域法具有明确的物理意义,易于观察操作,因此受到广大工程人员的欢迎. 虽然频域法在理论上很容易得到系统稳定的条件,但由于在分析过程中涉及对于系统特征方程根的处理,所以在控制器设计时的计算是非常复杂的,特别是对于含有不确定项或者是时变的时滞系统,频域法很难处理,因此迫使时域法随之产生. 下面我们首先介绍基于时域法得到的两种稳定性条件.

时域法主要有两种分析结果:时滞无关稳定条件与时滞相关稳定条件.时滞无关稳定条件是指稳定判据中不含有时滞信息,即与时滞是没有关系的,也就是说对于任何时滞,该稳定条件都可以保证系统是渐近稳定的.然而,如果在分析过程中充分利用了时滞的信息,并且得到与时滞有关的稳定条件(条件中含有时滞),此时称为时滞相关稳定条件.下面我们具体看一下时域法的具体发展过程.

时域法最早是 1977 年由 Krasovskii 和 Razumikhin 提出的 Lyapunov-Krasovskii 泛函分析方法和 Razumikhin 函数方法[43],目前已经作为分析时滞系统稳定性的一般方法.紧接着,1986 年,Perersen(佩尔)首次提出 Riccati(黎卡提)方程方法[44],并且利用 Riccati 方程,基于线性矩阵不等式的方法分析了不确定线性系统的稳定性问题.1994 年,Boyd(博伊德)在文献[34]中将上述方法应用到模糊时滞系统的稳定性分析中,更加完善了时滞系统的时域法,从而进一步推动了对于时滞系统稳定性的研究.例如,Teixeria(特谢拉)基于线性矩阵不等式给出了改进的关于非线性动态系统的模糊调节器与模糊观测器的设计方法[45],Yoneyama(米山)与 Tseng(曾钟石)利用 Riccati 方程分别研究了输出反馈控制器设计以及输出反馈跟踪控制问题,得到了基于线性矩阵不等式的分析结果[46-47].大多数文献中对于时滞系统的稳定性的研究比较常见.最早开始是 1999 年 Teixeria[48] 利用 Lyapunov 泛函的方法分析了基于模糊模型的不确定非线性动态系统的稳定性,并且得到了在状态反馈控制器的作用下系统稳定的充分条件以及相应的控制器设计方法.相继一些学者推广了 Teixeria 等人的结果[49-50].针对不确定系统,李开锐和胡寿松提出了鲁棒 H_∞ 控制以及 LQ 模糊控制器的设计方法[51-52],陈彩莲提出了鲁棒保成本的控制问题[53].2004 年,韩安太研究了模糊时滞关联大系统的稳定性分析问题[54].张燕针对含有有界不确定时滞的模糊控制系统的指数稳定问题展开研究,并且提出了基于线性矩阵不等式的控制器的设计方法[55].2008 年 Lam 首次从减少求解矩阵不等式的计算量的角度考虑了离散的 T-S 模糊时滞系统的稳定性问题[56],降低了稳定性的保守性.2013 年,陈冲伟将上述所研究的模糊模型推广到了具有多时滞的 T-S 模糊时滞系统[57].需要指出的是上述所得的稳定性条件均为时滞无关的稳定性条件.该稳定性条件相对简单,容易验证,易于控制器设计.然而在实际工程中只有很少的系统对于所有的时滞都是稳定的，并且当时滞有界时，或者时滞比较小时，此时所得的结果是相当保守的. 因此迫切需要在分析过程中把时滞项的因素考虑进去.

2004 年 Yoneyama 等改进了文献[46]的结果，首次利用依赖时滞的方法，也称为时滞相关方法得到了系统稳定的充分条件以及相应控制器的设计方法[58-59]. 对比文献[46]的结果，降低了稳定性条件的保守性. 而后关新平、陈斌等改进了 Yoneyama 的结果，并且利用时滞相关方法设计了保成本广义输出反馈控制器[60-61]. 上述分析中所研究的系统中的时滞均为常数时滞，然而在实际系统中时滞一般不会一成不变，会随着时间的变化而变化. 因此 Lien(利恩)，陈斌等人应用时滞相关的分析方法研究了具有参数不确定的变时滞的模糊系统的稳定性问题[62-63]，并且得到了时滞相关的稳定性条件. 从而进一步推动了时滞相关研究方法的发展. 由于时滞相关稳定性条件要求系统方程的解对于时滞是连续依赖的，所以一定存在一个时滞上界 $\tau_{\max}$，使得对于所有的时滞 $\tau \in [0,\tau_{\max}]$ 系统都是稳定的. 因此，系统在稳定条件下所得到的时滞上界的大小成为衡量系统稳定条件保守性的重要指标. 而保守性越小的稳定条件越容易设计出满足性能要求的控制器，因此为了得到更大的时滞上界，许多学者开展了对时滞相关方法的进一步研究. 由于时滞相关方法主要是在时滞无关方法中的 Lyapunov-Krasovksii 泛函的基础上结合一个二次型积分项得到的，即选取 Lyapunov 函数如下

$$\boldsymbol{V}(t) = \boldsymbol{x}^{\mathrm{T}}(t)\boldsymbol{P}\boldsymbol{x}(t) + \int_{t-\tau}^{t} \boldsymbol{x}^{\mathrm{T}}(s)\boldsymbol{W}\boldsymbol{x}(s)\,\mathrm{d}s + \int_{-\tau}^{0}\int_{t+\theta}^{t} \boldsymbol{x}^{\mathrm{T}}(s)\boldsymbol{Q}\boldsymbol{x}(s)\,\mathrm{d}s\mathrm{d}\theta \tag{1.20}$$

然而在对上式进行求导后会得到一个积分项，在处理这个积分项时，李森林在 1987 年提出一阶模型变换法[64]，Watanabe(渡边)提出中立型模型变换法[65]以及 Kolmanovksii(科尔马诺夫斯基)提出基于 Park(帕克)和 Moon(穆恩)不等式的模型变换法[66]，其中应用最广泛的是由 Fridman(弗里德曼)结合 Moon-Park 不等式方法[67]提出的广义模型变换法[68-69]. 上述四种模型变换法的主要思想都是为了将 Lyapunov 泛函求导后所产生的积分项转换为交叉项，然后再利用不等式对其交叉项进行界定. 因此一些学者相继提出一些交叉项界定法[70-73]，主要针对交叉项进行不同程度的放大，用到如下矩阵不等式(它与线性矩阵不等式不是一个定义，a 和 b 不是矩阵，T 是转置)

$$-2a^{\mathrm{T}}b \leqslant a^{\mathrm{T}}\boldsymbol{X}a + b^{\mathrm{T}}\boldsymbol{X}^{-1} \tag{1.21}$$

$$-2a^{\mathrm{T}}b \leqslant (a+\boldsymbol{M}b)^{\mathrm{T}}\boldsymbol{X}(a+\boldsymbol{M}b) + b^{\mathrm{T}}\boldsymbol{X}^{-1}\boldsymbol{X} + 2b^{\mathrm{T}}\boldsymbol{M}b \tag{1.22}$$

$$-2a^{\mathrm{T}}b \leqslant \begin{bmatrix} a \\ b \end{bmatrix}^{\mathrm{T}} \begin{bmatrix} \boldsymbol{X} & \boldsymbol{Y}-\boldsymbol{I} \\ \boldsymbol{Y}^{\mathrm{T}}-\boldsymbol{I} & \boldsymbol{Z} \end{bmatrix} \begin{bmatrix} a \\ b \end{bmatrix} \tag{1.23}$$

$$\begin{aligned} -\int_{t-\tau}^{t} \dot{\boldsymbol{x}}(s)\boldsymbol{X}\boldsymbol{x}(s)\mathrm{d}s \leqslant & \begin{bmatrix} \boldsymbol{x}(t) \\ \boldsymbol{x}(t-\tau) \end{bmatrix}^{\mathrm{T}} \begin{bmatrix} \boldsymbol{N}_1+\boldsymbol{N}_1^{\mathrm{T}} & -\boldsymbol{N}_1^{\mathrm{T}}+\boldsymbol{N}_2 \\ * & -\boldsymbol{N}_2-\boldsymbol{N}_2^{\mathrm{T}} \end{bmatrix} \begin{bmatrix} \boldsymbol{x}(t) \\ \boldsymbol{x}(t-\tau) \end{bmatrix} + \\ & h \begin{bmatrix} \boldsymbol{x}(t) \\ \boldsymbol{x}(t-\tau) \end{bmatrix}^{\mathrm{T}} \begin{bmatrix} \boldsymbol{N}_1^{\mathrm{T}} \\ \boldsymbol{N}_2^{\mathrm{T}} \end{bmatrix} \boldsymbol{X}^{-1} [\boldsymbol{N}_1 \quad \boldsymbol{N}_2] \begin{bmatrix} \boldsymbol{x}(t) \\ \boldsymbol{x}(t-\tau) \end{bmatrix} \end{aligned} \tag{1.24}$$

$$-\int_{t-\tau}^{t} \dot{\boldsymbol{x}}(s)\boldsymbol{X}\boldsymbol{x}(s)\mathrm{d}s \leqslant \begin{bmatrix} \boldsymbol{x}(t) \\ \boldsymbol{x}(t-\tau) \end{bmatrix}^{\mathrm{T}} \begin{bmatrix} -\tau^{-1}\boldsymbol{X} & \tau^{-1}\boldsymbol{X} \\ * & -\tau^{-1}\boldsymbol{X} \end{bmatrix} \begin{bmatrix} \boldsymbol{x}(t) \\ \boldsymbol{x}(t-\tau) \end{bmatrix} \tag{1.25}$$

虽然模型变换法结合了上述不等式后改进了稳定性分析和控制综合问题上原有的保守性，然而，文献[74-75]中指出在对不等式进行放缩时仍然不可避免地会产生一定的保守性. 为了克服这一缺陷，进一步减少稳定性条件的保守性，Lien 等提出了自由权矩阵的方法[76-79]，即由 Newton-Leibniz(牛顿－莱布尼茨)公式，对于任意适当维数的矩阵 $\boldsymbol{M}_1, \boldsymbol{M}_2$ 有

$$2[\boldsymbol{x}^{\mathrm{T}}(t)\boldsymbol{M}_1 + \boldsymbol{x}^{\mathrm{T}}(t-\tau)\boldsymbol{M}_2] \times [\boldsymbol{x}(t) - \boldsymbol{x}(t-\tau) - \int_{t-\tau}^{t} \dot{\boldsymbol{x}}(s)\mathrm{d}s] = 0 \tag{1.26}$$

将上式与 Lyapunov 泛函的导数结合起来，在处理由 Lyapunov 泛函求导产生的交叉项时，利用保留 $\dot{\boldsymbol{x}}(t)$ 的方式来分离交叉项与系统矩阵，从而避免了对交叉项进行放缩处理时所带来的保守性. 而 $\boldsymbol{M}_1, \boldsymbol{M}_2$ 的任意性也进一步降低了稳定性条件的保守性，由于其方法简单，证明简洁，因此该方法被广泛地采用. 比如，对于常时滞系统的稳定性以及鲁棒稳定性的研究[80-82]，时变时滞系统的稳定性，鲁棒控制，H_∞ 控制，鲁棒输出跟踪控制器设计，反馈控制器的无源性的研究[83-88]，区间时变时滞系统的 H_∞ 控制的稳定性以及鲁棒稳定性的研究[89-97]. 在这些研究报道中，自由权矩阵的方法处处可见. 然而，一些学者，比如文献[94]中通过引入更多的自由矩阵来减少结果的保守性，但是过多自由矩阵的引入同样会给线性矩阵不等式计算过程带来很大的麻烦，从而增大了计算的复

杂度[98-99]. 因此,近几年也出现了一些新的方法,比如,选取新的 Lyapunov 函数法[100-101]. 一般主要有二次型 Lyapunov 函数法[102],该方法得到的结果保守性较强. 还有分段 Lyapunov 函数法[103],其主要思想是用一组正定矩阵 $\boldsymbol{P}_i$ 来代替公共的矩阵 $\boldsymbol{P}$,从而克服了在文献[38-39,102] 中利用二次型 Lyapunov 函数方法求解公共正定矩阵 $\boldsymbol{P}$ 的缺陷. 为了更进一步降低稳定条件的保守性, Haddad(哈达德),Gahinet(加伊内) 和 Feron(费隆) 等人提出了模糊参数依赖的 Lyapunov 函数法[104-106]. 由于其将模糊隶属度函数引入 Lyapunov 函数中,从而使得稳定性的保守性得到进一步的改进[107]. 虽然此种方法相对前两种方法得到了更小的保守性结果,但是对于含有复杂隶属度函数的模糊系统,该方法会增大对其求导的难度,并且在分析过程中包含了更多的矩阵变量,从而使得计算过程变得更加复杂. 因此对于 Lyapunov 函数的选取还有待于进一步的研究. 近几年,时滞分割的思想结合交叉项界定法及自由权矩阵法被提出[108],并且已被证明可以有效地降低稳定性条件的保守性[109]. 目前许多学者应用或改进其思想用来分析具有各种时滞的 T-S 模糊系统的稳定性问题[110-112]. 截至目前,通过以上几种方法互为补充、结合、交替使用,对于 T-S 模糊时滞系统稳定性的研究已经取得了很多令人瞩目的研究成果. 值得指出的是,上述研究过程中所考虑的系统都是在状态变量中含有时滞,而没有考虑输入时滞的情况. 因此当系统中含有输入时滞时,上述的分析方法将会失效. 事实上,目前关于含有输入时滞系统的研究已经取得了很多成果, 主要集中在时滞相关镇定问题[113-115]、鲁棒镇定问题[116-117]、鲁棒保成本控制[118]、输出反馈控制问题[119]、预测控制问题的研究[120]. 然而上述所考虑的含有输入时滞的系统均为线性系统. 1996 年 Kim(基姆) 首次针对具有输入时滞的非线性系统的稳定性问题展开研究[121],其中主要分析了同时含有状态和输入时滞的不确定非线性系统的鲁棒控制问题,并且利用 Riccati 代数不等式的方法给出了状态反馈控制器的设计方法,从而开辟了对于非线性时滞系统稳定性的研究. 2006 年陈学敏讨论了含有输入时滞的不确定 T-S 模糊系统的模糊保性能控制问题[122],其中输入时滞与状态时滞均假定为常数,并且得到了时滞无关的一些结果. 由于该结果中不含有时滞,因此具有一定的保守性. 而后陈斌改进了陈学敏的结果,利用时滞相关的方法分析了具有输入变时滞 T-S 模糊系统的保成本控制问题[123],得到了时滞相关的一些结果,因此减小了保守性. 继而,许多学者针对输入时滞为变时滞的鲁棒控制问题展开研究[124-126]，并且得到了许多保守性较小的时滞相关稳定性条件．然而上述时滞相关的结果中所考虑的系统只含有输入时滞，或者输入时滞为常数，因此从实际应用角度来说具有一定的局限性．因此，2007年 Yoneyama 研究了既含有输入时滞，也含有状态时滞的非线性系统的鲁棒稳定和鲁棒镇定问题，并且得到了时滞相关的一些稳定性条件[127]，其中的输入时滞与状态时滞均为常数，并且二者是相等的．而后，苏亚坤将上述结果推广到输入时滞和状态时滞均为变时滞的非线性系统[128]，其同样假设输入时滞等于状态时滞．由于在实际系统中，只有少数系统的输入时滞与状态时滞是相同的，所以为了扩大应用范围，文献［129-130］考虑了当输入时滞与状态时滞不相同时，且均为时变时滞的情况下的鲁棒控制问题，这些文献的结果是上述时滞相关结果的重要补充．随后陈斌针对上述系统进一步考虑了鲁棒 H_∞ 控制问题[131]．目前对于含有输入时滞的 T-S 模糊系统的研究已经延伸到观测器设计[132-133] 以及含有双边模糊系统的时滞相关鲁棒镇定问题[134]．虽然现在对于含有输入时滞的 T-S 模糊系统的研究已经获得一些成果，但相对于线性系统来说，还是比较少见，并且需要进一步的研究．

1.4 现有稳定性分析方法的不足及本书研究动机

从以上叙述中可以发现，对于 T-S 模糊时滞系统稳定性的研究已经取得了丰富的研究成果．但是就目前作者所掌握的文献中的分析方法以及现有的一些结果，仍然存在许多问题值得进一步深入的研究．本书主要归结出以下几个问题，并围绕下面这些问题展开研究．

(1) 在T-S模糊时滞系统的稳定条件中，与时滞相关稳定条件相比，关于时滞无关稳定条件的报道相对较少．特别在降低保守性方面，现有的一些报道仅仅从改进求解矩阵不等式的计算量的角度出发，却从来没有考虑隶属度函数的信息．另外在控制器设计方面，作者所掌握的文献都是基于传统的并行分布补偿的控制器设计方法．而由于并行分布补偿设计方法的特点，要求控制器的隶属度函数与被控对象的隶属度函数相同，从而使得控制器在设计时具有很大的局限性．特别当模糊时滞模型的隶属度函数的结构非常复杂或者其中含有不确定因素时，此时利用并行分布补偿的设计方法会导致模糊控制器很难执行或无法执行. 基于上述问题,如何从隶属度函数的信息方面着手去降低稳定性的保守性,同时给出一个新的控制器设计方法,使得该设计方法适用于更多的非线性时滞系统,从而避免已有设计方法很难执行或者无法执行的情况发生.

(2) 虽然目前关于 T-S 模糊时滞系统时滞相关的分析结果可见大量的报道,但就模糊控制器设计方面的结果而言都是基于并行分布补偿的设计方法,这一方面值得改进,以扩大控制器设计方法的适用范围. 另外,对于区间变时滞系统稳定性问题的研究,通过选择合适的 Lyapunov 泛函,使得更多关于被控系统的动力学特性的信息被包含进来,进一步通过不等式放大,或者利用自由权矩阵的方法,处理 Lyapunov 泛函导数的交叉项,从而得到保守性更小的时滞相关稳定条件. 虽然上述方法已经被广泛地使用,但仍存在很大的问题. 比如,利用积分不等式进行放大的过程中,有些项直接被舍去,或者直接放大到最大值,这一过程不可避免地产生保守性. 而对于自由权矩阵方法,为了得到更小的保守性结果,很多学者一味地引进自由权矩阵,而忽略了 Matlab 的线性矩阵不等式工具箱求解矩阵不等式的运行速度问题. 因此,如何处理 Lyapunov 泛函导数的交叉项,使得尽可能多的系统信息被保留,并且在保证减小保守性的同时也会降低求解矩阵不等式的复杂度等问题还有待于进一步的探索和研究.

(3) 利用自由权矩阵并结合积分不等式的方法对 T-S 模糊时滞系统进行稳定性分析和控制器设计时,对于有效地构造 Lyapunov 泛函以及改进自由权矩阵方法方面还值得进一步研究. 目前在构造 Lyapunov 函数时,通常会包含一些积分项,比如一重积分

$$\int_{t-\tau}^{t} \boldsymbol{x}^{\mathrm{T}}(s)\boldsymbol{Q}\boldsymbol{x}(s)\,\mathrm{d}s$$ [135]

二重积分

$$\int_{-\tau}^{0}\int_{t+\theta}^{t} \dot{\boldsymbol{x}}^{\mathrm{T}}(s)\boldsymbol{Q}\dot{\boldsymbol{x}}(s)\,\mathrm{d}s\mathrm{d}\theta$$ [136]

而没有三重积分的出现,如果我们在分析中引入含有三重积分的 Lyapunov 函数,对于稳定性的保守性会有怎样的影响呢?

(4) 对于具有状态时滞和输入时滞的 T-S 模糊系统的鲁棒稳定性问题的研究中,采用含有三重积分型的 Lyapunov 泛函的分析方法未见报道. 同时,在控制器设计方面也都是基于并行分布补偿的控制器设计方法. 而为了弥补该设计方法的不足,我们有必要给出新的控制器设计方法.

1.5 本书主要研究工作及章节安排

本书针对 T-S 模糊时滞系统的稳定性以及镇定问题提出了前提不匹配的条件. 在此条件下,系统模型中的被控对象与控制器拥有不同的隶属度函数. 在分析方法上主要从隶属度函数的信息以及构造新的 Lyapunov 泛函方面着手来减少已有稳定性条件的保守性,同时给出了新的前提不匹配的控制器设计方法,提高了控制器设计的灵活性. 以前提不匹配条件贯穿本书的始末. 首先,分别针对连续和离散的 T-S 模糊时滞系统给出时滞无关的稳定性条件以及前提不匹配的控制器设计方法. 其次,利用改进的时滞相关的稳定性分析方法,研究了 T-S 模糊时滞系统的时滞相关稳定性以及镇定问题,得到了保守性较小的时滞相关稳定条件以及前提不匹配的镇定条件. 再次,通过引进新的 Lyapunov 泛函研究了时滞相关的鲁棒稳定性及前提不匹配的镇定问题. 最后将问题延伸到同时具有状态时变时滞以及输入时变时滞的 T-S 模糊系统的鲁棒稳定性以及镇定问题. 基于线性矩阵不等式的可解性,给出了该类系统在时滞相关意义下的前提不匹配的鲁棒镇定条件. 本书一共6 章,第2 ~ 5 章的具体结构安排如图 1.2 所示,具体分析如下.

第 1 章主要阐述了本书的主要来源以及研究意义,提出本书亟待解决的问题,并且给出 T-S 模糊系统以及 T-S 模糊时滞系统的研究概况和发展趋势.

第 2 章在 T-S 模糊时滞模型的基础上提出了前提不匹配的条件,并且研究了前提不匹配条件下连续型和离散型的 T-S 模糊时滞闭环控制系统时滞无关的稳定性条件以及相应的控制器设计方法. 与已有文献[38-39,56] 的分析方法不同的是,本书在分析过程中引入了模糊控制器与模糊时滞模型的隶属度函数的信息,因此得到了保守性较小的新的时滞无关的稳定条件. 在控制器设计方面,给出了前提不匹配的控制器的设计方法. 由于该设计方法中模糊控制器的隶属度函数可以选取不同于模糊时滞模型的隶属度函数,因此本书的设计方法解除了传统并行分布补偿控制器设计方法对于模糊控制器设计的限制,提高了控制器设计的灵活性. 特别是当模糊时滞模型的隶属度函数的结构非常复杂时,我们可以选取结构比较简单的隶属度函数作为模糊控制器的隶属度函数,从而避免了由于模糊时滞模型隶属度函数的结构复杂或含有不确定参数时而

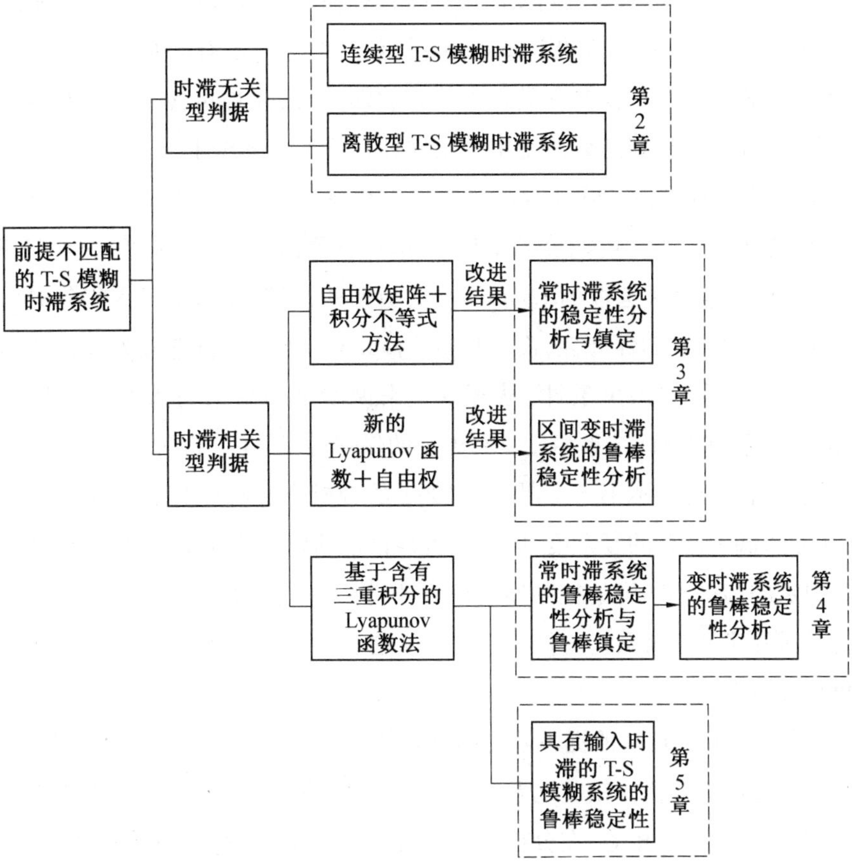

图 1.2　本书结构安排

导致控制器很难执行或者无法执行的情况发生.因此本章所提出的设计方法同样适用于含有不确定隶属度函数的T-S模糊时滞模型,进而扩大了已有设计方法的适用范围.以上所得到的时滞无关稳定条件以及前提不匹配的控制器设计方法都是已有文献中时滞无关结果的重要推广.

第3章对应于前一章的时滞无关稳定条件,本章主要给出前提不匹配的T-S模糊时滞系统的时滞相关稳定条件以及前提不匹配的镇定条件.

3.2节主要针对常时滞的T-S模糊时滞系统,构造了新的Lyapunov泛函,在分析过程中利用积分不等式并结合自由权矩阵的方法,避免了由于引入过多的自由权矩阵而引起的计算复杂度,从而得到了保守性较小的稳定性判定准则.本节进一步给出保证该时滞系统镇定的前提不匹配的状态反馈控制器的设计方法,并且该设计方法使得控制器设计的灵活性得以提高.

3.3 节进一步研究了区间变时滞 T-S 模糊系统的鲁棒稳定性问题. 引进了包含时滞上下界信息的新的 Lyapunov 泛函,并改进了已有的自由权矩阵的方法,整个分析过程中不仅没有进行不等式放缩处理,并且包含了全部有意义的信息量,从而使所得到的鲁棒稳定性条件具有更小的保守性.

第4章针对前提不匹配的常时滞的T-S模糊系统的鲁棒稳定性以及鲁棒镇定问题,提出了含有三重积分的增广 Lyapunov 泛函. 对比文献[62,81,83,85,89,135-136],本章所选取的 Lyapunov 泛函更具有普遍意义. 三重积分的引入减少了稳定性条件的保守性,而增广的 Lyapunov 泛函的引进又为各系统信息提供了比较宽松的约束条件,从理论上来说本书的结果与采取一般形式的 Lyapunov 泛函的分析结果相比具有更小的保守性. 而在分析过程中,由于积分不等式的引入,使得本书与文献[81,136]的分析方法相比具有更少的决策变量,从而降低了计算的复杂度. 同时在鲁棒镇定问题的研究中,给出了保证系统鲁棒镇定的前提不匹配的控制器设计方法. 进一步,将上述分析方法推广到具有变时滞的 T-S 模糊系统的鲁棒稳定性问题的研究中,得到了具有较小保守性的鲁棒稳定性条件.

第5章研究了具有前提不匹配的具有状态时滞与输入时滞的T-S模糊系统的鲁棒稳定性以及鲁棒镇定问题. 此时系统中的输入时滞与状态时滞均为时变时滞,并且二者互不相等. 在分析过程中提出含有输入时滞与状态时滞信息的新的三重积分型 Lyapunov 泛函,并且引入了隶属度函数的信息,从而得到了具有较小保守性的鲁棒稳定性条件以及相应的鲁棒可镇定条件. 本章所得到的结果是已有文献[124-131]结果的重要补充.

第6章为本书的结论.

注 (1) 本书约定,在无特殊说明情况下,任意矩阵 $\boldsymbol{M}(\boldsymbol{x}) > 0$(或 $\boldsymbol{M}(\boldsymbol{x}) \geqslant 0$)表示矩阵 $\boldsymbol{M}(\boldsymbol{x})$ 为正定矩阵(或半正定);$\boldsymbol{M}(\boldsymbol{x}) < 0$(或 $\boldsymbol{M}(\boldsymbol{x}) \leqslant 0$)表示矩阵 $\boldsymbol{M}(\boldsymbol{x})$ 为负定矩阵(或半负定).

(2) 本书约定 $\boldsymbol{\Phi}_{ij} = \begin{bmatrix} \boldsymbol{\Phi}_{11i} & \boldsymbol{\Phi}_{12i} & \boldsymbol{\Phi}_{13ij} & \boldsymbol{\Phi}_{14i} \\ \boldsymbol{\Phi}_{12i}^{\mathrm{T}} & \boldsymbol{\Phi}_{22i} & \boldsymbol{\Phi}_{23i} & \boldsymbol{\Phi}_{24i} \\ \boldsymbol{\Phi}_{13i}^{\mathrm{T}} & \boldsymbol{\Phi}_{23i}^{\mathrm{T}} & \boldsymbol{\Phi}_{33i} & \boldsymbol{\Phi}_{34i} \\ \boldsymbol{\Phi}_{14i}^{\mathrm{T}} & \boldsymbol{\Phi}_{24}^{\mathrm{T}} & \boldsymbol{\Phi}_{34i}^{\mathrm{T}} & -\frac{1}{\tau}\boldsymbol{W} \end{bmatrix}$ 中 $\boldsymbol{\Phi}_{11i}$ 表示 $\boldsymbol{\Phi}_{ij}$ 的第一行

第一列，$\boldsymbol{\Phi}_{12i}$ 表示 $\boldsymbol{\Phi}_{ij}$ 的第一行第二列，$\boldsymbol{\Phi}_{13ij}$ 表示 $\boldsymbol{\Phi}_{ij}$ 的第一行第三列，依次类推.

（3）本书约定，在形如 $\boldsymbol{X}=\begin{bmatrix}\boldsymbol{X}_{11} & \boldsymbol{X}_{12}\\ * & \boldsymbol{X}_{22}\end{bmatrix}$ 的矩阵中 $*$ 表示对称位置的元素，即 $*=\boldsymbol{X}_{12}$.

前提不匹配的 T-S 模糊时滞系统时滞无关稳定性分析与控制器设计

第2章

2.1 引 言

在第 1 章的论述中,我们知道对于 T-S 模糊时滞系统稳定性的研究在工程实践中是非常有实际应用价值的. 然而在现有的文献中,基于时滞无关的稳定性分析结果的报道少之又少,并且在减少稳定性条件的保守性方面仅局限在通过改进求解矩阵不等式的计算量,而没有从隶属度函数方面着手去降低稳定性条件的保守性. T-S 模糊时滞系统的控制器设计都是基于并行分布补偿控制器的设计方法,即要求模糊控制器与模糊模型拥有相同的隶属度函数,而在实际系统中,只有少数时滞系统才能满足上述要求,因此从实际应用角度来看,该设计方法具有一定的局限性. 另外,在对实际系统进行建模的时候,为了更加精确地逼近原始系统,通常选取的隶属度函数的结构非常复杂,这样如果利用已有的并行分布补偿的设计方法将会增大模糊控制器设计的难度,甚至会导致模糊控制器无法执行. 因此,如果可以让模糊控制器的隶属度函数不受模糊模型隶属度函数的限制,即让模糊控制器的隶属度函数可以任意选取的话,那么就可以避免模糊控制器很难执行或无法执行的情况发生.

这就提示我们在对 T-S 模糊时滞系统进行控制器设计的时候,可不可以放松对模糊控制器隶属度函数的限制,即让模糊控制器的隶属度函数可以选取不同于模糊时滞模型的隶属度函数. 因此基于上述论述,为了进一步降低保守性,同时可以扩大控制器设计方法的适用范围,本章主要在已有的 T-S 模糊时滞系统上提出了前提不匹配条件,即此时系统的被控对象与控制器拥有不同的隶属度函数,针对这类系统逐步展开深入的研究.

本章主要研究了一类前提不匹配的连续型和离散型的 T-S 模糊时滞系统的稳定性以及控制器设计问题. 分别利用 Razumikhin(拉实米辛)与 Lyapunov-Krasovskii 方法得到了时滞无关的稳定性条件和相应的控制器设计方法. 由于在分析过程中引入了被控对象与控制器隶属度函数的信息,因此使得所得到的稳定性条件与已有文献相比具有更小的保守性. 同时给出了新的控制器设计方法,该方法与已有的并行分布补偿设计方法相比,大大提高了控制器设计的灵活性,并且对于含有不确定隶属度函数的模糊时滞模型同样适用. 最后,通过数值算例及仿真实例验证了本章方法在降低保守性方面的有效性以及控制器设计方面的优越性.

为了清晰起见,本章主要考虑以下两个方面的问题:

(1) 稳定性分析:分别给出连续和离散型 T-S 模糊时滞控制系统的时滞无关的稳定性条件.

(2) 控制器设计:设计前提不匹配的模糊控制器使得闭环控制系统是渐近稳定的.

2.2 预备知识

定义 2.1 线性矩阵不等式是具有如下形式的不等式

$$\boldsymbol{M}(\boldsymbol{x}) = \boldsymbol{M}_0 + \sum_{i=1}^{m} x_i \boldsymbol{M}_i > 0 \tag{2.1}$$

这里 $\boldsymbol{x} = (x_1, x_2, \cdots, x_m)^{\mathrm{T}} \in \mathbf{R}^m$ 是实数变量,也称之为决策变量. $\boldsymbol{M}_i = \boldsymbol{M}_i^{\mathrm{T}} \in \mathbf{R}^{n\times n}(i = 0, 1, \cdots, m)$ 是已知的对称矩阵. 式(2.1)中的不等式符号意味着 $\boldsymbol{M}(\boldsymbol{x})$ 是正定的,即对于所有的非零 $\boldsymbol{u} \in \mathbf{R}^n$,都有

$$\boldsymbol{u}^{\mathrm{T}}\boldsymbol{M}(\boldsymbol{x})\boldsymbol{u} > 0$$

那么多个线性矩阵不等式可以用一个线性矩阵不等式表示,即

$$\boldsymbol{M}_1(\boldsymbol{x}) < 0, \boldsymbol{M}_2(\boldsymbol{x}) < 0, \cdots, \boldsymbol{M}_m(\boldsymbol{x}) < 0 \tag{2.2}$$

也称为一个线性矩阵不等式系统,且等价于

$$\begin{bmatrix} \boldsymbol{M}_1(\boldsymbol{x}) & & & \\ & \boldsymbol{M}_2(\boldsymbol{x}) & & \\ & & \ddots & \\ & & & \boldsymbol{M}_m(\boldsymbol{x}) \end{bmatrix} < 0 \tag{2.3}$$

定义 2.2 对于如下线性不等式

$$\boldsymbol{A}(\boldsymbol{x}) < \boldsymbol{B}(\boldsymbol{x}) + \lambda \boldsymbol{I} \tag{2.4}$$

利用 Matlab 中 feasp 函数将在上面的约束下搜索决策变量 $\boldsymbol{x}$,使得满足上式的 λ 最小化. 显然,如果 $\lambda_{\min} < 0$,那么线性矩阵不等式 $\boldsymbol{A}(\boldsymbol{x}) < \boldsymbol{B}(\boldsymbol{x})$ 有解,且对应的 $\boldsymbol{x}$ 称为一组可行解.

引理 2.1 对于任意向量 $\boldsymbol{x}, \boldsymbol{y} \in \mathbf{R}^n$,矩阵 $0 < \boldsymbol{S} \in \mathbf{R}^{n \times n}$,有下面不等式成立

$$2\boldsymbol{x}^{\mathrm{T}}\boldsymbol{y} \leqslant \boldsymbol{x}^{\mathrm{T}}\boldsymbol{S}^{-1}\boldsymbol{x} + \boldsymbol{y}^{\mathrm{T}}\boldsymbol{S}\boldsymbol{y} \tag{2.5}$$

引理 2.2[Schur(舒尔)补] 对于给定的对称矩阵 $\boldsymbol{S} = \begin{bmatrix} \boldsymbol{S}_{11} & \boldsymbol{S}_{12} \\ * & \boldsymbol{S}_{22} \end{bmatrix}$,其中 $\boldsymbol{S}_{11} \in \mathbf{R}^{r \times r}$,下面三个条件是等价的:

(1) $\boldsymbol{S} < 0$;

(2) $\boldsymbol{S}_{11} < 0, \boldsymbol{S}_{22} - \boldsymbol{S}_{12}^{\mathrm{T}}\boldsymbol{S}_{11}^{-1}\boldsymbol{S}_{12} < 0$;

(3) $\boldsymbol{S}_{22} < 0, \boldsymbol{S}_{11} - \boldsymbol{S}_{12}\boldsymbol{S}_{22}^{-1}\boldsymbol{S}_{12}^{\mathrm{T}} < 0$.

定理 2.1(Razumikhin 定理) 假设 $u(s), v(s), w(s), p(s): \mathbf{R}^+ \to \mathbf{R}^+$ ($\mathbf{R}^+$ 表示正实数集)是连续的增函数. 当 $s > 0$ 时,$u(s) > 0, v(s) > 0, w(s) > 0$,且 $p(s) > s$. 当 $s = 0$ 时,有 $u(0) = v(0) = 0$. 如果存在连续可微泛函 $V: \mathbf{R} \times \mathbf{C} \to \mathbf{R}$,使得下面不等式成立:

(1) $u(\|\boldsymbol{x}\|) \leqslant V(t, \boldsymbol{x}) \leqslant v(\|\boldsymbol{x}\|), t \in \mathbf{R}, \boldsymbol{x} \in \mathbf{R}^n$.

(2) $\dot{V}(t, \boldsymbol{x}(t)) \leqslant -w(\|\boldsymbol{x}(t)\|)$,当 $V(t+\sigma, \boldsymbol{x}(t+\sigma)) < p(V(t, \boldsymbol{x}(t)))$,其中 $\sigma \in [-\tau, 0]$.

那么系统的平凡解是一致渐近稳定的.

定理 2.2(Lyapunov-Krasovskii 定理) 假设 $u(s), v(s), w(s): \mathbf{R}^+ \to \mathbf{R}^+$ 是连续的增函数. 当 $s > 0$ 时,$u(s) > 0, v(s) > 0$ 且 $u(0) = v(0) = 0$. 如果存在连

续可微函数 $V:\mathbf{R}\times\mathbf{C}\rightarrow\mathbf{R}$,使得下述不等式成立:

(1)$u(\|\psi(0)\|)\leqslant V(t,\psi)\leqslant v(\|\psi(\theta)\|_c)$.

(2)$\dot{V}(t,\psi)\leqslant -w(\|\psi(0)\|)$.

那么系统是零解一致稳定的. 如果当 $s>0$ 时,$w(s)>0$,那么系统是一致渐近稳定的.

2.3 连续 T-S 模糊时滞闭环控制系统的稳定性分析

2.3.1 系统描述

考虑一类具有有界时滞的非线性系统,该非线性系统由一个包含若干个模糊推理规则的 T-S 模糊模型来逼近,并且每个模糊推理规则是由一个线性系统模型构成,其中第 i 条模糊规则可以用下述“如果 - 那么”(if-then) 语句来描述.

模糊规则 i:如果 $f_1(\boldsymbol{x}(t))$ 属于 M_1^i,……,$f_p(\boldsymbol{x}(t))$ 属于 M_p^i,那么

$$\dot{\boldsymbol{x}}(t)=\boldsymbol{A}_{1i}\boldsymbol{x}(t)+\boldsymbol{A}_{2i}\boldsymbol{x}(t-\tau_i(t))+\boldsymbol{B}_i\boldsymbol{u}(t)$$
$$\boldsymbol{x}(t)=\boldsymbol{\varphi}(t),t\in[-\tau,0] \tag{2.6}$$

其中 $\boldsymbol{\varphi}(t)$ 是定义在 $t\in[-\tau,0]$ 上的初始函数. $\tau_i(t)\leqslant\tau,i=1,2,\cdots,r$ 表示有界状态时滞.

因此 T-S 模糊系统(2.6) 的全局动态模型可以表示如下

$$\dot{\boldsymbol{x}}(t)=\sum_{i=1}^{r}w_i(\boldsymbol{x}(t))(\boldsymbol{A}_{1i}\boldsymbol{x}(t)+\boldsymbol{A}_{2i}\boldsymbol{x}(t-\tau_i(t))+\boldsymbol{B}_i\boldsymbol{u}(t)) \tag{2.7}$$

上式结合前提不匹配的模糊控制器(1.17),我们得到如下 T-S 模糊时滞闭环控制系统

$$\dot{\boldsymbol{x}}(t)=\sum_{i=1}^{r}\sum_{j=1}^{r}w_i(\boldsymbol{x}(t))m_j(\boldsymbol{x}(t))(\boldsymbol{G}_{ij}\boldsymbol{x}(t)+\boldsymbol{A}_{2i}\boldsymbol{x}(t-\tau_i(t))) \tag{2.8}$$

其中

$$\boldsymbol{G}_{ij}=\boldsymbol{A}_{1i}+\boldsymbol{B}_i\boldsymbol{F}_j \tag{2.9}$$

2.3.2 稳定性分析

定理 2.3 模糊时滞闭环控制系统(2.8) 是渐近稳定的,如果模糊时滞模

型的隶属度函数与模糊控制器的隶属度函数满足对于所有的 j 和 $\boldsymbol{x}(t)$,有

$$m_j(\boldsymbol{x}(t)) - \rho_j w_j(\boldsymbol{x}(t)) \geqslant 0$$

其中,$0 < \rho_j < 1$,并且存在矩阵

$$\boldsymbol{P} = \boldsymbol{P}^{\mathrm{T}} > 0, \boldsymbol{S}_i > 0$$

和

$$\boldsymbol{P} \geqslant \boldsymbol{S}_i^{-1}, \boldsymbol{Q}_{ij} = \boldsymbol{Q}_{ji}^{\mathrm{T}}, \boldsymbol{\Lambda}_j = \boldsymbol{\Lambda}_j^{\mathrm{T}}$$

以及预先给定的反馈增益矩阵 $\boldsymbol{F}_j \in \mathbf{R}^{m\times n}$,满足如下矩阵不等式

$$\boldsymbol{Q} = \begin{bmatrix} \boldsymbol{Q}_{11} & \boldsymbol{Q}_{12} & \cdots & \boldsymbol{Q}_{1r} \\ \boldsymbol{Q}_{21} & \boldsymbol{Q}_{22} & \cdots & \boldsymbol{Q}_{2r} \\ \vdots & \vdots & & \vdots \\ \boldsymbol{Q}_{r1} & \boldsymbol{Q}_{r2} & \cdots & \boldsymbol{Q}_{rr} \end{bmatrix} < 0 \tag{2.10}$$

$$\boldsymbol{G}_{ij}^{\mathrm{T}}\boldsymbol{P} + \boldsymbol{P}\boldsymbol{G}_{ij} + \boldsymbol{P}\boldsymbol{A}_{2i}\boldsymbol{S}_i\boldsymbol{A}_{2i}^{\mathrm{T}}\boldsymbol{P} - \boldsymbol{\Lambda}_i + \boldsymbol{P} < 0 \tag{2.11}$$

$$\rho_i(\boldsymbol{G}_{ii}^{\mathrm{T}}\boldsymbol{P} + \boldsymbol{P}\boldsymbol{G}_{ii} + \boldsymbol{P}\boldsymbol{A}_{2i}\boldsymbol{S}_i\boldsymbol{A}_{2i}^{\mathrm{T}}\boldsymbol{P} - \boldsymbol{\Lambda}_i + \boldsymbol{P}) + \boldsymbol{\Lambda}_i < \boldsymbol{Q}_{ii} \tag{2.12}$$

$$\begin{aligned}&\rho_j(\boldsymbol{G}_{ij}^{\mathrm{T}}\boldsymbol{P} + \boldsymbol{P}\boldsymbol{G}_{ij} + \boldsymbol{P}\boldsymbol{A}_{2i}\boldsymbol{S}_i\boldsymbol{A}_{2i}^{\mathrm{T}}\boldsymbol{P} - \boldsymbol{\Lambda}_i + \boldsymbol{P}) + \boldsymbol{\Lambda}_i + \boldsymbol{\Lambda}_j + \\ &\rho_i(\boldsymbol{G}_{ji}^{\mathrm{T}}\boldsymbol{P} + \boldsymbol{P}\boldsymbol{G}_{ji} + \boldsymbol{P}\boldsymbol{A}_{2j}\boldsymbol{S}_j\boldsymbol{A}_{2j}^{\mathrm{T}}\boldsymbol{P} - \boldsymbol{\Lambda}_j + \boldsymbol{P}) < \boldsymbol{Q}_{ij} + \boldsymbol{Q}_{ij}^{\mathrm{T}}, i < j\end{aligned} \tag{2.13}$$

证明　选取 Lyapunov 函数为

$$\boldsymbol{V}(\boldsymbol{x}(t)) = \boldsymbol{x}^{\mathrm{T}}(t)\boldsymbol{P}\boldsymbol{x}(t)$$

其中 $\boldsymbol{P}$ 为未知的正定矩阵. $\boldsymbol{V}(\boldsymbol{x}(t))$ 沿系统(2.8)的时间导数为

$$\dot{\boldsymbol{V}}(\boldsymbol{x}(t)) = \sum_{i=1}^{r}\sum_{j=1}^{r} w_i m_j[\boldsymbol{x}^{\mathrm{T}}(t)(\boldsymbol{G}_{ij}^{\mathrm{T}}\boldsymbol{P} + \boldsymbol{P}\boldsymbol{G}_{ij})\boldsymbol{x}(t) + 2\boldsymbol{x}^{\mathrm{T}}(t)\boldsymbol{P}\boldsymbol{A}_{2i}\boldsymbol{x}(t - \tau_i(t))] \tag{2.14}$$

利用 Razumikhin 定理,显然存在

$$\sigma_1 = \lambda_{\min}(\boldsymbol{P}), \sigma_2 = \lambda_{\max}(\boldsymbol{P})$$

使得

$$\sigma_1 \|\boldsymbol{x}(t)\|^2 \leqslant \boldsymbol{V}(\boldsymbol{x}(t)) \leqslant \sigma_2 \|\boldsymbol{x}(t)\|^2$$

由隶属度函数的性质,对于任意矩阵 $0 < \boldsymbol{\Lambda}_i = \boldsymbol{\Lambda}_i^{\mathrm{T}} \in \mathbf{R}^{n\times n}, i = 1,2,\cdots,r$,有下面的等式成立

$$\sum_{i=1}^{r}\sum_{j=1}^{r} w_i(w_j - m_j)\boldsymbol{\Lambda}_i = \sum_{i=1}^{r} w_i(\sum_{j=1}^{r} w_j - \sum_{j=1}^{r} m_j)\boldsymbol{\Lambda}_j = \boldsymbol{O} \tag{2.15}$$

上式结合式(2.14)有

$$\begin{aligned}\dot{V}(\boldsymbol{x}(t)) = &\sum_{i=1}^{r}\sum_{j=1}^{r} w_i m_j[\boldsymbol{x}^{\mathrm{T}}(t)(\boldsymbol{G}_{ij}^{\mathrm{T}}\boldsymbol{P} + \boldsymbol{P}\boldsymbol{G}_{ij})\boldsymbol{x}(t) + 2\boldsymbol{x}^{\mathrm{T}}(t)\boldsymbol{P}\boldsymbol{A}_{2i}\boldsymbol{x}(t - \tau_i(t))] + \\ &\sum_{i=1}^{r}\sum_{j=1}^{r} w_i(w_j - m_j + \rho_j w_j - \rho_j w_j)\boldsymbol{x}^{\mathrm{T}}(t)\boldsymbol{\Lambda}_i\boldsymbol{x}(t) \\ = &\sum_{i=1}^{r}\sum_{j=1}^{r} w_i(m_j + \rho_j w_j - \rho_j w_j)[\boldsymbol{x}^{\mathrm{T}}(t)(\boldsymbol{G}_{ij}^{\mathrm{T}}\boldsymbol{P} + \boldsymbol{P}\boldsymbol{G}_{ij})\boldsymbol{x}(t) + \\ &2\boldsymbol{x}^{\mathrm{T}}(t)\boldsymbol{P}\boldsymbol{A}_{2i}\boldsymbol{x}(t - \tau_i(t))] - \\ &\sum_{i=1}^{r}\sum_{j=1}^{r} w_i(m_j - \rho_j w_j)\boldsymbol{x}^{\mathrm{T}}(t)\boldsymbol{\Lambda}_i x(t) + \\ &\sum_{i=1}^{r}\sum_{j=1}^{r} w_i(w_j + \rho_j w_j)\boldsymbol{x}^{\mathrm{T}}(t)\boldsymbol{\Lambda}_i\boldsymbol{x}(t) \\ = &\sum_{i=1}^{r}\sum_{j=1}^{r} w_i w_j\{\boldsymbol{x}^{\mathrm{T}}(t)[\rho_j(\boldsymbol{G}_{ij}^{\mathrm{T}}\boldsymbol{P} + \boldsymbol{P}\boldsymbol{G}_{ij} - \boldsymbol{\Lambda}_i) + \boldsymbol{\Lambda}_i]\boldsymbol{x}(t) + \\ &2\rho_j\boldsymbol{x}^{\mathrm{T}}(t)\boldsymbol{P}\boldsymbol{A}_{2i}\boldsymbol{x}(t - \tau_i(t))\} + \\ &\sum_{i=1}^{r}\sum_{j=1}^{r} w_i(m_j - \rho_j w_j)[\boldsymbol{x}^{\mathrm{T}}(t)(\boldsymbol{G}_{ij}^{\mathrm{T}}\boldsymbol{P} + \boldsymbol{P}\boldsymbol{G}_{ij} - \boldsymbol{\Lambda}_i)\boldsymbol{x}(t) + \\ &2\boldsymbol{x}^{\mathrm{T}}(t)\boldsymbol{P}\boldsymbol{A}_{2i}\boldsymbol{x}(t - \tau_i(t))]\end{aligned} \tag{2.16}$$

由于对于所有的 j 和 $\boldsymbol{x}(t)$，有

$$m_j(\boldsymbol{x}(t)) - \rho_j w_j(\boldsymbol{x}(t)) \geqslant 0$$

因此令

$$\boldsymbol{x}^{\mathrm{T}}(t)(\boldsymbol{G}_{ij}^{\mathrm{T}}\boldsymbol{P} + \boldsymbol{P}\boldsymbol{G}_{ij} - \boldsymbol{\Lambda}_i)\boldsymbol{x}(t) + 2\boldsymbol{x}^{\mathrm{T}}(t)\boldsymbol{P}\boldsymbol{A}_{2i}\boldsymbol{x}(t - \tau_i(t)) < 0$$
$$i,j = 1,2,\cdots,r \tag{2.17}$$

那么

$$\begin{aligned}\dot{V}(\boldsymbol{x}(t)) \leqslant &\sum_{i=1}^{r} w_i^2\{\boldsymbol{x}^{\mathrm{T}}(t)[\rho_i(\boldsymbol{G}_{ii}^{\mathrm{T}}\boldsymbol{P} + \boldsymbol{P}\boldsymbol{G}_{ii} - \boldsymbol{\Lambda}_i) + \boldsymbol{\Lambda}_i]\boldsymbol{x}(t) + \\ &2\rho_i\boldsymbol{x}^{\mathrm{T}}(t)\boldsymbol{P}\boldsymbol{A}_{2i}\boldsymbol{x}(t - \tau_i(t))\} + \\ &\sum_{i<j}^{r} w_i w_j\{\boldsymbol{x}^{\mathrm{T}}(t)[\rho_j(\boldsymbol{G}_{ij}^{\mathrm{T}}\boldsymbol{P} + \boldsymbol{P}\boldsymbol{G}_{ij} - \boldsymbol{\Lambda}_i) + \boldsymbol{\Lambda}_i + \\ &\rho_i(\boldsymbol{G}_{ji}^{\mathrm{T}}\boldsymbol{P} + \boldsymbol{P}\boldsymbol{G}_{ji} - \boldsymbol{\Lambda}_j) + \boldsymbol{\Lambda}_j]\boldsymbol{x}(t) + \\ &2\rho_j\boldsymbol{x}^{\mathrm{T}}(t)\boldsymbol{P}\boldsymbol{A}_{2i}\boldsymbol{x}(t - \tau_i(t)) + \\ &2\rho_i\boldsymbol{x}^{\mathrm{T}}(t)\boldsymbol{P}\boldsymbol{A}_{2j}\boldsymbol{x}(t - \tau_j(t))\}\end{aligned} \tag{2.18}$$

由引理 2.1 及 $\boldsymbol{S}_i^{-1} \leqslant \boldsymbol{P}$，我们有

$$\dot{\boldsymbol{V}}(\boldsymbol{x}(t)) \leqslant \sum_{i=1}^{r} w_i^2 \{\boldsymbol{x}^{\mathrm{T}}(t)[\rho_i(\boldsymbol{G}_{ii}^{\mathrm{T}}\boldsymbol{P} + \boldsymbol{P}\boldsymbol{G}_{ii} + \boldsymbol{P}\boldsymbol{A}_{2i}\boldsymbol{S}_i\boldsymbol{A}_{2i}^{\mathrm{T}}\boldsymbol{P} - \boldsymbol{\Lambda}_i) + \boldsymbol{\Lambda}_i]\boldsymbol{x}(t) + \rho_i\boldsymbol{V}(\boldsymbol{x}(t-\tau_i(t)))\} + \sum_{i<j}^{r} w_i w_j \{\boldsymbol{x}^{\mathrm{T}}(t)[\rho_j(\boldsymbol{G}_{ij}^{\mathrm{T}}\boldsymbol{P} + \boldsymbol{P}\boldsymbol{G}_{ij} + \boldsymbol{P}\boldsymbol{A}_{2i}\boldsymbol{S}_i\boldsymbol{A}_{2i}^{\mathrm{T}}\boldsymbol{P} - \boldsymbol{\Lambda}_i) + \boldsymbol{\Lambda}_i + \boldsymbol{\Lambda}_j + \rho_i(\boldsymbol{G}_{ji}^{\mathrm{T}}\boldsymbol{P} + \boldsymbol{P}\boldsymbol{G}_{ji} + \boldsymbol{P}\boldsymbol{A}_{2j}\boldsymbol{S}_j\boldsymbol{A}_{2j}^{\mathrm{T}}\boldsymbol{P} - \boldsymbol{\Lambda}_j)]\boldsymbol{x}(t) + \rho_j\boldsymbol{V}(\boldsymbol{x}(t-\tau_i(t))) + \rho_i\boldsymbol{V}(\boldsymbol{x}(t-\tau_j(t)))\} \tag{2.19}$$

利用 Razumikhin 定理,假设存在 $\sigma > 1$,使得对于所有的 $\theta \in [0,\tau]$,有

$$\boldsymbol{V}(\boldsymbol{x}(t-\theta)) < \sigma\boldsymbol{V}(\boldsymbol{x}(t))$$

那么不等式(2.19) 可以表示为如下的形式

$$\dot{\boldsymbol{V}}(\boldsymbol{x}(t)) \leqslant \sum_{i=1}^{r} w_i^2 \{\boldsymbol{x}^{\mathrm{T}}(t)[\rho_i(\boldsymbol{G}_{ii}^{\mathrm{T}}\boldsymbol{P} + \boldsymbol{P}\boldsymbol{G}_{ii} + \boldsymbol{P}\boldsymbol{A}_{2i}\boldsymbol{S}_i\boldsymbol{A}_{2i}^{\mathrm{T}}\boldsymbol{P} + \sigma\boldsymbol{P} - \boldsymbol{\Lambda}_i) + \boldsymbol{\Lambda}_i]\boldsymbol{x}(t)\} + \sum_{i<j}^{r} w_i w_j \{\boldsymbol{x}^{\mathrm{T}}(t)[\rho_j(\boldsymbol{G}_{ij}^{\mathrm{T}}\boldsymbol{P} + \boldsymbol{P}\boldsymbol{G}_{ij} + \boldsymbol{P}\boldsymbol{A}_{2i}\boldsymbol{S}_i\boldsymbol{A}_{2i}^{\mathrm{T}}\boldsymbol{P} - \boldsymbol{\Lambda}_i) + \boldsymbol{\Lambda}_i + \boldsymbol{\Lambda}_j + \rho_i(\boldsymbol{G}_{ji}^{\mathrm{T}}\boldsymbol{P} + \boldsymbol{P}\boldsymbol{G}_{ji} + \boldsymbol{P}\boldsymbol{A}_{2j}\boldsymbol{S}_j\boldsymbol{A}_{2j}^{\mathrm{T}}\boldsymbol{P} - \boldsymbol{\Lambda}_j) + (\rho_j\sigma + \rho_i\sigma)\boldsymbol{P}]\boldsymbol{x}(t)\} \tag{2.20}$$

那么一定能够找到矩阵 $\boldsymbol{Q}_{ij} = \boldsymbol{Q}_{ji}^{\mathrm{T}}$,使得

$$\rho_i(\boldsymbol{G}_{ii}^{\mathrm{T}}\boldsymbol{P} + \boldsymbol{P}\boldsymbol{G}_{ii} + \boldsymbol{P}\boldsymbol{A}_{2i}\boldsymbol{S}_i\boldsymbol{A}_{2i}^{\mathrm{T}}\boldsymbol{P} - \boldsymbol{\Lambda}_i\sigma\boldsymbol{P}) + \boldsymbol{\Lambda}_i < \boldsymbol{Q}_{ii} \tag{2.21}$$

$$\rho_j(\boldsymbol{G}_{ij}^{\mathrm{T}}\boldsymbol{P} + \boldsymbol{P}\boldsymbol{G}_{ij} + \boldsymbol{P}\boldsymbol{A}_{2i}\boldsymbol{S}_i\boldsymbol{A}_{2i}^{\mathrm{T}}\boldsymbol{P} - \boldsymbol{\Lambda}_i + \sigma\boldsymbol{P}) + \boldsymbol{\Lambda}_i + \rho_i(\boldsymbol{G}_{ji}^{\mathrm{T}}\boldsymbol{P} + \boldsymbol{P}\boldsymbol{G}_{ji} + \boldsymbol{P}\boldsymbol{A}_{2j}\boldsymbol{S}_j\boldsymbol{A}_{2j}^{\mathrm{T}}\boldsymbol{P} - \boldsymbol{\Lambda}_j + \sigma\boldsymbol{P}) + \boldsymbol{\Lambda}_j < \boldsymbol{Q}_{ij} + \boldsymbol{Q}_{ij}^{\mathrm{T}}, \quad i < j \tag{2.22}$$

所以式(2.20) 可以等价为

$$\dot{\boldsymbol{V}}(\boldsymbol{x}(t)) \leqslant \begin{bmatrix} w_1\boldsymbol{x}(t) \\ w_2\boldsymbol{x}(t) \\ \vdots \\ w_r\boldsymbol{x}(t) \end{bmatrix}^{\mathrm{T}} \begin{bmatrix} \boldsymbol{Q}_{11} & \boldsymbol{Q}_{12} & \cdots & \boldsymbol{Q}_{1r} \\ \boldsymbol{Q}_{21} & \boldsymbol{Q}_{22} & \cdots & \boldsymbol{Q}_{2r} \\ \vdots & \vdots & & \vdots \\ \boldsymbol{Q}_{r1} & \boldsymbol{Q}_{r2} & \cdots & \boldsymbol{Q}_{rr} \end{bmatrix} \begin{bmatrix} w_1\boldsymbol{x}(t) \\ w_2\boldsymbol{x}(t) \\ \vdots \\ w_r\boldsymbol{x}(t) \end{bmatrix} \tag{2.23}$$

如果式(2.10) 和(2.17) 成立,那么 $\dot{\boldsymbol{V}}(\boldsymbol{x}(t)) < 0$. 不难发现如果式(2.12) 和(2.13) 成立,那么一定存在 $\sigma > 1$ 使得式(2.21) 和(2.22) 成立. 同理,式(2.11) 成立等价于式(2.17) 成立. 因此由 Razumikhin 定理可以保证模糊闭环控制系统(2.8) 是渐近稳定的,定理证毕.

2.3.3 控制器设计

在上述稳定性条件中,我们假设状态反馈增益矩阵是预先给定的. 下面将给出如何设计前提不匹配的模糊控制器使得上述闭环控制系统是渐近稳定的.

定理 2.4 模糊闭环时滞控制系统(2.8)是渐近稳定的,如果模糊时滞模型的隶属度函数与模糊控制器的隶属度函数满足对于所有的j和$\boldsymbol{x}(t)$,有

$$m_j(\boldsymbol{x}(t)) - \rho_j w_j(\boldsymbol{x}(t)) \geqslant 0$$

其中,$0 < \rho_j < 1$,并且存在矩阵$\boldsymbol{X} = \boldsymbol{X}^{\mathrm{T}} > 0, \boldsymbol{S}_i > 0, \boldsymbol{Y}_i$和$\widetilde{\boldsymbol{Q}}_{ij} = \widetilde{\boldsymbol{Q}}_{ji}^{\mathrm{T}}, \boldsymbol{\Lambda}_j = \boldsymbol{\Lambda}_j^{\mathrm{T}}$满足$\boldsymbol{X} \leqslant \boldsymbol{S}_i, \widetilde{\boldsymbol{Q}} < 0$以及对于所有的$i,j = 1,2,\cdots,r$,有如下矩阵不等式成立

$$\boldsymbol{X}\boldsymbol{A}_{1i}^{\mathrm{T}} + \boldsymbol{A}_{1i}\boldsymbol{X} + \boldsymbol{Y}_j^{\mathrm{T}}\boldsymbol{B}_i^{\mathrm{T}} + \boldsymbol{B}_i\boldsymbol{Y}_j + \boldsymbol{A}_{2i}\boldsymbol{S}_i\boldsymbol{A}_{2i}^{\mathrm{T}} - \boldsymbol{Z}_i + \boldsymbol{X} < 0 \tag{2.24}$$

$$\rho_i(\boldsymbol{X}\boldsymbol{A}_{1i}^{\mathrm{T}} + \boldsymbol{A}_{1i}\boldsymbol{X} + \boldsymbol{Y}_i^{\mathrm{T}}\boldsymbol{B}_i^{\mathrm{T}} + \boldsymbol{B}_i\boldsymbol{Y}_i + \boldsymbol{A}_{2i}\boldsymbol{S}_i\boldsymbol{A}_{2i}^{\mathrm{T}} - \boldsymbol{Z}_i + \boldsymbol{X}) + \boldsymbol{Z}_i < \widetilde{\boldsymbol{Q}}_{ii} \tag{2.25}$$

$$\begin{aligned}&\rho_j(\boldsymbol{X}\boldsymbol{A}_{1i}^{\mathrm{T}} + \boldsymbol{A}_{1i}\boldsymbol{X} + \boldsymbol{Y}_j^{\mathrm{T}}\boldsymbol{B}_i^{\mathrm{T}} + \boldsymbol{B}_i\boldsymbol{Y}_j + \boldsymbol{A}_{2i}\boldsymbol{S}_i\boldsymbol{A}_{2i}^{\mathrm{T}} - \boldsymbol{Z}_i + \boldsymbol{X}) + \boldsymbol{Z}_i +\\&\rho_i(\boldsymbol{X}\boldsymbol{A}_{1j}^{\mathrm{T}} + \boldsymbol{A}_{1j}X + \boldsymbol{Y}_i^{\mathrm{T}}\boldsymbol{B}_j^{\mathrm{T}} + \boldsymbol{B}_j\boldsymbol{Y}_i + \boldsymbol{A}_{2j}\boldsymbol{S}_j\boldsymbol{A}_{2j}^{\mathrm{T}} - \boldsymbol{Z}_j + \boldsymbol{X}) + \boldsymbol{Z}_j\\&< \widetilde{\boldsymbol{Q}}_{ij} + \widetilde{\boldsymbol{Q}}_{ij}^{\mathrm{T}}\\&\qquad i < j\end{aligned} \tag{2.26}$$

其中

$$\boldsymbol{Z}_i = \boldsymbol{X}\boldsymbol{\Lambda}_i\boldsymbol{X}$$

那么反馈控制器增益矩阵可以设计为

$$\boldsymbol{F}_i = \boldsymbol{Y}_i\boldsymbol{X}^{-1}$$

证明 选取同样的 Lyapunov 函数$\boldsymbol{V}(\boldsymbol{x}(t)) = \boldsymbol{x}^{\mathrm{T}}(t)\boldsymbol{P}\boldsymbol{x}(t)$. 令$\boldsymbol{F}_i = \boldsymbol{Y}_i\boldsymbol{X}^{-1}$,那么

$$\overline{\boldsymbol{G}}_{ij} = \boldsymbol{A}_{1i} + \boldsymbol{B}_i\boldsymbol{Y}_j\boldsymbol{X}^{-1}$$

此时$\boldsymbol{V}(\boldsymbol{x}(t))$沿系统(2.8)的时间导数为

$$\begin{aligned}\dot{\boldsymbol{V}}(\boldsymbol{x}(t)) = &\sum_{i=1}^{r}\sum_{j=1}^{r} w_i m_j[\boldsymbol{x}^{\mathrm{T}}(t)(\overline{\boldsymbol{G}}_{ij}^{\mathrm{T}}\boldsymbol{P} + \boldsymbol{P}\overline{\boldsymbol{G}}_{ij})\boldsymbol{x}(t) +\\&2\boldsymbol{x}^{\mathrm{T}}(t)\boldsymbol{P}\boldsymbol{A}_{2i}\boldsymbol{x}(t - \tau_i(t))]\end{aligned} \tag{2.27}$$

上式结合式(2.15)有下面等式成立

$$\begin{aligned}\dot{\boldsymbol{V}}(\boldsymbol{x}(t)) = &\sum_{i=1}^{r}\sum_{j=1}^{r} w_i w_j\{\boldsymbol{x}^{\mathrm{T}}(t)[\rho_j(\overline{\boldsymbol{G}}_{ij}^{\mathrm{T}}\boldsymbol{P} + \boldsymbol{P}\overline{\boldsymbol{G}}_{ij} - \boldsymbol{\Lambda}_i) + \boldsymbol{\Lambda}_i]\boldsymbol{x}(t) +\\&2\rho_j\boldsymbol{x}^{\mathrm{T}}(t)\boldsymbol{P}\boldsymbol{A}_{2i}\boldsymbol{x}(t - \tau_i(t))\} +\\&\sum_{i=1}^{r}\sum_{j=1}^{r} w_i(m_j - \rho_j w_j)[\boldsymbol{x}^{\mathrm{T}}(t)(\overline{\boldsymbol{G}}_{ij}^{\mathrm{T}}\boldsymbol{P} + \boldsymbol{P}\,\overline{\boldsymbol{G}}_{ij} - \boldsymbol{\Lambda}_i)\boldsymbol{x}(t) +\end{aligned}$$

$$2\boldsymbol{x}^{\mathrm{T}}(t)\boldsymbol{P}\boldsymbol{A}_{2i}\boldsymbol{x}(t-\tau_i(t))\,]$$

下面类似定理 2. 3 的证明过程对上式进行处理,最后得到如下一些不等式

$$\overline{\boldsymbol{G}}_{ij}^{\mathrm{T}}\boldsymbol{P}+\boldsymbol{P}\,\overline{\boldsymbol{G}}_{ij}+\boldsymbol{P}\boldsymbol{A}_{2i}\boldsymbol{S}_i\boldsymbol{A}_{2i}^{\mathrm{T}}\boldsymbol{P}-\boldsymbol{\Lambda}_i+\boldsymbol{P}<0 \tag{2. 28}$$

$$\rho_i(\overline{\boldsymbol{G}}_{ii}^{\mathrm{T}}\boldsymbol{P}+\boldsymbol{P}\,\overline{\boldsymbol{G}}_{ii}+\boldsymbol{P}\boldsymbol{A}_{2i}\boldsymbol{S}_i\boldsymbol{A}_{2i}^{\mathrm{T}}\boldsymbol{P}-\boldsymbol{\Lambda}_i+\boldsymbol{P})+\boldsymbol{\Lambda}_i<\boldsymbol{Q}_{ii} \tag{2. 29}$$

$$\begin{aligned}&\rho_j(\overline{\boldsymbol{G}}_{ij}^{\mathrm{T}}\boldsymbol{P}+\boldsymbol{P}\,\overline{\boldsymbol{G}}_{ij}+\boldsymbol{P}\boldsymbol{A}_{2i}\boldsymbol{S}_i\boldsymbol{A}_{2i}^{\mathrm{T}}\boldsymbol{P}-\boldsymbol{\Lambda}_i+\boldsymbol{P})+\boldsymbol{\Lambda}_i+\boldsymbol{\Lambda}_j+\\&\rho_i(\overline{\boldsymbol{G}}_{ji}^{\mathrm{T}}\boldsymbol{P}+\boldsymbol{P}\,\overline{\boldsymbol{G}}_{ji}+\boldsymbol{P}\boldsymbol{A}_{2j}\boldsymbol{S}_j\boldsymbol{A}_{2j}^{\mathrm{T}}\boldsymbol{P}-\boldsymbol{\Lambda}_j+\boldsymbol{P})\\&<\boldsymbol{Q}_{ij}+\boldsymbol{Q}_{ij}^{\mathrm{T}}\\&\qquad i<j\end{aligned} \tag{2. 30}$$

$$\dot{\boldsymbol{V}}(\boldsymbol{x}(t))\leqslant\begin{bmatrix}w_1\boldsymbol{x}(t)\\w_2\boldsymbol{x}(t)\\\vdots\\w_r\boldsymbol{x}(t)\end{bmatrix}^{\mathrm{T}}\begin{bmatrix}\boldsymbol{Q}_{11}&\boldsymbol{Q}_{12}&\cdots&\boldsymbol{Q}_{1r}\\\boldsymbol{Q}_{21}&\boldsymbol{Q}_{22}&\cdots&\boldsymbol{Q}_{2r}\\\vdots&\vdots&&\vdots\\\boldsymbol{Q}_{r1}&\boldsymbol{Q}_{r2}&\cdots&\boldsymbol{Q}_{rr}\end{bmatrix}\begin{bmatrix}w_1\boldsymbol{x}(t)\\w_2\boldsymbol{x}(t)\\\vdots\\w_r\boldsymbol{x}(t)\end{bmatrix} \tag{2. 31}$$

下面令 $\boldsymbol{X}=\boldsymbol{P}^{-1}$,在上述不等式(2. 28) ~ (2. 30) 的左右两边分别乘以矩阵 $\boldsymbol{X}$,从而得到定理2. 4 中的条件(2. 24) ~ (2. 26). 而在不等式(2. 31) 的左右两边分别乘以矩阵 $\mathrm{diag}[\boldsymbol{X}\quad\boldsymbol{X}\quad\cdots\quad\boldsymbol{X}]$,从而得到定理 2. 4 中矩阵 $\widetilde{\boldsymbol{Q}}<0$ 的条件,定理证毕.

2.3.4 数值算例

下面给出一个数值算例来验证本章所提出的稳定性分析方法在减少保守性方面的有效性. 由绪论中的叙述可知,对于时滞系统稳定性保守性的衡量主要通过比较系统在稳定下所得到的时滞上界的大小. 然而对于时滞无关型稳定性条件,由于该条件中不含有时滞项,即与时滞的大小是没有关系的,所以通过比较时滞大小的办法是行不通的. 我们可以换个角度去比较,比如,通过找到比已有稳定性条件更多的保证系统稳定的模糊控制器,然而这种方法在真正实施过程中是比较困难,甚至是不可行的. 但是我们可以采取逆向思维的过程,即先让各个稳定性条件针对模糊模型寻找保证系统稳定的模糊控制器,然后改变被控对象本身的某个或某几个参数,再让各个稳定条件寻找合适的控制器,重复这个过程直至不能找到使系统稳定的控制器,最后通过比较各个条件中所对应的系统参数的取值范围,对应取值范围越大的稳定性分析方法则具有更小的保守性. 例 2. 1 主要通过这种比较思想来验证本章方法在降低保守性方面的有效性.

例 2.1 考虑由如下具有两条模糊规则的 T-S 模糊模型所描述的非线性时滞系统.

模糊规则 i:如果 $x_1(t)$ 属于 M_1^i,那么

$$\dot{\boldsymbol{x}}(t) = \boldsymbol{A}_{1i}\boldsymbol{x}(t) + \boldsymbol{A}_{2i}\boldsymbol{x}(t-\tau) + \boldsymbol{B}_i\boldsymbol{u}(t), i = 1,2 \tag{2.32}$$

其中系统参数分别为

$$\boldsymbol{A}_{11} = \begin{bmatrix} 1 & 0.5 \\ 0.51 & -0.1 \end{bmatrix}, \boldsymbol{A}_{21} = \begin{bmatrix} 0.1 & 0 \\ -0.25 & 0 \end{bmatrix}, \boldsymbol{B}_1 = \begin{bmatrix} 0 \\ 1 \end{bmatrix}$$

$$\boldsymbol{A}_{12} = \begin{bmatrix} a & 0.75 \\ 0.25 & -0.8 \end{bmatrix}, \boldsymbol{A}_{22} = \begin{bmatrix} 0.19 & 0 \\ 0.06 & 0 \end{bmatrix}, \boldsymbol{B}_2 = \begin{bmatrix} b \\ 0.5 \end{bmatrix}$$

且

$$0.5 \leqslant a \leqslant 0.9,\ -0.5 \leqslant b \leqslant -0.1$$

那么整个非线性动力学方程可以表示为

$$\dot{\boldsymbol{x}}(t) = \sum_{i=1}^{2} w_i(x_1(t))(\boldsymbol{A}_{1i}\boldsymbol{x}(t) + \boldsymbol{A}_{2i}\boldsymbol{x}(t-\tau) + \boldsymbol{B}_i\boldsymbol{u}(t)) \tag{2.33}$$

其中隶属度函数选取如下(结构如图 2.1 所示)

$$w_1(x_1(t)) = \frac{1}{1 + \mathrm{e}^{-2x_1(t)}}$$

$$w_2(x_1(t)) = 1 - w_1(x_1(t)) \tag{2.34}$$

针对上述 T-S 时滞模型,设计如下具有两条模糊规则的控制器来控制非线性系统,具体描述如下.

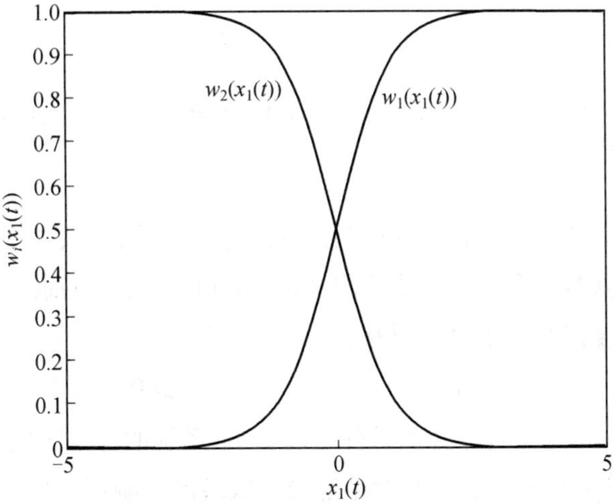

图 2.1 被控对象的隶属度函数 $w_1(x_1(t))$, $w_2(x_1(t))$

模糊规则 j:如果 $x_1(t)$ 是 N_1^i,那么

$$\boldsymbol{u}(t)=\boldsymbol{F}_j\boldsymbol{x}(t),j=1,2 \tag{2.35}$$

那么全局模糊控制器可以表示为

$$\boldsymbol{u}(t)=\sum_{j=1}^{2}m_j(\boldsymbol{x}_1(t))\boldsymbol{F}_j\boldsymbol{x}(t) \tag{2.36}$$

其中隶属度函数结构选取如下(结构如图 2.2 所示)

$$m_1(x_1(t))=\begin{cases}1,0\leqslant x_1(t)\leqslant 5\\ 1+\dfrac{1}{5}x_1,\ -5\leqslant x_1(t)\leqslant 0\end{cases} \tag{2.37}$$

$$m_2(x_1(t))=\begin{cases}1,\ -5\leqslant x_1(t)\leqslant 0\\ 1-\dfrac{1}{5}x_1(t),0\leqslant x_1(t)\leqslant 5\end{cases} \tag{2.38}$$

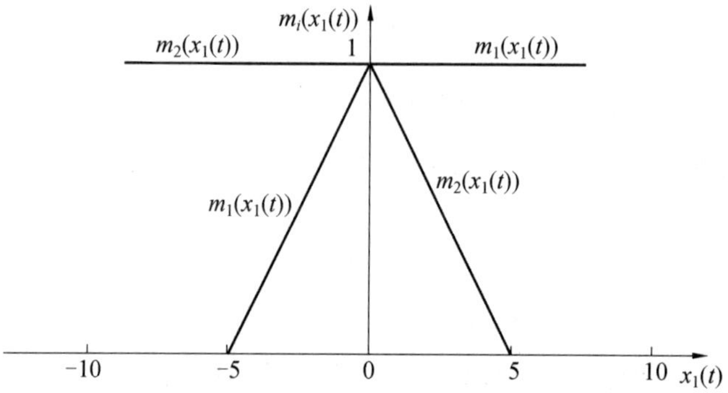

图 2.2 控制器的隶属度函数 $m_1(x_1(t)),m_2(x_1(t))$

结合式(2.36)与(2.33)得到如下闭环控制系统

$$\dot{\boldsymbol{x}}(t)=\sum_{i=1}^{2}\sum_{j=1}^{2}w_i(x_1(t))m_j(x_1(t))[(\boldsymbol{A}_{1i}+\boldsymbol{B}_i\boldsymbol{F}_j)\boldsymbol{x}(t)+\boldsymbol{A}_{2i}\boldsymbol{x}(t-\tau)] \tag{2.39}$$

利用定理 2.4 计算上述闭环控制系统的稳定区域,即系统稳定时所对应的系统矩阵中的参数 a 和 b 的取值范围. 假设模糊时滞模型的隶属度函数与模糊控制器的隶属度函数满足对于所有 j 和 $x_1(t)$,有

$$m_j(x_1(t))-\rho_j w_j(x_1(t))\geqslant 0$$

其中,$0<\rho_j<1$. 由定理 2.4 的条件可以看出,系统的稳定区域是与系数 ρ_j 的取值有关的. 当 ρ_j 取不同数值时对系统稳定区域的影响可以见图 2.3. 由图 2.3 可以看出与 $\rho_1=0.45,\rho_2=0.5$ 时系统的稳定区域(用"○"来表示)相比较,当

$\rho_1 = 0.85, \rho_2 = 0.95$（稳定区域用“×”来表示）时，则可以获得更大的稳定区域，所以可见系统的稳定区域随着 ρ_j 的取值增大而增大. 为了说明本章结果具有更小的保守性，同样利用此例子，在条件不变的情况下，描绘出文献[39]的稳定区域（用“○”来表示），如图 2.4 所示. 可见本章所提出的方法可以获得更大的稳定区域. 虽然上述数值算例结果不具有普遍性，但也从侧面说明了本章的稳定性方法对于减少保守性的有效性.

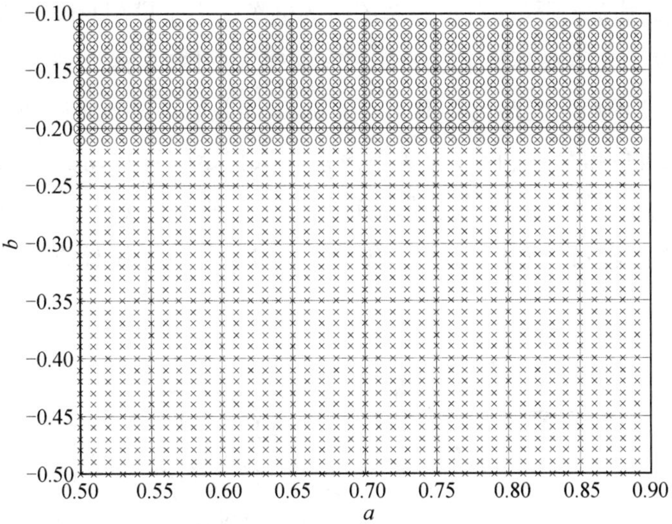

图 2.3　基于定理 2.3 的稳定区域

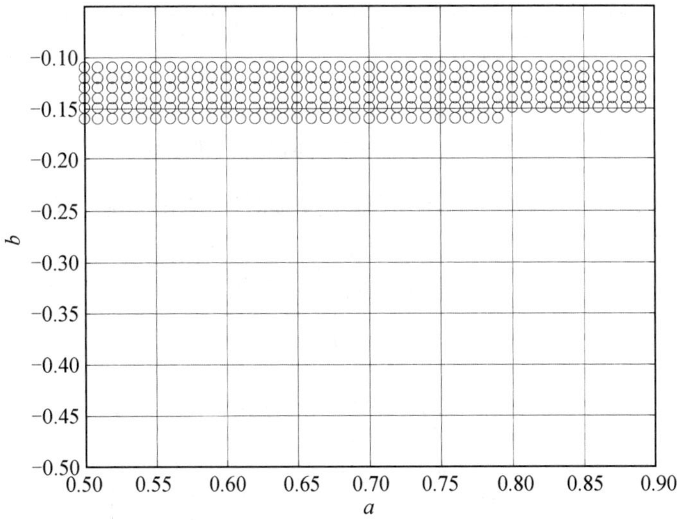

图 2.4　基于文献[39]中的稳定性条件所给出的稳定区域

2.3.5 仿真实例

例 2.2 考虑牵引车拖车自动倒车系统(backing-up control of a truck-trailer,见文献[9]),该系统主要由牵引车与拖车两部分组成,牵引车与拖车之间由连轴相连,连轴与牵引车所成的角度为固定的直角,连轴与拖车相连的地方是活动的,角度是可变的. 那么可以看出牵引车为驱动装置,拖车为从动装置,其模型如图 2.5 所示. 由于该系统中的倒车动力学模型具有高度非线性和不稳定性,从而使得对其稳定性的控制有着很大的困难. 因此研究一种能够保证该系统稳定的控制策略就显得非常重要. 下面我们主要针对这种系统设计一个前提不匹配的模糊控制器,来实现该系统从初始位置自动倒车回到期望位置,即让牵引车在静止时将拖车沿着倒车后退方向水平放置. 从设计过程以及仿真结果可以体现出该方法不同于传统并行补偿控制器设计方法的优点以及有效性.

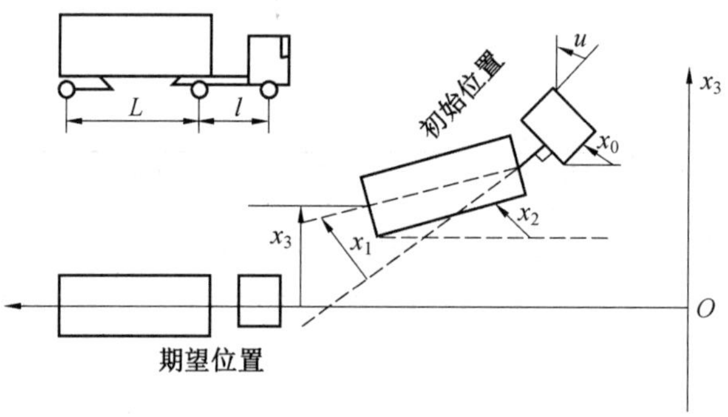

图 2.5 牵引车拖车自动倒车系统模型图示

采用文献[9]中的系统描述,有如下连续时间的系统表达式

$$\dot{x}_0(t) = \frac{v\bar{t}}{lt_0}\tan(u(t)) \tag{2.40}$$

$$x_1(t) = x_0(t) - x_2(t) \tag{2.41}$$

$$\dot{x}_2(t) = \frac{v\bar{t}}{Lt_0}\sin(x_1(t)) \tag{2.42}$$

$$\dot{x}_3(t) = v\bar{t}\cos(x_1(t))\sin\left(\frac{x_2(t)}{t_0} + \frac{1}{2}\dot{x}_2(t)\right) \tag{2.43}$$

其中,$x_0(t)$ 表示牵引车的角度;$x_1(t)$ 表示拖车与连轴之间的角度,即牵引车与

拖车之间的角度差；$x_2(t)$ 表示拖车相对于水平位置的角度；$x_3(t)$ 表示拖车尾部的垂直位置；$u(t)$ 表示牵引导向角；$l = 2.8$ m 表示牵引车的长度；$L = 5.5$ m 表示拖车的长度；$v = -1.0$ m/s 为牵引车沿倒车体后退方向运行的恒定速度；时间 $\bar{t} = 2.0$ s；时间间隔 $t_0 = 0.5$ s.

由上述实际的系统方程表达式可以看出，此时的系统是不含有时滞项的. 那么首先针对此种实际情况的非线性系统，利用本章定理 2.4，当 $\tau = 0$ 时给出前提不匹配控制器的设计方法. 具体操作步骤：首先，得到倒车系统的 T-S 模糊模型. 其次，构造形如式(1.17) 的模糊控制器. 再次，利用定理 2.4 求解该模糊控制器的各项参数. 最后，利用所得的模糊控制器控制原被控对象.

为了得到上述非线性系统的 T-S 模型，首先对上述方程进行简化处理，当 $x_1(t)$，$u(t)$ 取值不大的时候，此时有

$$\begin{aligned}\sin x_1(t) &\approx x_1(t) \\ \tan u(t) &\approx u(t)\end{aligned} \tag{2.44}$$

那么模型方程(2.40) ~ (2.43) 可以进一步简化为

$$\dot{x}_0(t) = \frac{v\bar{t}}{lt_0}u(t) \tag{2.45}$$

$$x_1(t) = x_0(t) - x_2(t) \tag{2.46}$$

$$\dot{x}_2(t) = \frac{v\bar{t}}{Lt_0}x_1(t) \tag{2.47}$$

$$\dot{x}_3(t) = v\bar{t}\sin\left(\frac{x_2(t)}{t_0} + \frac{1}{2}\dot{x}_2(t)\right) \tag{2.48}$$

进一步整理可以得到

$$\dot{x}_1(t) = -\frac{v\bar{t}}{Lt_0}x_1(t) + \frac{v\bar{t}}{lt_0}u(t) \tag{2.49}$$

$$\dot{x}_2(t) = \frac{v\bar{t}}{Lt_0}x_1(t) \tag{2.50}$$

$$\dot{x}_3(t) = \frac{v\bar{t}}{t_0}\sin\left(x_2(t) + \frac{v\bar{t}}{2L}x_1(t)\right) \tag{2.51}$$

针对上述非线性系统，我们可以用下述具有两条模糊规则的模糊模型进行近似的逼近，具体表达式如下.

定义 $\theta(t) = x_2(t) + \frac{v\bar{t}}{2L}x_1(t)$.

模糊规则 1:如果 $\theta(t)$ 是 0,那么

$$\dot{\boldsymbol{x}}(t)=\boldsymbol{A}_1\boldsymbol{x}(t)+\boldsymbol{B}_1\boldsymbol{u}(t) \tag{2.52}$$

模糊规则 2:如果 $\theta(t)$ 是 π 或 $-\pi$,那么

$$\dot{\boldsymbol{x}}(t)=\boldsymbol{A}_2\boldsymbol{x}(t)+\boldsymbol{B}_2\boldsymbol{u}(t) \tag{2.53}$$

其中

$$\boldsymbol{x}(t)=[x_1(t)\quad x_2(t)\quad x_3(t)]^{\mathrm{T}}$$

且

$$\boldsymbol{A}_1=\begin{bmatrix} -\dfrac{v\bar{t}}{Lt_0} & 0 & 0 \\ \dfrac{v\bar{t}}{Lt_0} & 0 & 0 \\ \dfrac{v^2\bar{t}^2}{2Lt_0} & \dfrac{v\bar{t}}{t_0} & 0 \end{bmatrix}$$

$$\boldsymbol{A}_2=\begin{bmatrix} -\dfrac{v\bar{t}}{Lt_0} & 0 & 0 \\ \dfrac{v\bar{t}}{Lt_0} & 0 & 0 \\ \dfrac{dv^2\bar{t}^2}{2Lt_0} & \dfrac{dv\bar{t}}{t_0} & 0 \end{bmatrix}$$

$$\boldsymbol{B}_1=\boldsymbol{B}_2=\begin{bmatrix} \dfrac{v\bar{t}}{lt_0} & 0 & 0 \end{bmatrix}^{\mathrm{T}}$$

隶属度函数选取如下(其结构如图 2.6 所示)

$$w_1(\theta(t))=\left(1-\frac{1}{1+\mathrm{e}^{-3(\theta(t)-0.5\pi)}}\right)\left(\frac{1}{1+\mathrm{e}^{-3(\theta(t)+0.5\pi)}}\right)$$

$$w_2(\theta(t))=1-w_1(\theta(t)) \tag{2.54}$$

并且为了避免对上述非线性系统线性模糊化后产生不可控现象,这里取

$$d=\frac{10t_0}{\pi}$$

针对上述得到的 T-S 模糊模型,构造如下具有相同模糊逻辑规则数量的前提不匹配模糊控制器.

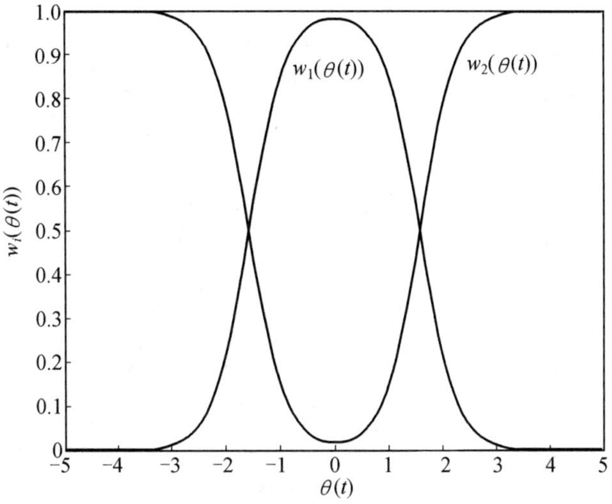

图 2.6　被控系统所选取的隶属度函数

模糊规则 1：如果 $\theta(t)$ 属于 0，那么

$$\boldsymbol{u}(t) = \boldsymbol{F}_1\boldsymbol{x}(t) \tag{2.55}$$

模糊规则 2：如果 $\theta(t)$ 属于 π 或 $-\pi$，那么

$$\boldsymbol{u}(t) = \boldsymbol{F}_2\boldsymbol{x}(t) \tag{2.56}$$

于是全局模糊控制器可以表示为

$$\boldsymbol{u}(t) = \sum_{j=1}^{2} m_j(\theta(t))\boldsymbol{F}_j\boldsymbol{x}(t) \tag{2.57}$$

由前提不匹配控制器设计方法的原理，此时我们可以选取如下结构简单且不同于模糊模型的隶属度函数作为模糊控制器的隶属度函数(图 2.7)

$$m_1(\theta(t)) = 0.99\mathrm{e}^{\frac{-\theta^2(t)}{2\times 1.5^2}}$$
$$m_2(\theta(t)) = 1 - m_1(\theta(t)) \tag{2.58}$$

利用定理 2.4，取 $\rho_1 = \rho_2 = 0.85$，使得对于所有 j 和 $\theta(t)$ 满足

$$m_j(\theta(t)) - \rho_j w_j(\theta(t)) > 0$$

利用 Matlab 的 feasp 函数命令，求得保证系统渐近稳定的可行解以及反馈增益矩阵如下

$$\boldsymbol{X} = \begin{bmatrix} 3.5978 & 0.5218 & -1.4334 \\ 0.5218 & 0.3495 & 0.0071 \\ -1.4334 & 0.0071 & 1.6397 \end{bmatrix}$$

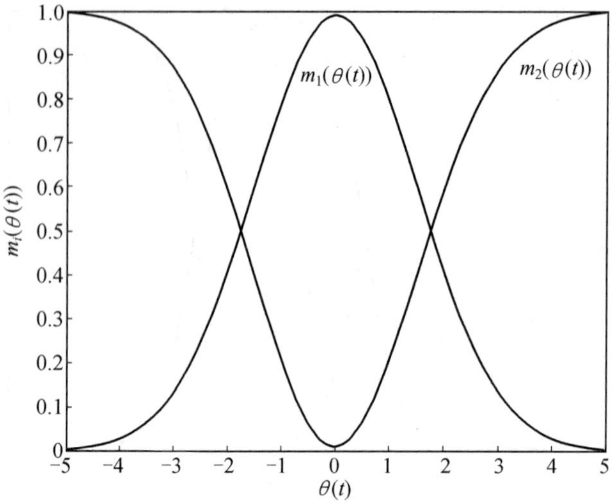

图 2.7　控制器的隶属度函数

$$F_1 = [2.7028 \quad -7.1345 \quad 1.6178]$$

$$F_2 = [2.5613 \quad -7.0437 \quad 1.6825]$$

将求得的增益矩阵以及 $m_1(\theta(t))$ 和 $m_2(\theta(t))$ 代入式(2.57)中,结合系统(2.40)~(2.43),选取初值

$$x(0) = [0.05\pi \quad 0.075\pi \quad -0.5]^{\mathrm{T}}$$

图 2.8 描绘了整个闭环系统的响应曲线. 显然,我们所设计的模糊控制器能够保证系统(2.40)~(2.43)是渐近稳定的.

在上述仿真过程中,我们没有考虑系统中含有时滞的因素. 事实上,从引擎方向角改变到牵引车方向角的改变及牵引车和拖车机械部件之间力的传输都不可避免地存在着延迟,因此考虑在上述系统中引入时间滞后更具有实际意义. 因此为了进一步验证本章方法针对该牵引车拖车自动倒车系统变得更为复杂的时候也是有效的,假定 $x_1(t)$ 中含有时滞项 τ,含有时滞的拖车倒车系统用如下方程式表示

$$\dot{x}_1(t) = -a\frac{v\bar{t}}{Lt_0}\sin(x_1(t)) + (1-a)\frac{v\bar{t}}{Lt_0}\sin(x_1(t-\tau)) + \frac{v\bar{t}}{lt_0}\tan(u(t)) \tag{2.59}$$

$$\dot{x}_2(t) = a\frac{v\bar{t}}{Lt_0}\sin(x_1(t)) + (1-a)\frac{v\bar{t}}{Lt_0}\sin(x_1(t-\tau)) \tag{2.60}$$

$$\dot{x}_3(t)=\bar{v}t\cos(x_1(t))\sin\left(\frac{x_2(t)}{t_0}+\frac{1}{2}\dot{x}_2(t)\right) \tag{2.61}$$

其中常数 $a \in [0,1]$ 表示滞后系数,特别地,当 $a=1$ 和 $a=0$ 时,分别代表系统无时滞项和全时滞项,在本例中令 $a=0.7$. 由上述方程可以看到当滞后系数 $a=1$ 时, 上述方程退化为系统(2.40) ~ (2.43).

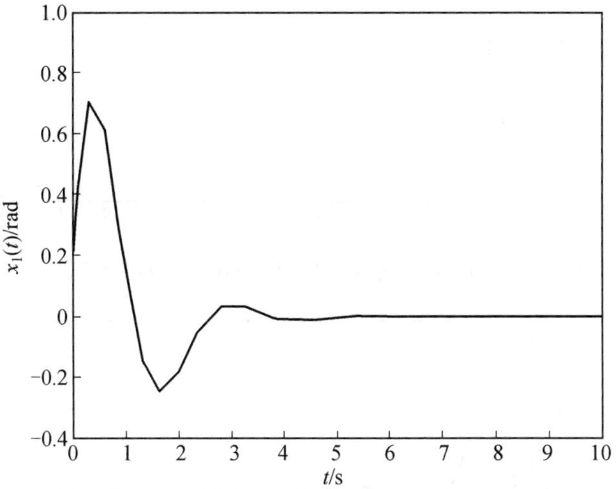

(a) 拖车与连轴之间角度的响应曲线

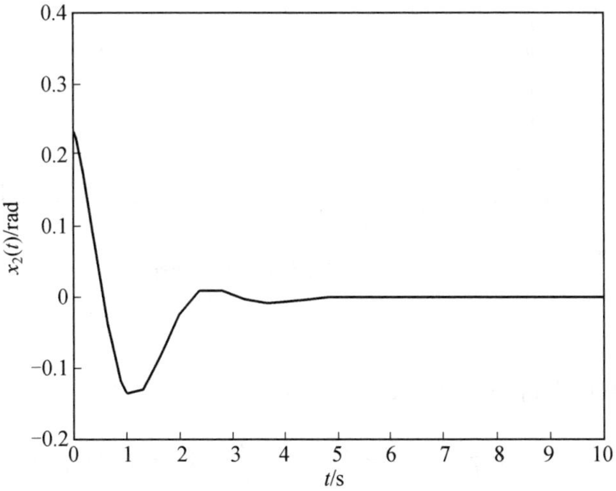

(b) 拖车相对于水平位置的角度的响应曲线

图 2.8 牵引车拖车自动倒车系统的响应曲线(初始状态 $\boldsymbol{x}(0)=[0.05\pi \quad 0.075\pi \quad -0.5]^{\mathrm{T}}$)

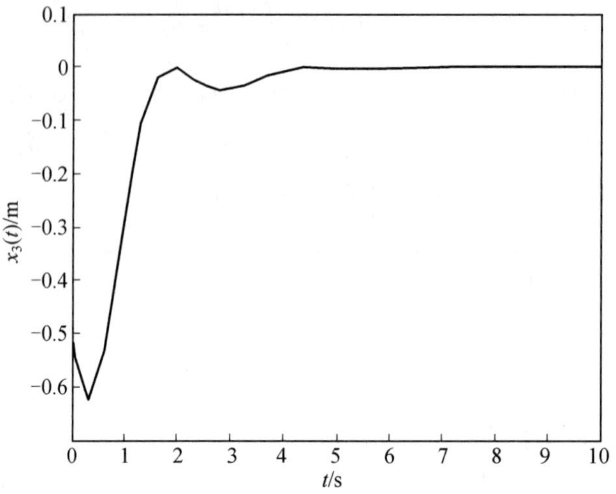

(c) 拖车尾部相对于水平轴距离的相应曲线

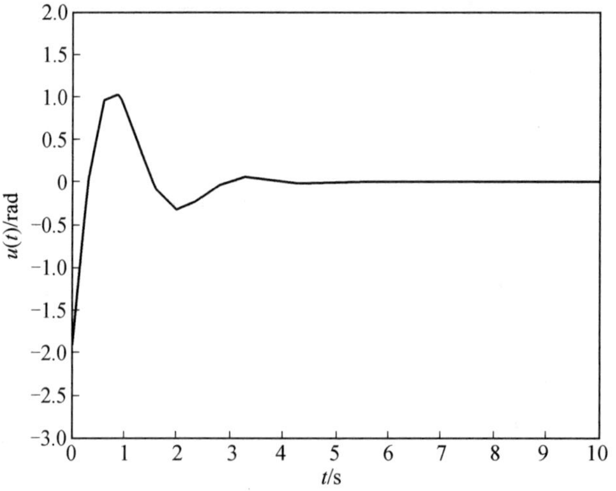

(d) 牵引导向角度的响应曲线

续图 2.8

对上述方程进行简化得到如下方程式

$$\dot{x}_1(t) = -a\frac{v\bar{t}}{Lt_0}x_1(t) - (1-a)\frac{v\bar{t}}{Lt_0}x_1(t-\tau) + \frac{v\bar{t}}{lt_0}u(t) \tag{2.62}$$

$$\dot{x}_2(t) = a\frac{v\bar{t}}{Lt_0}x_1(t) + (1-a)\frac{v\bar{t}}{Lt_0}x_1(t-\tau) \tag{2.63}$$

$$\dot{x}_3(t) = \frac{v\bar{t}}{t_0}\sin\left(x_2(t) + a\frac{v\bar{t}}{2L}x_1(t) + (1-a)\frac{v\bar{t}}{2L}x_1(t-\tau)\right) \tag{2.64}$$

类似上述对该系统中不含有时滞时的控制器设计步骤，首先得到如下 T-S 模糊时滞模型.

定义 $\bar{\theta}(t)=x_2(t)+a\frac{v\bar{t}}{2L}x_1(t)+(1-a)\frac{v\bar{t}}{2L}x_1(t-\tau)$.

模糊规则 1：如果 $\bar{\theta}(t)$ 属于 0，那么

$$\dot{\boldsymbol{x}}(t)=\boldsymbol{A}_{11}\boldsymbol{x}(t)+\boldsymbol{A}_{21}\boldsymbol{x}(t-\tau)+\boldsymbol{B}_1\boldsymbol{u}(t) \tag{2.65}$$

模糊规则 2：如果 $\bar{\theta}(t)$ 属于 π 或 $-\pi$，那么

$$\dot{\boldsymbol{x}}(t)=\boldsymbol{A}_{12}\boldsymbol{x}(t)+\boldsymbol{A}_{22}\boldsymbol{x}(t-\tau)+\boldsymbol{B}_2\boldsymbol{u}(t) \tag{2.66}$$

其中

$$\boldsymbol{x}(t)=[x_1(t)\quad x_2(t)\quad x_3(t)]^{\mathrm{T}}$$

隶属度函数选取结构同图 2.6，并且

$$\boldsymbol{A}_{11}=\begin{bmatrix} -a\frac{v\bar{t}}{Lt_0} & 0 & 0 \\ a\frac{v\bar{t}}{Lt_0} & 0 & 0 \\ a\frac{v^2\bar{t}^2}{2Lt_0} & \frac{v\bar{t}}{t_0} & 0 \end{bmatrix}$$

$$\boldsymbol{A}_{21}=\begin{bmatrix} -(1-a)\frac{v\bar{t}}{Lt_0} & 0 & 0 \\ (1-a)\frac{v\bar{t}}{Lt_0} & 0 & 0 \\ (1-a)\frac{v^2\bar{t}^2}{2Lt_0} & 0 & 0 \end{bmatrix}$$

$$\boldsymbol{A}_{12}=\begin{bmatrix} -a\frac{v\bar{t}}{Lt_0} & 0 & 0 \\ a\frac{v\bar{t}}{Lt_0} & 0 & 0 \\ a\frac{dv^2\bar{t}^2}{2Lt_0} & \frac{dv\bar{t}}{t_0} & 0 \end{bmatrix}$$

$$A_{22}=\begin{bmatrix} -(1-a)\dfrac{v\bar{t}}{Lt_0} & 0 & 0 \\ (1-a)\dfrac{v\bar{t}}{Lt_0} & 0 & 0 \\ (1-a)\dfrac{dv^2\bar{t}^2}{2Lt_0} & 0 & 0 \end{bmatrix}$$

$$B_1=B_2=\begin{bmatrix} \dfrac{v\bar{t}}{lt_0} & 0 & 0 \end{bmatrix}^{\mathrm{T}}$$

显然,对于上述含有时滞项的T-S模糊控制系统的稳定性问题,文献[9]的控制器设计方法将会失效.

下面针对上述T-S模糊时滞模型,构造形如式(2.57)的前提不匹配的模糊控制器,利用定理2.4,取$\rho_1=\rho_2=0.85$,使得对于所有j和$\theta(t)$满足

$$m_j(\theta(t))-\rho_j w_j(\theta(t))>0$$

利用Matlab的feasp函数命令,求得保证系统渐近稳定的可行解以及反馈增益矩阵如下

$$X=\begin{bmatrix} 3.7304 & 0.5382 & -1.2490 \\ 0.5382 & 0.2256 & 0.1913 \\ -1.2490 & 0.1913 & 2.2464 \end{bmatrix}$$

$$F_1=[4.5069 \quad -17.1420 \quad 3.3921]$$

$$F_2=[4.2160 \quad -16.5788 \quad 3.2491]$$

将求得的增益矩阵以及$m_1(\theta(t))$和$m_2(\theta(t))$代入式(2.57)中,结合系统(2.59)~(2.61),选取滞后时间$\tau=5$和初值

$$x(0)=[0.05\pi \quad 0.075\pi \quad -0.5]^{\mathrm{T}}$$

图2.9描绘了整个闭环系统在初始状态下的响应曲线,可以看出系统是渐近稳定的.

值得进一步说明的是如果被控对象,即描述牵引车拖车自动倒车系统模型的T-S模糊模型的隶属度函数式(2.54)中,含有不确定参数,比如具体数学表达式为

$$w_1(\theta(t))=\left(1-\frac{1}{1+\mathrm{e}^{-3\delta(t)\cdot(\theta(t)-2)}}\right)\left(\frac{1}{1+\mathrm{e}^{-3\delta(t)\cdot(\theta(t)+2)}}\right)$$

$$w_2(\theta(t))=1-w_1(\theta(t)) \tag{2.67}$$

其中，$-1 \leqslant \delta(t) \leqslant 1$ 为不确定的参数. 那么此时利用文献[39] 的控制器设计方法，即并行分布补偿控制器的设计方法，此时所设计的模糊控制器的隶属度函数同样选取式(2.67). 然而此时由于该式中含有不确定项，因此导致模糊控制器无法实现. 所以对于这类系统，文献[39] 的设计方法是不可用的. 然而利用本章所提出的前提不匹配的设计方法，对于隶属度函数中含有不确定参数的模糊模型，通过适当调整 ρ 值，只要选取确定的且与式(2.67) 满足

$$m_j(\theta(t)) - \rho_j w_j(\theta(t)) > 0$$

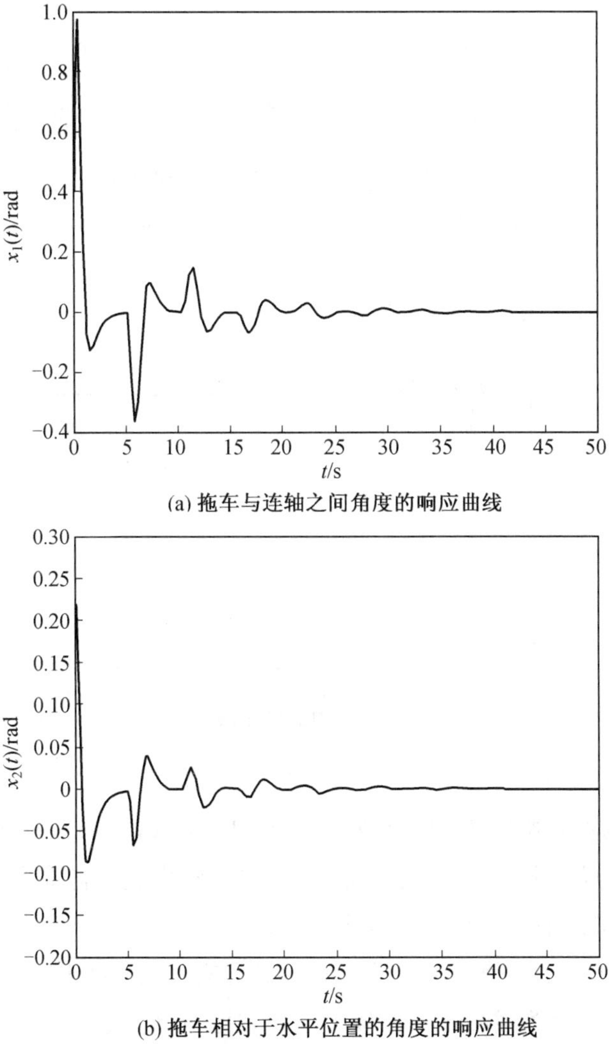

图 2.9　当时滞 $\tau = 5$ 时牵引车拖车自动倒车时滞系统的响应曲线

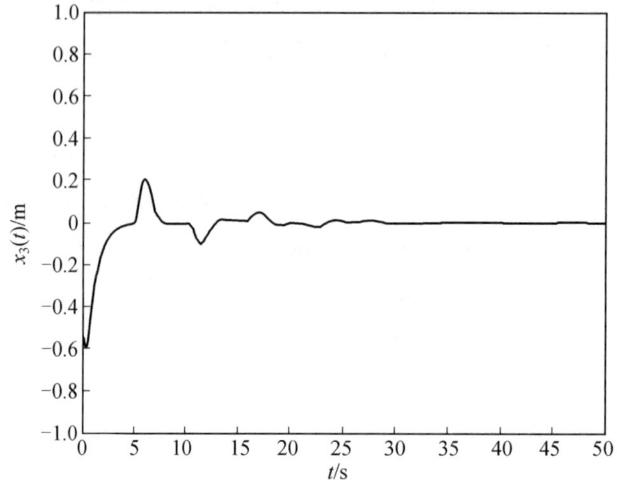

(c) 拖车尾部相对水平轴距离的相应曲线

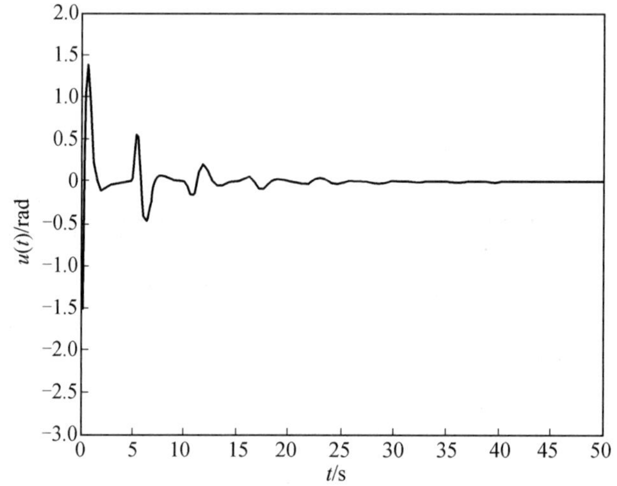

(d) 牵引导向角度的响应曲线

续图 2.9

的函数来作为控制器的隶属度函数即可. 比如选取式(2.58),那么同样会使得该非线性系统达到稳定的控制目的. 因此本章所给出的控制器设计方法对于含有不确定隶属度函数的模糊模型同样适用.

综上,由上述的数值算例结果显示,对比已有文献的结果,本章所提出的稳定性分析方法能够为系统提供比较大的稳定区域,因此降低了稳定性的保守性. 在仿真过程中可以看见,与传统的并行补偿控制器设计方法(即要求控制器的隶属度函数选取与被控对象的隶属度函数相同) 相比较,本章中利用结构比较简单的隶属度函数去代替被控对象所拥有的复杂的隶属度函数作为模糊控制器的隶属度函数去控制被控对象,在达到同样稳定效果的目的下,本章所提出的控制器设计方法降低了控制器执行的难度,同时也提高了控制器设计的灵活性. 另外,对于含有不确定隶属度函数的 T-S 模糊模型系统的控制器设计问题,传统的并行分布补偿设计方法是不可用的,然而本章所提出的设计方法同样适用.

2.4 离散 T-S 模糊时滞闭环控制系统的稳定性分析

2.4.1 系统描述

考虑由如下离散 T-S 模糊时滞模型所描述的常时滞的离散非线性系统.

模糊规则 i:如果$f_1(\boldsymbol{x}(k))$ 属于 M_1^i,……,$f_p(\boldsymbol{x}(k))$ 属于 M_p^i,那么

$$\begin{aligned}\boldsymbol{x}(k+1)&=\boldsymbol{A}_{1i}\boldsymbol{x}(k)+\boldsymbol{A}_{2i}\boldsymbol{x}(k-\tau)+\boldsymbol{B}_i\boldsymbol{u}(k)\\ \boldsymbol{x}(k)&=\boldsymbol{\varphi}(k),k=-\tau,-\tau+1,\cdots,0\end{aligned}\tag{2.68}$$

其中,$\boldsymbol{x}(k)=\boldsymbol{\varphi}(k),k=-\tau,-\tau+1,\cdots,0$ 表示给定的初始条件,$\tau>0$ 表示常数时滞,那么 T-S 模糊系统(2.68) 的全局动态模型可以表示为

$$\boldsymbol{x}(k+1)=\sum_{i=1}^{r}w_i(\boldsymbol{x}(k))(\boldsymbol{A}_{1i}\boldsymbol{x}(k)+\boldsymbol{A}_{2i}\boldsymbol{x}(k-\tau)+\boldsymbol{B}_i\boldsymbol{u}(k))\tag{2.69}$$

上式结合离散型的前提不匹配的控制器(1.19),我们可以得到如下前提不匹配的离散型 T-S 模糊闭环控制系统,即

$$\boldsymbol{x}(k+1)=\sum_{i=1}^{r}\sum_{j=1}^{r}w_i(\boldsymbol{x}(k))m_j(\boldsymbol{x}(k))[\boldsymbol{G}_{ij}\boldsymbol{x}(k)+\boldsymbol{A}_{2i}\boldsymbol{x}(k-\tau)]\tag{2.70}$$

其中,$\boldsymbol{G}_{ij}$ 表达式同式(2.9).

2.4.2 稳定性分析

定理 2.5 离散的模糊闭环时滞控制系统(2.70) 是渐近稳定的,如果模糊时滞模型的隶属度函数与模糊控制器的隶属度函数满足对于所有的j 和$\boldsymbol{x}(k)$,有

$$m_j(\boldsymbol{x}(k))-\rho_jw_j(\boldsymbol{x}(k))\geqslant 0$$

其中，$0<\rho_j<1$，并且存在矩阵

$$\boldsymbol{P}=\boldsymbol{P}^{\mathrm{T}}>0,\boldsymbol{S}>0$$

和

$$\boldsymbol{\Lambda}_j=\boldsymbol{\Lambda}_j^{\mathrm{T}}\in\mathbf{R}^{3n\times3n},0>\boldsymbol{H}=\boldsymbol{H}^{\mathrm{T}}\in\mathbf{R}^{3n\times3n}$$

其中 $\boldsymbol{H}_{ij}=\boldsymbol{H}_{ji}^{\mathrm{T}},i\neq j$ 以及预先给定的反馈增益矩阵 $\boldsymbol{F}_j\in\mathbf{R}^{m\times n}$，满足不等式(2.72)～(2.74).

证明　选取如下的 Lyapunov-Krasovskii 函数

$$\boldsymbol{V}(\boldsymbol{x}(k))=\boldsymbol{x}^{\mathrm{T}}(k)\boldsymbol{P}\boldsymbol{x}(k)+\sum_{\sigma=k-\tau}^{k-1}\boldsymbol{x}^{\mathrm{T}}(\sigma)\boldsymbol{S}\boldsymbol{x}(\sigma) \tag{2.71}$$

其中，$\boldsymbol{P}>0,\boldsymbol{S}\geqslant0$. 下面我们利用 Krasovskii 定理证明离散时滞系统(2.70)的稳定性. 由 Krasovskii 定理可知，存在 σ_1 和 σ_2，满足

$$\sigma_1\|\boldsymbol{x}(t)\|^2\leqslant\boldsymbol{V}(\boldsymbol{x}(t))\leqslant\sigma_2\|\boldsymbol{x}(t)\|^2 \tag{2.72}$$

其中

$$\sigma_1=\lambda_{\min}(\boldsymbol{P}),\sigma_2=\lambda_{\max}(\boldsymbol{P})+\tau\lambda_{\max}(\boldsymbol{S})$$

因此

$$\begin{aligned}\Delta\boldsymbol{V}(\boldsymbol{x}(k))&=\boldsymbol{V}(\boldsymbol{x}(k+1))-\boldsymbol{V}(\boldsymbol{x}(k))\\&=\boldsymbol{x}^{\mathrm{T}}(k+1)\boldsymbol{P}\boldsymbol{x}(k+1)-\boldsymbol{x}^{\mathrm{T}}(k)\boldsymbol{P}\boldsymbol{x}(k)+\boldsymbol{x}^{\mathrm{T}}(k)\boldsymbol{S}\boldsymbol{x}(k)-\\&\quad\ \boldsymbol{x}^{\mathrm{T}}(k-\tau)\boldsymbol{S}\boldsymbol{x}(k-\tau)\\&=\sum_{i=1}^{r}\sum_{j=1}^{r}\sum_{\nu=1}^{r}\sum_{l=1}^{r}w_im_jw_\nu m_l[\boldsymbol{x}^{\mathrm{T}}(k)(\boldsymbol{G}_{ij}^{\mathrm{T}}\boldsymbol{P}\boldsymbol{G}_{\nu l}-\boldsymbol{P}+\boldsymbol{S})\boldsymbol{x}(k)+\\&\quad\ \boldsymbol{x}^{\mathrm{T}}(k)\boldsymbol{G}_{ij}^{\mathrm{T}}\boldsymbol{P}\boldsymbol{A}_{2\nu}\boldsymbol{x}(k-\tau)+\\&\quad\ \boldsymbol{x}^{\mathrm{T}}(k-\tau)\boldsymbol{A}_{2i}^{\mathrm{T}}\boldsymbol{P}\boldsymbol{G}_{\nu l}\boldsymbol{x}(k)+\boldsymbol{x}^{\mathrm{T}}(k-\tau)(\boldsymbol{A}_{2i}^{\mathrm{T}}\boldsymbol{P}\boldsymbol{A}_{2\nu}-\boldsymbol{S})\boldsymbol{x}(k-\tau)]\\&=\sum_{i=1}^{r}\sum_{j=1}^{r}\sum_{\nu=1}^{r}\sum_{l=1}^{r}w_im_jw_\nu m_l\tilde{\boldsymbol{x}}^{\mathrm{T}}(k)(\boldsymbol{Q}_{ij}^{\mathrm{T}}\boldsymbol{P}\boldsymbol{Q}_{\nu l}-\boldsymbol{\Theta})\tilde{\boldsymbol{x}}(k)\\&\leqslant\tilde{\boldsymbol{x}}^{\mathrm{T}}(k)(\sum_{i=1}^{r}\sum_{j=1}^{r}w_im_j(\boldsymbol{Q}_{ij}^{\mathrm{T}}\boldsymbol{P}\boldsymbol{Q}_{ij}-\boldsymbol{\Theta}))\tilde{\boldsymbol{x}}(k)\end{aligned} \tag{2.73}$$

其中

$$\tilde{\boldsymbol{x}}(k)=\begin{bmatrix}\boldsymbol{x}(k)\\\boldsymbol{x}(k-\tau)\end{bmatrix},\boldsymbol{\Theta}=\begin{bmatrix}\boldsymbol{P}-\boldsymbol{S}&\boldsymbol{O}\\\boldsymbol{O}&\boldsymbol{S}\end{bmatrix},\boldsymbol{Q}_{ij}=[\boldsymbol{G}_{ij}\quad\boldsymbol{A}_{2i}] \tag{2.74}$$

由式(2.73)可知，如果令

$$\sum_{i=1}^{r}\sum_{j=1}^{r}w_im_j(\boldsymbol{Q}_{ij}^{\mathrm{T}}\boldsymbol{P}\boldsymbol{Q}_{ij}-\boldsymbol{\Theta})<0 \tag{2.75}$$

那么$\Delta V(x(k))<0$. 而由Schur补定理可知,矩阵不等式(2.75)成立当且仅当下面矩阵不等式成立,即

$$\sum_{i=1}^{r}\sum_{j=1}^{r}w_im_j\begin{bmatrix}-\boldsymbol{\Theta} & \boldsymbol{Q}_{ij}^{\mathrm{T}}\boldsymbol{P}\\ \boldsymbol{P}\boldsymbol{Q}_{ij} & -\boldsymbol{P}\end{bmatrix}=\sum_{i=1}^{r}\sum_{j=1}^{r}w_im_j\begin{bmatrix}-\boldsymbol{P}+\boldsymbol{S} & \boldsymbol{O} & \boldsymbol{G}_{ij}^{\mathrm{T}}\boldsymbol{P}\\ \boldsymbol{O} & -\boldsymbol{S} & \boldsymbol{A}_{2i}^{\mathrm{T}}\boldsymbol{P}\\ \boldsymbol{P}\boldsymbol{G}_{ij} & \boldsymbol{P}\boldsymbol{A}_{2i} & -\boldsymbol{P}\end{bmatrix}$$

$$=\sum_{i=1}^{r}\sum_{j=1}^{r}w_im_j\boldsymbol{\Omega}_{ij}<0 \tag{2.76}$$

其中

$$\boldsymbol{\Omega}_{ij}=\begin{bmatrix}-\boldsymbol{P}+\boldsymbol{S} & \boldsymbol{O} & \boldsymbol{G}_{ij}^{\mathrm{T}}\boldsymbol{P}\\ \boldsymbol{O} & -\boldsymbol{S} & \boldsymbol{A}_{2i}^{\mathrm{T}}\boldsymbol{P}\\ \boldsymbol{P}\boldsymbol{G}_{ij} & \boldsymbol{P}\boldsymbol{A}_{2i} & -\boldsymbol{P}\end{bmatrix} \tag{2.77}$$

由隶属度函数的性质,对于任意矩阵$0<\boldsymbol{\Lambda}_i=\boldsymbol{\Lambda}_i^{\mathrm{T}}\in\mathbf{R}^{3n\times 3n}$,$i=1,2,\cdots,r$有下面的等式成立,即

$$\sum_{i=1}^{r}\sum_{j=1}^{r}w_i(w_j-m_j)\boldsymbol{\Lambda}_i=\sum_{i=1}^{r}w_i\left(\sum_{j=1}^{r}w_j-\sum_{j=1}^{r}m_j\right)\boldsymbol{\Lambda}_i=\sum_{i=1}^{r}w_i(1-1)\boldsymbol{\Lambda}_i=\boldsymbol{O} \tag{2.78}$$

上式与式(2.78)结合有下面不等式成立,即

$$\begin{aligned}\boldsymbol{\Omega}&=\sum_{i=1}^{r}\sum_{j=1}^{r}w_im_j\boldsymbol{\Omega}_{ij}=\sum_{i=1}^{r}\sum_{j=1}^{r}w_i(w_j-m_j+\rho_jw_j-\rho_jw_j)\boldsymbol{\Lambda}_i+\sum_{i=1}^{r}\sum_{j=1}^{r}w_im_j\boldsymbol{\Omega}_{ij}\\
&=\sum_{i=1}^{r}\sum_{j=1}^{r}w_im_j\boldsymbol{\Omega}_{ij}+\sum_{i=1}^{r}\sum_{j=1}^{r}w_i(w_j-\rho_jw_j)\boldsymbol{\Lambda}_i-\sum_{i=1}^{r}\sum_{j=1}^{r}w_i(m_j-\rho_jw_j)\boldsymbol{\Lambda}_i\\
&=\sum_{i=1}^{r}\sum_{j=1}^{r}w_i(m_j+\rho_jw_j-\rho_jw_j)\boldsymbol{\Omega}_{ij}+\sum_{i=1}^{r}\sum_{j=1}^{r}w_i(w_j-\rho_jw_j)\boldsymbol{\Lambda}_i-\\
&\quad\sum_{i=1}^{r}\sum_{j=1}^{r}w_i(m_j-\rho_jw_j)\boldsymbol{\Lambda}_i\\
&=\sum_{i=1}^{r}\sum_{j=1}^{r}w_iw_j(\rho_j\boldsymbol{\Omega}_{ij}-\rho_j\boldsymbol{\Lambda}_i+\boldsymbol{\Lambda}_i)+\sum_{i=1}^{r}\sum_{j=1}^{r}w_i(m_j-\rho_jw_j)(\boldsymbol{\Omega}_{ij}-\boldsymbol{\Lambda}_i)\\
&\leqslant\sum_{i=1}^{r}w_i^2(\rho_i\boldsymbol{\Omega}_{ii}-\rho_i\boldsymbol{\Lambda}_i+\boldsymbol{\Lambda}_i)+\\
&\quad\sum_{i=1}^{r}\sum_{i<j}w_iw_j(\rho_j\boldsymbol{\Omega}_{ij}+\rho_i\boldsymbol{\Omega}_{ji}-\rho_j\boldsymbol{\Lambda}_i-\rho_i\boldsymbol{\Lambda}_j+\boldsymbol{\Lambda}_i+\boldsymbol{\Lambda}_j)+\end{aligned}$$

$$\sum_{i=1}^{r}\sum_{j=1}^{r} w_i(m_j - \rho_j w_j)(\boldsymbol{\Omega}_{ij} - \boldsymbol{\Lambda}_i) \tag{2.79}$$

对于所有的 j 和 $\boldsymbol{x}(k)$,有

$$m_j(\boldsymbol{x}(k)) - \rho_j w_j(\boldsymbol{x}(k)) \geqslant 0$$

因此对于所有的 $i,j = 1,2,\cdots,r$,一定可以找到矩阵 $\boldsymbol{H}_{ij} = \boldsymbol{H}_{ji}^{\mathrm{T}}$,使得下面不等式成立

$$\boldsymbol{\Omega}_{ij} - \boldsymbol{\Lambda}_i < 0 \tag{2.80}$$

$$\rho_i\boldsymbol{\Omega}_{ii} - \rho_i\boldsymbol{\Lambda}_i + \boldsymbol{\Lambda}_i < \boldsymbol{H}_{ii} \tag{2.81}$$

$$\rho_j\boldsymbol{\Omega}_{ij} + \rho_i\boldsymbol{\Omega}_{ji} - \rho_j\boldsymbol{\Lambda}_i - \rho_i\boldsymbol{\Lambda}_j + \boldsymbol{\Lambda}_i + \boldsymbol{\Lambda}_j \leqslant \boldsymbol{H}_{ij} + \boldsymbol{H}_{ij}^{\mathrm{T}}, i < j \tag{2.82}$$

那么式(2.79)可以进一步表示为

$$\Delta \boldsymbol{V}(\boldsymbol{x}(k)) \leqslant \begin{bmatrix} w_1\tilde{\boldsymbol{x}}(k) \\ w_2\tilde{\boldsymbol{x}}(k) \\ \vdots \\ w_r\tilde{\boldsymbol{x}}(k) \end{bmatrix}^{\mathrm{T}} \begin{bmatrix} \boldsymbol{H}_{11} & \boldsymbol{H}_{12} & \cdots & \boldsymbol{H}_{1r} \\ \boldsymbol{H}_{21} & \boldsymbol{H}_{22} & \cdots & \boldsymbol{H}_{2r} \\ \vdots & \vdots & & \vdots \\ \boldsymbol{H}_{r1} & \boldsymbol{H}_{r2} & \cdots & \boldsymbol{H}_{rr} \end{bmatrix} \begin{bmatrix} w_1\tilde{\boldsymbol{x}}(k) \\ w_2\tilde{\boldsymbol{x}}(k) \\ \vdots \\ w_r\tilde{\boldsymbol{x}}(k) \end{bmatrix} \tag{2.83}$$

如果对于所有的 i,有 $\boldsymbol{H} < 0$ 和式(2.80)成立,那么 $\Delta \boldsymbol{V}(\boldsymbol{x}(k)) < 0$,其中

$$\boldsymbol{H} = \begin{bmatrix} \boldsymbol{H}_{11} & \boldsymbol{H}_{12} & \cdots & \boldsymbol{H}_{1r} \\ \boldsymbol{H}_{21} & \boldsymbol{H}_{22} & \cdots & \boldsymbol{H}_{2r} \\ \vdots & \vdots & & \vdots \\ \boldsymbol{H}_{r1} & \boldsymbol{H}_{r2} & \cdots & \boldsymbol{H}_{rr} \end{bmatrix} \in \mathbf{R}^{3n\times 3n} \tag{2.84}$$

因此由 Krasovskii 定理可知,离散模糊控制系统(2.70)是渐近稳定的,定理证毕.

2.4.3 控制器设计

定理2.6 离散模糊闭环时滞控制系统(2.70)是渐近稳定的,如果模糊时滞模型的隶属度函数与模糊控制器的隶属度函数满足对于所有的 j 和 $\boldsymbol{x}(k)$,有

$$m_j(\boldsymbol{x}(k)) - \rho_j w_j(\boldsymbol{x}(k)) \geqslant 0$$

其中,$0 < \rho_j < 1$,并且存在矩阵

$$\boldsymbol{X} = \boldsymbol{X}^{\mathrm{T}} > 0, \boldsymbol{S} > 0$$

和

$$\widetilde{\boldsymbol{\Lambda}}_j = \widetilde{\boldsymbol{\Lambda}}_j^{\mathrm{T}} \in \mathbf{R}^{3n\times 3n}$$

$$\widetilde{\boldsymbol{H}}_{ij} = \widetilde{\boldsymbol{H}}_{ji}^{\mathrm{T}}, i \neq j$$

和 $\boldsymbol{Y}_j$ 满足如下矩阵不等式

$$\widetilde{\boldsymbol{\Omega}}_{ij} - \widetilde{\boldsymbol{\Lambda}}_i < 0 \tag{2.85}$$

$$\rho_i \widetilde{\boldsymbol{\Omega}}_{ii} - \rho_i \widetilde{\boldsymbol{\Lambda}}_i + \widetilde{\boldsymbol{\Lambda}}_i < \widetilde{\boldsymbol{H}}_{ii} \tag{2.86}$$

$$\rho_j \widetilde{\boldsymbol{\Omega}}_{ij} + \rho_i \widetilde{\boldsymbol{\Omega}}_{ji} - \rho_j \widetilde{\boldsymbol{\Lambda}}_i - \rho_i \widetilde{\boldsymbol{\Lambda}}_j + \widetilde{\boldsymbol{\Lambda}}_i + \widetilde{\boldsymbol{\Lambda}}_j \leqslant \widetilde{\boldsymbol{H}}_{ij} + \widetilde{\boldsymbol{H}}_{ij}^{\mathrm{T}}, i < j \tag{2.87}$$

$$\widetilde{\boldsymbol{H}} = \begin{bmatrix} \widetilde{\boldsymbol{H}}_{11} & \widetilde{\boldsymbol{H}}_{12} & \cdots & \widetilde{\boldsymbol{H}}_{1r} \\ \widetilde{\boldsymbol{H}}_{21} & \widetilde{\boldsymbol{H}}_{22} & \cdots & \widetilde{\boldsymbol{H}}_{2r} \\ \vdots & \vdots & & \vdots \\ \widetilde{\boldsymbol{H}}_{r1} & \widetilde{\boldsymbol{H}}_{r2} & \cdots & \widetilde{\boldsymbol{H}}_{rr} \end{bmatrix} < 0 \tag{2.88}$$

对于所有的 $i,j = 1,2,\cdots,r$,其中,$\boldsymbol{K} = \boldsymbol{XSX}$. 那么反馈控制器增益矩阵可以设计为 $\boldsymbol{F}_j = \boldsymbol{Y}_j\boldsymbol{X}^{-1}$.

证明 令 $\boldsymbol{X} = \boldsymbol{P}^{-1}$,$\boldsymbol{F}_j = \boldsymbol{Y}_j\boldsymbol{X}^{-1}$,类似定理2.5的证明,这里我们在式(2.77)的左右两边分别乘以矩阵 $\mathrm{diag}[\boldsymbol{X} \quad \boldsymbol{X} \quad \boldsymbol{X}]$,从而得到

$$\widetilde{\boldsymbol{\Omega}}_{ij} = \begin{bmatrix} -\boldsymbol{X} + \boldsymbol{K} & \boldsymbol{O} & \boldsymbol{X}\boldsymbol{A}_i^{\mathrm{T}} + \boldsymbol{Y}_j^{\mathrm{T}}\boldsymbol{B}_i^{\mathrm{T}} \\ \boldsymbol{O} & -\boldsymbol{K} & \boldsymbol{X}\boldsymbol{A}_{2i}^{\mathrm{T}} \\ \boldsymbol{A}_i\boldsymbol{X} + \boldsymbol{B}_i\boldsymbol{Y}_j & \boldsymbol{A}_{2i}\boldsymbol{X} & -\boldsymbol{X} \end{bmatrix} \tag{2.89}$$

其中,$\boldsymbol{K} = \boldsymbol{XSX}$.

由隶属度函数的性质,对于任意矩阵

$$0 < \widetilde{\boldsymbol{\Lambda}}_i = \widetilde{\boldsymbol{\Lambda}}_i^{\mathrm{T}} \in \mathbf{R}^{3n\times 3n}, i = 1,2,\cdots,r$$

有

$$\sum_{i=1}^{r}\sum_{j=1}^{r} w_i(w_j - m_j)\widetilde{\boldsymbol{\Lambda}}_i = \boldsymbol{O} \tag{2.90}$$

那么

$$\begin{aligned} \widetilde{\boldsymbol{\Omega}} &= \sum_{i=1}^{r}\sum_{j=1}^{r} w_i m_j \widetilde{\boldsymbol{\Omega}}_{ij} = \sum_{i=1}^{r}\sum_{j=1}^{r} w_i m_j \widetilde{\boldsymbol{\Omega}}_{ij} + \sum_{i=1}^{r}\sum_{j=1}^{r} w_i(w_j - m_j)\widetilde{\boldsymbol{\Lambda}}_i \\ &= \sum_{i=1}^{r}\sum_{j=1}^{r} w_i w_j(\rho_j \widetilde{\boldsymbol{\Omega}}_{ij} - \rho_j \widetilde{\boldsymbol{\Lambda}}_i + \widetilde{\boldsymbol{\Lambda}}_i) + \sum_{i=1}^{r}\sum_{j=1}^{r} w_i(m_j - \rho_j w_j)(\widetilde{\boldsymbol{\Omega}}_{ij} - \widetilde{\boldsymbol{\Lambda}}_i) \end{aligned}$$

$$\leqslant \sum_{i=1}^{r} w_i^2(\rho_i \widetilde{\boldsymbol{\Omega}}_{ii} - \rho_i \widetilde{\boldsymbol{\Lambda}}_i + \widetilde{\boldsymbol{\Lambda}}_i) + \sum_{i=1}^{r}\sum_{j=1}^{r} w_i(m_j - \rho_j w_j)(\widetilde{\boldsymbol{\Omega}}_{ij} - \widetilde{\boldsymbol{\Lambda}}_i) +$$

$$\sum_{i=1}^{r}\sum_{i<j} w_i w_j(\rho_j \widetilde{\boldsymbol{\Omega}}_{ij} + \rho_i \widetilde{\boldsymbol{\Omega}}_{ji} - \rho_j \widetilde{\boldsymbol{\Lambda}}_i - \rho_i \widetilde{\boldsymbol{\Lambda}}_j + \widetilde{\boldsymbol{\Lambda}}_i + \widetilde{\boldsymbol{\Lambda}}_j) \tag{2.91}$$

对于所有 j 和 $\boldsymbol{x}(k)$，有 $m_j(\boldsymbol{x}(k)) - \rho_j w_j(\boldsymbol{x}(k)) \geqslant 0$，因此如果定理条件中式(2.85) ~ (2.88) 成立，那么离散模糊控制系统在状态反馈控制器

$$\boldsymbol{u}(k) = \sum_{j=1}^{m} \boldsymbol{Y}_j \boldsymbol{X}^{-1} \boldsymbol{x}(k)$$

的控制下是渐近稳定的，定理证毕.

2.4.4 仿真算例

采用类似例 2.1 的比较思想，通过下面的数值算例来验证本节方法在降低保守性方面的有效性.

例 2.3 考虑如下离散 T-S 模糊时滞模型（文献[56]）.

模糊规则 i：如果 $x_1(k)$ 属于 M_1^i，那么

$$\boldsymbol{x}(k+1) = \boldsymbol{A}_{1i}\boldsymbol{x}(k) + \boldsymbol{A}_{2i}\boldsymbol{x}(k-\tau) + \boldsymbol{B}_i\boldsymbol{u}(k), i = 1,2,3 \tag{2.92}$$

其中系统参数为

$$\boldsymbol{A}_{11} = \begin{bmatrix} 1 & 0.5 \\ 0.51 & -0.1 \end{bmatrix}, \boldsymbol{A}_{12} = \begin{bmatrix} 0.1 & 0.25 \\ 0.15 & -0.5 \end{bmatrix}, \boldsymbol{B}_1 = \begin{bmatrix} 0 \\ 1 \end{bmatrix}$$

$$\boldsymbol{A}_{13} = \begin{bmatrix} a & 0.75 \\ 0.25 & -0.8 \end{bmatrix}, \boldsymbol{A}_{21} = \begin{bmatrix} 0.1 & 0 \\ -0.25 & 0 \end{bmatrix}, \boldsymbol{B}_2 = \begin{bmatrix} 1 \\ -0.5 \end{bmatrix}$$

$$\boldsymbol{A}_{22} = \begin{bmatrix} 0.25 & 0 \\ 0.15 & 0 \end{bmatrix}, \boldsymbol{A}_{23} = \begin{bmatrix} 0.19 & 0 \\ 0.06 & 0 \end{bmatrix}, \boldsymbol{B}_3 = \begin{bmatrix} b \\ 0.5 \end{bmatrix}$$

且 $0 \leqslant a \leqslant 2$ 和 $0 \leqslant b \leqslant 2$. 整个非线性时滞被控对象可以表示为

$$\boldsymbol{x}(k+1) = \sum_{i=1}^{3} w_i(x_1(k))(\boldsymbol{A}_{1i}\boldsymbol{x}(k) + \boldsymbol{A}_{2i}\boldsymbol{x}(k-\tau) + \boldsymbol{B}_i\boldsymbol{u}(k)) \tag{2.93}$$

其中隶属度函数选取如下（其结构如图 2.10 所示）

$$w_1(x_1(k)) = \mathrm{e}^{-\frac{(x_1(k)+5)^2}{2\times 2^2}} \tag{2.94}$$

$$w_2(x_1(k)) = \mathrm{e}^{-\frac{x_1(k)^2}{2\times 1.5^2}} \tag{2.95}$$

$$w_3(x_1(k)) = \mathrm{e}^{-\frac{(x_1(k)-5)^2}{2\times 2^2}} \tag{2.96}$$

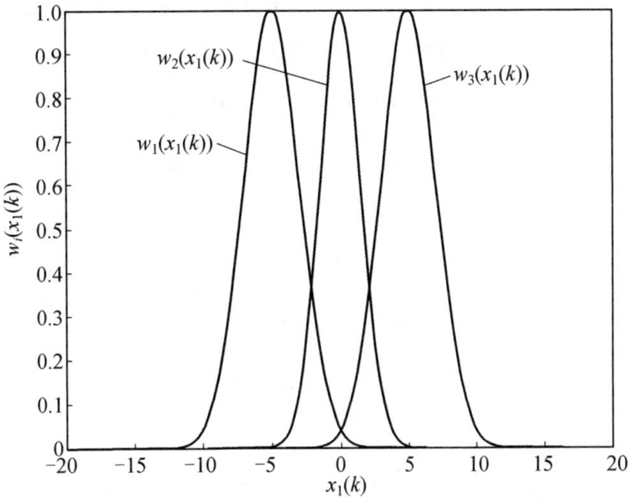

图 2.10　模糊集合 $M_1^i, i = 1,2,3$ 的隶属度函数

针对上述离散 T-S 模糊时滞模型，设计如下前提不匹配的模糊控制器.

模糊规则 j：如果 $x_1(k)$ 是 N_1^j，那么

$$\boldsymbol{u}(k) = \boldsymbol{F}_j\boldsymbol{x}(k), j = 1,2,3 \tag{2.97}$$

从而全局状态反馈控制器可以表示为

$$\boldsymbol{u}(k) = \sum_{j=1}^{3} m_j(x_1(k))\boldsymbol{F}_j\boldsymbol{x}(k) \tag{2.98}$$

假设模糊时滞模型的隶属度函数与模糊控制器的隶属度函数满足对于所有 j 和 $\boldsymbol{x}(k)$，有

$$m_j(\boldsymbol{x}(k)) - \rho_j w_j(\boldsymbol{x}(k)) \geqslant 0$$

其中，$0 < \rho_j < 1$. 利用定理 2.6 求得当 ρ_j 取不同数值时系统稳定的区域，即系统矩阵参数中 a 和 b 的取值范围. 具体操作过程即先让各个稳定性条件针对式(2.93)寻找保证系统稳定的模糊控制器，然后改变式(2.93)中 a 和 b 的取值，再让各个稳定性分析条件寻找合适的控制器，重复这个过程直至不能找到使系统稳定的控制器，最后就可以得到该系统在稳定条件下所对应的参数 a 和 b 的取值范围，如图 2.11 所示. 当 $\rho_1 = 0.45, \rho_2 = 0.5, \rho_3 = 0.75$，系统的稳定区域用"○"来表示；当 $\rho_1 = 0.5, \rho_2 = 0.75, \rho_3 = 0.85$，系统的稳定区域用"×"来表示. 可见系统的稳定区域同样是随着 ρ_j 值的增大而增大. 作为比较，在条件不变的

情况下,图2.12描绘出基于文献[38,56]的稳定性准则下的稳定区域(分别用"○"和"×"来表示). 与文献[38,56]的方法相比,本章方法可以获得更大的稳定区域. 因此可以进一步说明定理2.6具有更小的保守性.

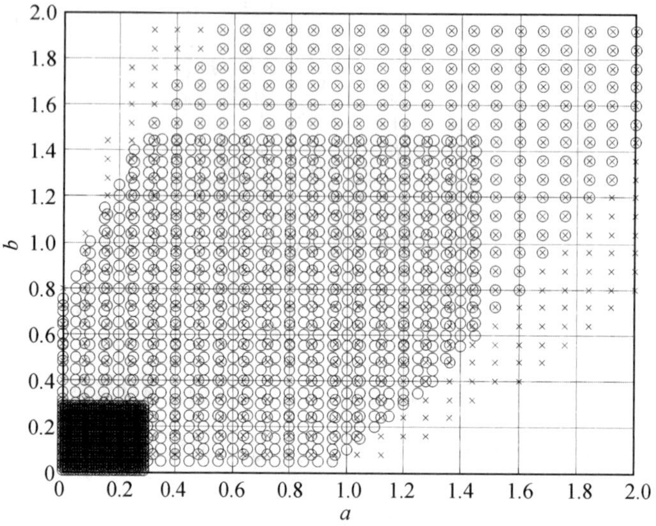

图2.11　由定理2.4所给出的稳定区域

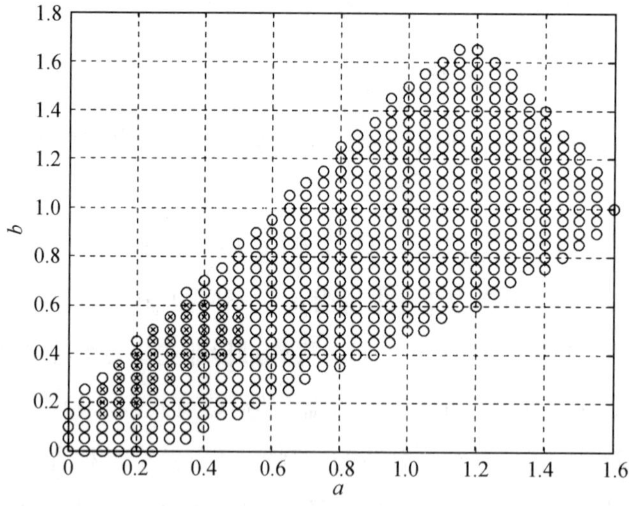

图2.12　基于文献[38,56]中的稳定性条件所给出的稳定区域

例2.4　在例2.3的仿真过程中,可以发现当 $a = 1.4, b = 1.6$ 时,利用Matlab的feasp函数命令,文献[38,56]的方法不能够得到可行解,而由定理2.

6 却可以得到可行的模糊控制器. 下面主要给出如何应用定理 2.6 来设计保证由式(2.85) 所描述的非线性系统渐近稳定的前提不匹配的模糊控制器,从而进一步验证本章控制器设计方法的有效性.

针对上述得到的 T-S 模糊时滞模型(2.85),设计形如(2.90) 的模糊控制器. 其中选取如下隶属度函数(结构如图 2.13 所示)

$$m_1(x_1(k))=\begin{cases}1, x_1(k)\leqslant -5\\ -\dfrac{x_1(k)}{5}, -5<x_1(k)<0\\ 0, x_1(k)\geqslant 0\end{cases}\tag{2.99}$$

$$m_2(x_1(k))=\begin{cases}0, x_1(k)\leqslant -5\\ \dfrac{x_1(k)+5}{5}, -5\leqslant x_1(k)\leqslant 0\\ 1-\dfrac{x_1(k)}{5}, 0\leqslant x_1(k)\leqslant 5\\ 0, x_1(k)\geqslant 5\end{cases}\tag{2.100}$$

$$m_3(x_1(t))=\begin{cases}0, x_1(k)\leqslant 0\\ \dfrac{x_1(k)}{5}, 0<x_1(k)<5\\ 1, x_1(k)\geqslant 5\end{cases}\tag{2.101}$$

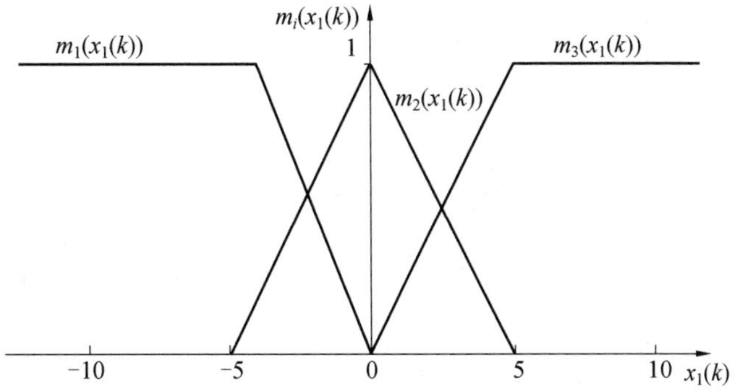

图 2.13　模糊集合 $N_1^j, j=1,2,3$ 的隶属度函数

下面我们取 $\rho_1=0.45, \rho_2=0.75, \rho_3=0.8$,使得对于所有 $j=1,2,3$ 和 $x_1(k)$ 满足

$$m_j(x_1(k)) - \rho_j w_j(x_1(k)) > 0$$

利用定理2.6,我们得到保证系统渐近稳定的可行解 $\boldsymbol{X}$ 以及相应的反馈增益矩阵 $\boldsymbol{F}_i, i = 1,2,3$ 如下

$$\boldsymbol{X} = \begin{bmatrix} 12.0406 & -7.9817 \\ -7.9817 & 17.3990 \end{bmatrix}$$

$$\boldsymbol{F}_1 = [-1.1231 \quad -0.3810]$$

$$\boldsymbol{F}_2 = [-0.6528 \quad -0.1547]$$

$$\boldsymbol{F}_3 = [-0.7926 \quad -0.1439]$$

将求得的增益矩阵以及 $m_1(x_1(k))$,$m_2(x_1(k))$ 和 $m_3(x_1(k))$ 代入式(2.98)中,选取滞后时间 $\tau = 5$ 和 $\tau = 20$ 以及初值 $\boldsymbol{x}(0) = [2 \quad -1]^{\mathrm{T}}$,给出模糊闭环控制系统的仿真曲线. 图2.14 和2.16 分别描绘了整个闭环控制系统在滞后时间 $\tau = 5$ 以及 $\tau = 20$ 时的状态响应曲线,图2.15 与2.17 描绘出相应的控制输入曲线. 由仿真图像可以看出,在前提不匹配的控制器的作用下,由式(2.93) 所描述的非线性系统当 $a = 1.4, b = 1.6$ 时是渐近稳定的. 由此可以验证本章控制器设计方法的有效性.

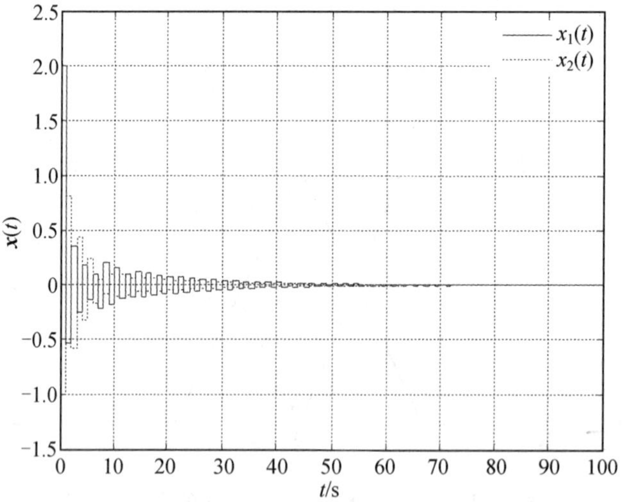

图2.14　当时滞 $\tau = 5$ 时,离散模糊时滞系统的状态响应曲线

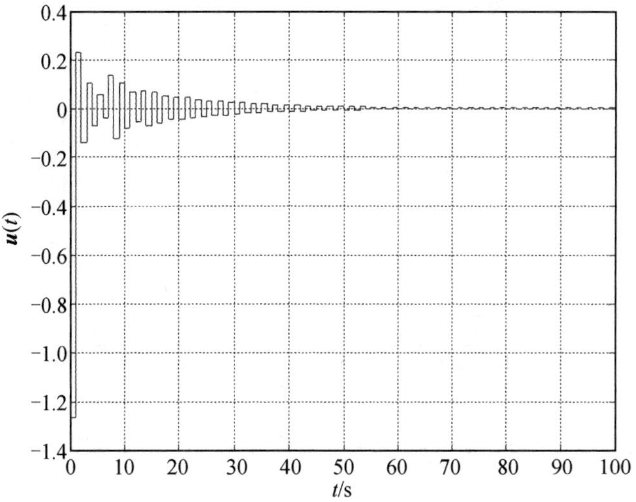

图 2. 15　当时滞 $\tau = 5$ 时，离散模糊时滞系统的控制输入曲线

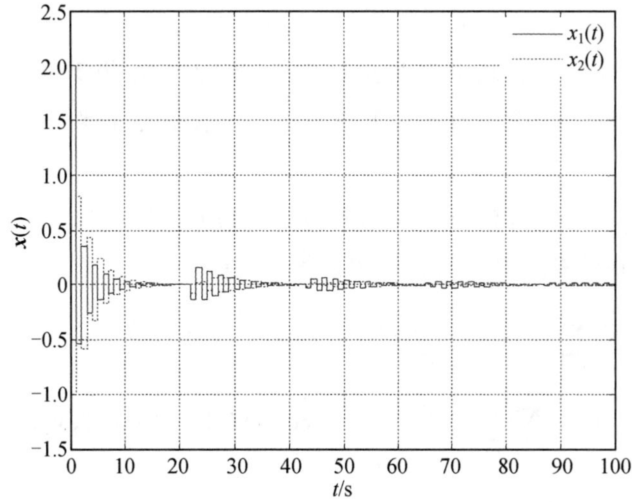

图 2. 16　当时滞 $\tau = 20$ 时，离散模糊时滞系统的状态响应曲线

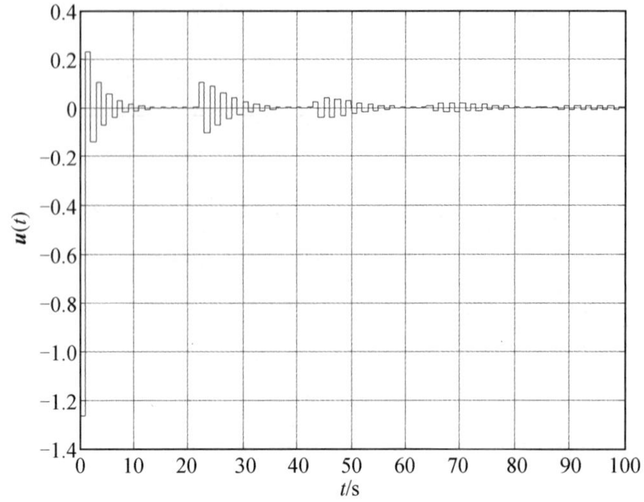

图 2.17　当时滞 $\tau = 20$ 时，离散模糊时滞系统的控制输入曲线

2.5　与基于并行分布补偿的模糊时滞系统稳定性分析的比较

(1) 观察两种系统的数学表达式，如果我们要求系统(2.8)(2.70)中的模糊控制器的隶属度函数与模糊模型的隶属度函数相同，即对于所有的 $\boldsymbol{x}(t)$ 和 $\boldsymbol{x}(k)$，满足

$$w_i(\boldsymbol{x}(t)) = m_j(\boldsymbol{x}(t)),\ w_i(\boldsymbol{x}(k)) = m_j(\boldsymbol{x}(k))$$

那么闭环控制系统(2.8)与式(2.70)分别改写为

$$\dot{\boldsymbol{x}}(t) = \sum_{i=1}^{r}\sum_{j=1}^{r} w_i(\boldsymbol{x}(t))w_j(\boldsymbol{x}(t))(\boldsymbol{G}_{ij}\boldsymbol{x}(t) + \boldsymbol{A}_{2i}\boldsymbol{x}(t - \tau_i(t))) \tag{2.102}$$

$$\boldsymbol{x}(k+1) = \sum_{i=1}^{r}\sum_{j=1}^{r} w_i(\boldsymbol{x}(k))w_j(\boldsymbol{x}(k))(\boldsymbol{G}_{ij}\boldsymbol{x}(k) + \boldsymbol{A}_{2i}\boldsymbol{x}(k - \tau)) \tag{2.103}$$

其中 $\boldsymbol{G}_{ij}$ 形如式(2.9).

那么此时本章所考虑的系统就退化为式(1.13)和(1.14)，即文献[38-39, 56]中所考虑的模糊时滞系统. 此时利用相同的证明方法，可以得到文献[38-39]的稳定性条件. 由此可以看出此时文献[38-39]中的稳定性条件分别是定理2.3与2.5的特例. 换句话说,本章中的稳定性条件是已有文献结果的一种推广.

(2) 从控制器设计的基本思想的角度出发来看,前提不匹配的设计方法弥补了传统并行分布补偿控制器设计方法的不足,是传统并行分布补偿控制器设计方法的重要推广. 我们知道依据传统并行分布补偿控制器的设计原理,模糊控制器的隶属度函数必须与模糊模型的隶属度函数相同. 在这种前提下,通过寻找并建立拥有共同隶属度函数的 Lyapunov 不等式来降低稳定性的保守性. 然而,此时的模糊控制器是通过模糊时滞模型的隶属度函数来实现的,因此这就要求模糊模型的隶属度函数必须是确定的,因此对于隶属度函数中含有不确定参数的模糊模型,该设计方法是不适用的. 而对于前提不匹配的设计方法,由于前提不匹配条件的引入,使得模糊控制器的模糊规则与模糊模型的模糊规则是不相同的. 并且对于精确的变量,我们所设计的模糊控制器与模糊模型拥有不同的模糊集合,从而使得每个子控制器在整个控制器所占的权重与该子模型在整个系统中所占的权重是不相同的. 也就是说在控制器设计过程中,可以选取不同于模糊模型的隶属度函数来作为模糊控制器的隶属度函数. 那么此时模糊控制器的隶属度函数的选取有了更大的自由度,从而提高了控制器设计的灵活性. 更重要的是,当模糊模型的隶属度函数结构非常复杂时,我们可以选取一些结构相对简单的函数来作为模糊控制器的隶属度函数. 从而降低了模糊控制器执行的难度. 而对于一些隶属度函数的结构中含有不确定参数的模糊模型,此时并行分布补偿的设计方法将会失效. 然而基于前提不匹配的设计方法,我们可以选取确定的易于操作的函数作为模糊控制器的隶属度函数来保证模糊控制器得以实现,从而使得系统达到预期的平衡状态. 因此该方法也保留了模糊控制器内在的鲁棒性.

以上两点在本章的数值算例和仿真实例中已经进一步给出验证和说明. 因此无论从理论上还是在具体算例上,都可以看出前提不匹配的 T-S 模糊时滞系统是 T-S 模糊时滞系统的重要推广. 当采用相同的稳定性分析方法的时候,在前提不匹配的条件下,由于隶属度函数信息的引入,使得所得到的稳定性条件具有较小的保守性. 同时在控制器设计方面,由于模糊控制器的隶属度函数可以选取不同于模糊模型的隶属度函数,因此极大地提高了控制器设计的灵活性.

2.6 本章小结

本章首次将前提不匹配条件引入 T-S 模糊时滞系统的稳定性分析中，主要研究了在前提不匹配条件下 T-S 模糊时滞系统的稳定性以及相应的控制器设计问题. 由于在分析过程中引入了隶属度函数的信息，使得所得到的时滞无关的稳定性条件具有更小的保守性. 另外，在控制器设计问题上，鉴于前提不匹配控制器设计方法的特点，此时模糊控制器的隶属度函数是可以任意选取的，从而突破了并行分布补偿设计过程中对于模糊控制器的隶属度函数的限制，因此不仅降低了控制器执行的难度，而且大大提高了控制器设计的灵活性. 更值得一提的是，当模糊时滞模型的隶属度函数中含有不确定项时，那么依据并行分布补偿的设计原理，此时很难给出模糊控制器的设计方案. 然而应用本章所提出的控制器设计方法，可以很巧妙地避开隶属度函数中的不确定项，从而设计出保证系统渐近稳定的模糊控制器. 因此，对于具有不确定隶属度函数的模糊时滞模型，本章所给出的控制器设计方法同样适用. 最后通过几个数值算例及仿真实例进一步验证了本章方法的有效性和实用性.

第3章 T-S 模糊系统时滞相关镇定及鲁棒稳定性分析

3.1 引　　言

对于 T-S 模糊时滞系统的稳定性条件,在时域上主要有时滞无关和时滞相关两种稳定性判据. 在上一章中,对于前提不匹配的连续和离散的 T-S 模糊时滞系统,分别得到保守性较小的时滞无关的稳定性条件. 然而对比时滞相关的稳定性结果,由于时滞相关稳定性判据充分利用了时滞大小的信息,因此时滞相关稳定性条件具有更小的保守性. 自从文献[58-59] 将时滞相关的方法引入到 T-S 模糊系统的稳定性分析之后,对于时滞相关方法的研究引起了许多研究者的关注. 比如一些学者提出了模型变换法、交叉项界定法以及近几年比较盛行的自由权矩阵方法. 然而我们在利用 Matlab 的线性矩阵不等式工具箱求解线性矩阵不等式时,应用的矩阵变量越多,运行的速度就越慢. 从这个意义上说,过多地引入自由权矩阵虽然会进一步减少结果的保守性,但同时也增加了求解过程的复杂度. 因此我们需要在减少保守性的同时,也要注意尽可能减少计算的复杂度. 另外,在控制器设计方面,已有的文献都是基于并行分布补偿控制器的设计方法. 而由第 1 章的论述可知该方法具有很大的局限性. 对于区间变时滞 T-S 模糊系统稳定性的研究, 虽然已经有了很多很好的结果，比如文献[61-62,76]利用自由权矩阵得到了时滞相关的稳定性条件以及控制器设计方法，文献[89]通过引进新的 Lyapunov 泛函以及改进的 Jensen（詹森）不等式方法，改进了文献[61-62,76]的结果. 然而在已有的一些文献中，例如在处理积分项 $\int_{-h_2}^{0}\int_{t+\theta}^{t}\dot{\boldsymbol{x}}^{\mathrm{T}}(s)\boldsymbol{Z}\dot{\boldsymbol{x}}(s)\mathrm{d}s\mathrm{d}\theta$ 的导数时，直接将 $h_2\dot{\boldsymbol{x}}^{\mathrm{T}}(t)\boldsymbol{Z}\dot{\boldsymbol{x}}(t)-\int_{t-h_2}^{t}\dot{\boldsymbol{x}}^{\mathrm{T}}(s)\boldsymbol{Z}\dot{\boldsymbol{x}}(s)\mathrm{d}s$ 式中的 $-\int_{t-h_2}^{t}\dot{\boldsymbol{x}}^{\mathrm{T}}(s)\boldsymbol{Z}\dot{\boldsymbol{x}}(s)\mathrm{d}s$ 项舍去，从而带来很大的保守性. 基于类似这样的放缩处理而得到的结果还有很多. 综上所述，对于模糊时滞系统的时滞相关稳定性的保守性问题仍有很大值得继续研究的空间.

本章从两种时滞类型的角度研究了 T-S 模糊时滞系统的稳定性，首先考虑了常时滞的 T-S 模糊系统时滞相关的稳定性分析方法，通过选取新的 Lyapunov 泛函，利用积分不等式并结合自由权矩阵的方法不仅得到了较小保守性的稳定性准则，而且也降低了计算的复杂度；进一步，我们给出了前提不匹配的控制器设计方法，对比已有文献[38-39,55,58-63,85,94]的方法，该方法提高了控制器设计的灵活性. 其次，研究了区间变时滞 T-S 模糊系统的时滞相关的鲁棒稳定性问题. 引进了包含时滞上下界信息的新的 Lyapunov 泛函，改进了原有的自由权矩阵方法，整个分析过程中不仅没有进行不等式放缩处理，而且包含了全部有意义的信息量. 与已有文献结果相比，本章所得到的鲁棒稳定性条件具有更小的保守性.

3.2 常时滞 T-S 模糊系统的时滞相关稳定性分析与镇定

3.2.1 稳定性分析

考虑由如下含有常时滞的 T-S 模糊时滞模型所描述的非线性时滞系统.

模糊规则 i：如果 $f_1(\boldsymbol{x}(t))$ 属于 $\boldsymbol{M}_1^i$，……，$f_p(\boldsymbol{x}(t))$ 属于 $\boldsymbol{M}_p^i$，那么

$$\begin{aligned}\dot{\boldsymbol{x}}(t)&=\boldsymbol{A}_{1i}\boldsymbol{x}(t)+\boldsymbol{A}_{2i}\boldsymbol{x}(t-\tau)+\boldsymbol{B}_i\boldsymbol{u}(t)\\ \boldsymbol{x}(t)&=\boldsymbol{\varphi}(t),t\in[-\tau,0]\end{aligned}\tag{3.1}$$

其中，$\boldsymbol{\varphi}(t)$ 是定义在 $t\in[-\tau,0]$ 上的初始函数，τ 表示常数时滞.

那么模糊系统的整个状态方程可以表示为

$$\dot{\boldsymbol{x}}(t) = \sum_{i=1}^{r} w_i(\boldsymbol{x}(t))(\boldsymbol{A}_{1i}\boldsymbol{x}(t) + \boldsymbol{A}_{2i}\boldsymbol{x}(t-\tau) + \boldsymbol{B}_i\boldsymbol{u}(t)) \tag{3.2}$$

下面的引理对于本章主要结果的证明非常重要,故在此引入.

引理 3.1 对于任何常矩阵 $\boldsymbol{Z} = \boldsymbol{Z}^{\mathrm{T}} > 0$ 以及标量 $\tau > 0$,有下面不等式成立

$$-\int_{t-\tau}^{t} \boldsymbol{x}^{\mathrm{T}}(s)\boldsymbol{Z}\boldsymbol{x}(s)\mathrm{d}s \leqslant -\frac{1}{\tau}\left(\int_{t-\tau}^{t} \boldsymbol{x}(s)\mathrm{d}s\right)^{\mathrm{T}}\boldsymbol{Z}\left(\int_{t-\tau}^{t} \boldsymbol{x}(s)\mathrm{d}s\right) \tag{3.3}$$

首先研究当外界输入作用 $u(t) = 0$ 时,具有常时滞的自治系统模型的时滞相关稳定条件. 自治系统模型表达式为

$$\dot{\boldsymbol{x}}(t) = \sum_{i=1}^{r} w_i(\boldsymbol{x}(t))(\boldsymbol{A}_{1i}\boldsymbol{x}(t) + \boldsymbol{A}_{2i}\boldsymbol{x}(t-\tau)) \tag{3.4}$$

定理 3.1 给定标量 $\tau \geqslant 0$,模糊时滞系统(3.4)是渐近稳定的,若存在矩阵 $\boldsymbol{R} > 0, \boldsymbol{Q} > 0, \boldsymbol{W} > 0$,其中

$$\boldsymbol{P} = \begin{bmatrix} \boldsymbol{P}_{11} & \boldsymbol{P}_{12} \\ \boldsymbol{P}_{12}^{\mathrm{T}} & \boldsymbol{P}_{22} \end{bmatrix} > 0 \tag{3.5}$$

以及 $\boldsymbol{T}_i, i = 1,2,3,4$,使得

$$\boldsymbol{\Phi}_i = \begin{bmatrix} \boldsymbol{\Phi}_{11i} & \boldsymbol{\Phi}_{12i} & \boldsymbol{\Phi}_{13i} & \boldsymbol{\Phi}_{14i} \\ \boldsymbol{\Phi}_{12i}^{\mathrm{T}} & \boldsymbol{\Phi}_{22} & \boldsymbol{\Phi}_{23i} & \boldsymbol{\Phi}_{24} \\ \boldsymbol{\Phi}_{13i}^{\mathrm{T}} & \boldsymbol{\Phi}_{23i}^{\mathrm{T}} & \boldsymbol{\Phi}_{33i} & \boldsymbol{\Phi}_{34i} \\ \boldsymbol{\Phi}_{14i}^{\mathrm{T}} & \boldsymbol{\Phi}_{24}^{\mathrm{T}} & \boldsymbol{\Phi}_{34i}^{\mathrm{T}} & -\frac{1}{\tau}\boldsymbol{W} \end{bmatrix} < 0 \tag{3.6}$$

其中

$$\boldsymbol{\Phi}_{11i} = \boldsymbol{P}_{12} + \boldsymbol{P}_{12}^{\mathrm{T}} + \boldsymbol{Q} - \frac{1}{\tau}\boldsymbol{R} + \tau\boldsymbol{W} - \boldsymbol{T}_1\boldsymbol{A}_{1i} - \boldsymbol{A}_{1i}^{\mathrm{T}}\boldsymbol{T}_1^{\mathrm{T}}$$

$$\boldsymbol{\Phi}_{12i} = \boldsymbol{P}_{11} + \boldsymbol{T}_1 - \boldsymbol{A}_{1i}^{\mathrm{T}}\boldsymbol{T}_2^{\mathrm{T}}$$

$$\boldsymbol{\Phi}_{13i} = \boldsymbol{P}_{12} + \frac{1}{\tau}\boldsymbol{R} - \boldsymbol{T}_1\boldsymbol{A}_{2i} - \boldsymbol{A}_{1i}^{\mathrm{T}}\boldsymbol{T}_3^{\mathrm{T}}$$

$$\boldsymbol{\Phi}_{14i} = \boldsymbol{P}_{22} - \boldsymbol{A}_{1i}^{\mathrm{T}}\boldsymbol{T}_4^{\mathrm{T}}$$

$$\boldsymbol{\Phi}_{22} = \tau\boldsymbol{R} + \boldsymbol{T}_2 + \boldsymbol{T}_2^{\mathrm{T}}$$

$$\boldsymbol{\Phi}_{23i} = -\boldsymbol{T}_2\boldsymbol{A}_{2i} + \boldsymbol{T}_3^{\mathrm{T}}$$

$$\boldsymbol{\Phi}_{24i} = \boldsymbol{P}_{12} + \boldsymbol{T}_4^{\mathrm{T}}$$

$$\boldsymbol{\Phi}_{33i} = -\boldsymbol{Q} - \frac{1}{\tau}\boldsymbol{R} - \boldsymbol{T}_3\boldsymbol{A}_{2i} - \boldsymbol{A}_{2i}^{\mathrm{T}}\boldsymbol{T}_3^{\mathrm{T}}$$

$$\boldsymbol{\Phi}_{34i}=\boldsymbol{P}_{22}-\boldsymbol{A}_{2i}^{\mathrm{T}}\boldsymbol{T}_4^{\mathrm{T}}$$

证明　选取如下 Lyapunov-Krasovskii 泛函

$$\begin{aligned}\boldsymbol{V}(\boldsymbol{x}(t))=&\left[\boldsymbol{x}^{\mathrm{T}}(t)\ \left(\int_{t-\tau}^{t}\boldsymbol{x}(s)\,\mathrm{d}s\right)^{\mathrm{T}}\right]\boldsymbol{P}\begin{bmatrix}\boldsymbol{x}(t)\\ \int_{t-\tau}^{t}\boldsymbol{x}(s)\,\mathrm{d}s\end{bmatrix}+\\&\int_{-\tau}^{0}\int_{t+\theta}^{t}\dot{\boldsymbol{x}}^{\mathrm{T}}(s)\boldsymbol{R}\dot{\boldsymbol{x}}(s)\,\mathrm{d}s\mathrm{d}\theta+\\&\int_{-\tau}^{0}\int_{t+\theta}^{t}\boldsymbol{x}^{\mathrm{T}}(s)\boldsymbol{W}\boldsymbol{x}(s)\,\mathrm{d}s\mathrm{d}\theta+\\&\int_{t-\tau}^{t}\boldsymbol{x}^{\mathrm{T}}(s)\boldsymbol{Q}\boldsymbol{x}(s)\,\mathrm{d}s\end{aligned}\tag{3.7}$$

其中,$\boldsymbol{P}$ 如式(3.5) 的定义,并且矩阵 $\boldsymbol{R},\boldsymbol{Q},\boldsymbol{W}$ 都表示未知的正定矩阵.

由系统(3.4) 的定义,对于任意矩阵 $\boldsymbol{T}_i,i=1,2,3,4$ 有如下等式成立,即

$$\begin{aligned}&2\sum_{i=1}^{r}w_i(\boldsymbol{x}(t))\left[\boldsymbol{x}^{\mathrm{T}}(t)\boldsymbol{T}_1+\dot{\boldsymbol{x}}^{\mathrm{T}}(t)\boldsymbol{T}_2+\boldsymbol{x}^{\mathrm{T}}(t-\tau)\boldsymbol{T}_3+\right.\\&\left.\left(\int_{t-\tau}^{t}\boldsymbol{x}(s)\,\mathrm{d}s\right)^{\mathrm{T}}\boldsymbol{T}_4\right]\times\\&(\dot{\boldsymbol{x}}(t)-\boldsymbol{A}_{1i}\boldsymbol{x}(t)-\boldsymbol{A}_{2i}\boldsymbol{x}(t-\tau))=0\end{aligned}\tag{3.8}$$

那么 $\boldsymbol{V}(\boldsymbol{x}(t))$ 沿着系统(3.4) 的时间导数并结合上述等式,得到

$$\begin{aligned}\frac{\mathrm{d}}{\mathrm{d}t}\boldsymbol{V}(x_t)=&[\dot{\boldsymbol{x}}^{\mathrm{T}}(t)\quad \boldsymbol{x}^{\mathrm{T}}(t)-\boldsymbol{x}^{\mathrm{T}}(t-\tau)]\boldsymbol{P}\begin{bmatrix}\boldsymbol{x}(t)\\ \int_{t-\tau}^{t}\boldsymbol{x}(s)\,\mathrm{d}s\end{bmatrix}+\\&\tau\boldsymbol{x}^{\mathrm{T}}(t)\boldsymbol{W}\boldsymbol{x}(t)-\int_{t-\tau}^{t}\boldsymbol{x}^{\mathrm{T}}(s)\boldsymbol{W}\boldsymbol{x}(s)\,\mathrm{d}s+\\&\boldsymbol{x}^{\mathrm{T}}(t)\boldsymbol{Q}\boldsymbol{x}(t)-\boldsymbol{x}^{\mathrm{T}}(t-\tau)\boldsymbol{Q}\boldsymbol{x}(t-\tau)+\tau\dot{\boldsymbol{x}}^{\mathrm{T}}(t)\boldsymbol{R}\dot{\boldsymbol{x}}(t)+\\&\left[\boldsymbol{x}^{\mathrm{T}}(t)\quad\left(\int_{t-\tau}^{t}\boldsymbol{x}(s)\,\mathrm{d}s\right)^{\mathrm{T}}\right]\boldsymbol{P}\begin{bmatrix}\dot{\boldsymbol{x}}(t)\\ \boldsymbol{x}(t)-\boldsymbol{x}(t-\tau)\end{bmatrix}-\\&\int_{t-\tau}^{t}\dot{\boldsymbol{x}}^{\mathrm{T}}(s)\boldsymbol{R}\dot{\boldsymbol{x}}(s)\,\mathrm{d}s+\\&2\sum_{i=1}^{r}w_i(z(t))\left[\boldsymbol{x}^{\mathrm{T}}(t)\boldsymbol{T}_1+\dot{\boldsymbol{x}}^{\mathrm{T}}(t)\boldsymbol{T}_2+\right.\\&\left.\boldsymbol{x}^{\mathrm{T}}(t-\tau)\boldsymbol{T}_3+\left(\int_{t-\tau}^{t}\boldsymbol{x}(s)\,\mathrm{d}s\right)^{\mathrm{T}}\boldsymbol{T}_4\right]\times\\&(\dot{\boldsymbol{x}}(t)-\boldsymbol{A}_{1i}\boldsymbol{x}(t)-\boldsymbol{A}_{2i}\boldsymbol{x}(t-\tau))\end{aligned}\tag{3.9}$$

由引理 3.1,可以得到

$$-\int_{t-\tau}^{t}\boldsymbol{x}^{\mathrm{T}}(s)\boldsymbol{W}\boldsymbol{x}(s)\mathrm{d}s \leqslant -\frac{1}{\tau}\left(\int_{t-\tau}^{t}\boldsymbol{x}(s)\mathrm{d}s\right)^{\mathrm{T}}\boldsymbol{W}\left(\int_{t-\tau}^{t}\boldsymbol{x}(s)\mathrm{d}s\right) \tag{3.10}$$

以及

$$\begin{aligned}-\int_{t-\tau}^{t}\dot{\boldsymbol{x}}^{\mathrm{T}}(s)\boldsymbol{R}\dot{\boldsymbol{x}}(s)\mathrm{d}s &\leqslant -\frac{1}{\tau}\left(\int_{t-\tau}^{t}\dot{\boldsymbol{x}}(s)\mathrm{d}s\right)^{\mathrm{T}}\boldsymbol{R}\left(\int_{t-\tau}^{t}\dot{\boldsymbol{x}}(s)\mathrm{d}s\right)\\ &= -\frac{1}{\tau}(\boldsymbol{x}^{\mathrm{T}}(t)\boldsymbol{R}\boldsymbol{x}(t) - 2\boldsymbol{x}^{\mathrm{T}}(t)\boldsymbol{R}\boldsymbol{x}(t-\tau) + \boldsymbol{x}^{\mathrm{T}}(t-\tau))\end{aligned} \tag{3.11}$$

将上面两式代入式(3.9)，我们得到

$$\dot{\boldsymbol{V}}(\boldsymbol{x}(t)) \leqslant \sum_{i=1}^{r} w_i(\boldsymbol{x}(t))\boldsymbol{\xi}^{\mathrm{T}}(t)\boldsymbol{\Phi}_i\boldsymbol{\xi}(t) \tag{3.12}$$

其中

$$\boldsymbol{\xi}(t) = \left[\boldsymbol{x}^{\mathrm{T}}(t) \quad \dot{\boldsymbol{x}}^{\mathrm{T}}(t) \quad \boldsymbol{x}^{\mathrm{T}}(t-\tau) \left(\int_{t-\tau}^{t}\boldsymbol{x}(s)\mathrm{d}s\right)^{\mathrm{T}}\right]^{\mathrm{T}}$$

$\boldsymbol{\Phi}_i$ 如式(3.6) 定义. 如果 $\boldsymbol{\Phi}_i < 0$，那么对于足够小的 $\delta > 0$，有

$$\dot{\boldsymbol{V}}(\boldsymbol{x}(t)) \leqslant -\delta \, \| \boldsymbol{x}(t) \|^2$$

因此由 Lyapunov-Krasovskii 定理可知系统(3.4) 是渐近稳定的，定理证毕.

注解3.1 通过引进新的Lyapunov 函数得到了新的时滞相关稳定性定理. 此外，积分不等式的引进避免了引入模型变换或对于交叉项的界定所带来的保守性. 同时，少量的自由矩阵被引进，降低了计算的复杂度. 对比已有利用自由权矩阵方法的文献[61,85,88] 的结果，具有更少的决策变量.

3.2.2 前提不匹配的镇定控制器设计

为了讨论在前提不匹配条件下的状态反馈镇定问题，我们引入下述前提不匹配的控制规则，其中第 j 条规则的模糊控制器可以如下表示.

模糊规则 j：如果 $g_1(\boldsymbol{x}(t))$ 属于 N_1^j，……，$g_q(\boldsymbol{x}(t))$ 属于 N_q^j，那么

$$\boldsymbol{u}(t) = \boldsymbol{F}_j\boldsymbol{x}(t), j = 1,2,\cdots,r \tag{3.13}$$

其中，$\boldsymbol{F}_j \in \mathbf{R}^{m\times n}$是第 j 条规则的反馈增益矩阵. 于是全局模糊控制器形式同式(1.17). 结合系统(3.2)，我们得到如下闭环 T-S 模糊控制系统

$$\dot{\boldsymbol{x}}(t) = \sum_{i=1}^{r}\sum_{j=1}^{r} w_i(\boldsymbol{x}(t))m_j(\boldsymbol{x}(t))[(\boldsymbol{A}_{1i} + \boldsymbol{B}_i\boldsymbol{F}_j)\boldsymbol{x}(t) - \boldsymbol{A}_{2i}\boldsymbol{x}(t-\tau)] \tag{3.14}$$

下面我们主要验证所引入的前提不匹配的状态反馈控制器能够使得 T-S 模糊时滞闭环控制系统(3.14) 是渐近稳定的，从而可以说明原系统(3.2) 是

状态反馈可镇定的.

定理 3.2 给定标量 $\tau \geqslant 0$ 以及 $t_i, i=2,3,4$，模糊时滞系统(3.2)是可镇定的，如果对于所有的 j 和 $\boldsymbol{x}(t)$，模糊模型的隶属度函数与模糊控制器的隶属度函数满足

$$m_j(\boldsymbol{x}(t)) - \rho_j w_j(\boldsymbol{x}(t)) \geqslant 0$$

其中，$0 < \rho_j < 1$，并且存在形如式(3.5)的矩阵 $\overline{\boldsymbol{P}} > 0$ 以及矩阵

$$\overline{\boldsymbol{Q}} > 0, \overline{\boldsymbol{W}} > 0, \overline{\boldsymbol{R}} > 0, \boldsymbol{Y}_j, j = 1,2,\cdots,r$$

$$\boldsymbol{\Lambda}_i = \boldsymbol{\Lambda}_i^{\mathrm{T}} \in \mathbf{R}^{4n\times 4n} > 0, i = 1,2,\cdots,r$$

$\boldsymbol{X}$ 使得后面的式(3.21) ~ (3.23)成立. 那么状态反馈镇定控制器增益可以表示为

$$\boldsymbol{F}_i = \boldsymbol{Y}_i \boldsymbol{X}^{-\mathrm{T}}$$

证明 类似定理3.1的证明过程，这里用 $\boldsymbol{A}_{1i} + \boldsymbol{B}_i \boldsymbol{F}_j$ 代替式(3.6)中 $\boldsymbol{A}_{1i}$，由于此时闭环控制系统为式(3.14)，因此证明过程中的式(3.8)被下述等式所代替，即对于任意矩阵 $\boldsymbol{T}_i, i = 1,2,3,4$，有如下等式成立

$$\begin{aligned} &2\sum_{i=1}^{r}\sum_{j=1}^{r} w_i(\boldsymbol{x}(t)) m_j(\boldsymbol{x}(t)) \Big[\boldsymbol{x}^{\mathrm{T}}(t)\boldsymbol{T}_1 + \dot{\boldsymbol{x}}^{\mathrm{T}}(t)\boldsymbol{T}_2 + \\ &\boldsymbol{x}^{\mathrm{T}}(t-\tau)\boldsymbol{T}_3 + \Big(\int_{t-\tau}^{t} \boldsymbol{x}(s)\mathrm{d}s\Big)^{\mathrm{T}} \boldsymbol{T}_4 \Big] \times \\ &[\dot{\boldsymbol{x}}(t) - (\boldsymbol{A}_{1i} + \boldsymbol{B}_i \boldsymbol{F}_j)\boldsymbol{x}(t) - \boldsymbol{A}_{2i}\boldsymbol{x}(t-\tau)] = \boldsymbol{0} \end{aligned} \tag{3.15}$$

定义新的变量 $\boldsymbol{T}_2 = t_2 \boldsymbol{T}_1, \boldsymbol{T}_3 = t_3 \boldsymbol{T}_1, \boldsymbol{T}_4 = t_4 \boldsymbol{T}_1$，将式(3.6)的左右两边分别乘以矩阵 $\mathrm{diag}[\boldsymbol{X} \quad \boldsymbol{X} \quad \boldsymbol{X} \quad \boldsymbol{X}]$ 及其转置. 矩阵 $\boldsymbol{P}$ 的左右两边分别乘以矩阵 $\mathrm{diag}[\boldsymbol{X} \quad \boldsymbol{X}]$ 及其转置. 矩阵 $\boldsymbol{R}, \boldsymbol{Q}$ 和 $\boldsymbol{W}$ 分别用矩阵 $\boldsymbol{X}$ 进行合同变换. 定义新的矩阵变量

$$\boldsymbol{X} = \boldsymbol{T}_1^{-1}, \overline{\boldsymbol{R}} = \boldsymbol{X}\boldsymbol{R}\boldsymbol{X}^{\mathrm{T}}, \overline{\boldsymbol{P}}_{11} = \boldsymbol{X}\boldsymbol{P}_{11}\boldsymbol{X}^{\mathrm{T}}, \overline{\boldsymbol{P}}_{12} = \boldsymbol{X}\boldsymbol{P}_{12}\boldsymbol{X}^{\mathrm{T}}, \overline{\boldsymbol{P}}_{22} = \boldsymbol{X}\boldsymbol{P}_{22}\boldsymbol{X}^{\mathrm{T}}$$

$$\overline{\boldsymbol{Q}} = \boldsymbol{X}\boldsymbol{Q}\boldsymbol{X}^{\mathrm{T}}, \overline{\boldsymbol{R}} = \boldsymbol{X}\boldsymbol{R}\boldsymbol{X}^{\mathrm{T}}, \overline{\boldsymbol{W}} = \boldsymbol{X}\boldsymbol{W}\boldsymbol{X}^{\mathrm{T}}$$

由

$$\boldsymbol{F}_i = \boldsymbol{Y}_i \boldsymbol{X}^{-\mathrm{T}}$$

我们得到

$$\dot{V}(\boldsymbol{x}(t)) \leqslant \boldsymbol{\xi}^{\mathrm{T}}(t)\Big(\sum_{i=1}^{r}\sum_{j=1}^{r} w_i(\boldsymbol{x}(t)) m_j(\boldsymbol{x}(t)) \boldsymbol{\Psi}_{ij}\Big)\boldsymbol{\xi}(t) \tag{3.16}$$

其中

$$\boldsymbol{\Psi}_{ij}=\begin{bmatrix}\boldsymbol{\Psi}_{11ij} & \boldsymbol{\Psi}_{12ij} & \boldsymbol{\Psi}_{13ij} & \boldsymbol{\Psi}_{14ij}\\ \boldsymbol{\Psi}_{12ij}^{\mathrm{T}} & \boldsymbol{\Psi}_{22} & \boldsymbol{\Psi}_{23i} & \boldsymbol{\Psi}_{24}\\ \boldsymbol{\Psi}_{13ij}^{\mathrm{T}} & \boldsymbol{\Psi}_{23i}^{\mathrm{T}} & \boldsymbol{\Psi}_{33i} & \boldsymbol{\Psi}_{34i}\\ \boldsymbol{\Psi}_{14ij}^{\mathrm{T}} & \boldsymbol{\Psi}_{24}^{\mathrm{T}} & \boldsymbol{\Psi}_{34i}^{\mathrm{T}} & -\frac{1}{\tau}\overline{\boldsymbol{W}}\end{bmatrix} \tag{3.17}$$

并且

$$\boldsymbol{\Psi}_{11ij}=\overline{\boldsymbol{P}}_{12}+\overline{\boldsymbol{P}}_{12}^{\mathrm{T}}+\overline{\boldsymbol{Q}}-\frac{1}{\tau}\overline{\boldsymbol{R}}+\tau\overline{\boldsymbol{W}}-(\boldsymbol{A}_{1i}\boldsymbol{X}^{\mathrm{T}}+\boldsymbol{B}_i\boldsymbol{Y}_j)-(\boldsymbol{X}\boldsymbol{A}_{1i}^{\mathrm{T}}+\boldsymbol{Y}_j^{\mathrm{T}}\boldsymbol{B}_i^{\mathrm{T}})$$

$$\boldsymbol{\Psi}_{12ij}=\overline{\boldsymbol{P}}_{11}+\boldsymbol{X}^{\mathrm{T}}-t_2(\boldsymbol{X}\boldsymbol{A}_{1i}^{\mathrm{T}}+\boldsymbol{Y}_j^{\mathrm{T}}\boldsymbol{B}_i^{\mathrm{T}})$$

$$\boldsymbol{\Psi}_{13ij}=\overline{\boldsymbol{P}}_{12}+\frac{1}{\tau}\overline{\boldsymbol{R}}-\boldsymbol{A}_{2i}\boldsymbol{X}^{\mathrm{T}}-t_3(\boldsymbol{X}\boldsymbol{A}_{1i}^{\mathrm{T}}+\boldsymbol{Y}_j^{\mathrm{T}}\boldsymbol{B}_i^{\mathrm{T}})$$

$$\boldsymbol{\Psi}_{14ij}=\overline{\boldsymbol{P}}_{22}-t_4(\boldsymbol{X}\boldsymbol{A}_{1i}^{\mathrm{T}}+\boldsymbol{Y}_j^{\mathrm{T}}\boldsymbol{B}_i^{\mathrm{T}})$$

$$\boldsymbol{\Psi}_{22}=\tau\overline{\boldsymbol{R}}+t_2\boldsymbol{X}+t_2\boldsymbol{X}^{\mathrm{T}}$$

$$\boldsymbol{\Psi}_{23i}=-t_2\boldsymbol{A}_{2i}\boldsymbol{X}^{\mathrm{T}}+t_3\boldsymbol{X}$$

$$\boldsymbol{\Psi}_{24i}=\overline{\boldsymbol{P}}_{12}+t_4\boldsymbol{X}$$

$$\boldsymbol{\Psi}_{33i}=-\overline{\boldsymbol{Q}}-\frac{1}{\tau}\overline{\boldsymbol{R}}-t_3\boldsymbol{A}_{2i}\boldsymbol{X}^{\mathrm{T}}-t_3\boldsymbol{X}\boldsymbol{A}_{2i}^{\mathrm{T}}$$

$$\boldsymbol{\Psi}_{34i}=\overline{\boldsymbol{P}}_{22}-t_4\boldsymbol{X}\boldsymbol{A}_{2i}^{\mathrm{T}}$$

由式(3.16)可以知道，如果

$$\sum_{i=1}^{r}\sum_{j=1}^{r}w_i(\boldsymbol{x}(t))m_j(\boldsymbol{x}(t))\boldsymbol{\Psi}_{ij}<0 \tag{3.18}$$

那么对于足够小的$\delta>0$，有

$$\dot{V}(\boldsymbol{x}(t))\leqslant-\delta\|\boldsymbol{x}(t)\|^2$$

进一步考虑下面等式

$$\sum_{i=1}^{r}\sum_{j=1}^{r}w_i(w_j-m_j)\boldsymbol{\Lambda}_i=\boldsymbol{O} \tag{3.19}$$

其中$\boldsymbol{\Lambda}_i=\boldsymbol{\Lambda}_i^{\mathrm{T}}\in\mathbf{R}^{4n\times4n},i=1,2,\cdots,r$为任意对称正定矩阵. 上述等式结合式(3.19)，我们得到

$$\begin{aligned}\boldsymbol{\Psi}&=\sum_{i=1}^{r}\sum_{j=1}^{r}w_im_j\boldsymbol{\Psi}_{ij}\\&=\sum_{i=1}^{r}\sum_{j=1}^{r}w_i(w_j-m_j+\rho_jw_j-\rho_jw_j)\boldsymbol{\Lambda}_i+\sum_{i=1}^{r}\sum_{j=1}^{r}w_im_j\boldsymbol{\Psi}_{ij}\end{aligned}$$

$$\leqslant \sum_{i=1}^{r} w_i^2(\rho_i \boldsymbol{\Psi}_{ii} - \rho_i \boldsymbol{\Lambda}_i + \boldsymbol{\Lambda}_i) + \sum_{i=1}^{r} \sum_{j=1}^{r} w_i(m_j - \rho_j w_j)(\boldsymbol{\Psi}_{ij} - \boldsymbol{\Lambda}_i) +$$

$$\sum_{i=1}^{r} \sum_{i<j} w_i w_j(\rho_j \boldsymbol{\Psi}_{ij} + \rho_i \boldsymbol{\Psi}_{ji} - \rho_j \boldsymbol{\Lambda}_i - \rho_i \boldsymbol{\Lambda}_j + \boldsymbol{\Lambda}_i + \boldsymbol{\Lambda}_j) \tag{3.20}$$

由于对于所有的 j 和 $\boldsymbol{x}(t)$，有

$$m_j(\boldsymbol{x}(t)) - \rho_j w_j(\boldsymbol{x}(t)) \geqslant 0$$

所以对于所有的 $i,j = 1,2,\cdots,r$，我们令

$$\boldsymbol{\Psi}_{ij} - \boldsymbol{\Lambda}_i < 0 \tag{3.21}$$

$$\rho_i \boldsymbol{\Psi}_{ii} - \rho_i \boldsymbol{\Lambda}_i + \boldsymbol{\Lambda}_i < 0 \tag{3.22}$$

$$\rho_j \boldsymbol{\Psi}_{ij} + \rho_i \boldsymbol{\Psi}_{ji} - \rho_j \boldsymbol{\Lambda}_i - \rho_i \boldsymbol{\Lambda}_j + \boldsymbol{\Lambda}_i + \boldsymbol{\Lambda}_j \leqslant 0, i < j \tag{3.23}$$

那么对于足够小的 $\delta > 0$，有

$$\dot{V}(\boldsymbol{x}(t)) \leqslant -\delta \|\boldsymbol{x}(t)\|^2$$

因此由 Lyapunov-Krasovskii 定理可知模糊闭环控制系统(3.14) 是渐近稳定的，并且此时状态反馈控制器可以设计为

$$\boldsymbol{u}(t) = \sum_{j=1}^{r} m_j(\boldsymbol{x}(t)) \boldsymbol{Y}_i \boldsymbol{X}^{-\mathrm{T}} \boldsymbol{x}(t) \tag{3.24}$$

定理证毕.

3.2.3 数值算例

例 3.1 考虑由如下常时滞的 T-S 模糊模型所描述的自治非线性时滞系统.

模糊规则 1：如果 $x_1(t)$ 属于 M_1^1，那么

$$\dot{\boldsymbol{x}}(t) = \boldsymbol{A}_{11}\boldsymbol{x}(t) + \boldsymbol{A}_{21}\boldsymbol{x}(t-\tau) \tag{3.25}$$

模糊规则 2：如果 $x_1(t)$ 属于 M_1^2，那么

$$\dot{\boldsymbol{x}}(t) = \boldsymbol{A}_{12}\boldsymbol{x}(t) + \boldsymbol{A}_{22}\boldsymbol{x}(t-\tau) \tag{3.26}$$

式(3.25)(3.26) 中系统矩阵为

$$\boldsymbol{A}_{11} = \begin{bmatrix} -2 & 0 \\ 0 & -0.9 \end{bmatrix}, \boldsymbol{A}_{21} = \begin{bmatrix} -1 & 0 \\ -1 & -1 \end{bmatrix}$$

$$\boldsymbol{A}_{12} = \begin{bmatrix} -1 & 0.5 \\ 0 & -1 \end{bmatrix}, \boldsymbol{A}_{22} = \begin{bmatrix} -1 & 0 \\ 0.1 & -1.5 \end{bmatrix}$$

且其中隶属度函数选取同式(2.34).

基于上述时滞相关稳定条件，我们通过比较时滞上界的大小来判断稳定条件的保守性. 利用定理 3.1 以及文献[38,58-59,73] 的方法，求得保证下述系统

稳定下的最大时滞上界,对比结果见表3.1(其中"—"表示不存在).

表3.1　最大时滞上限比较

来源	最大时滞
文献[38]	—
文献[58]	0.654 7
文献[59]	1.290 7
文献[73]	1.0
定理3.1	1.354 6

3.2.4　仿真实例

例3.2　在此例中,我们继续考虑例2.2中含有时滞项的系统模型(2.59)～(2.61).利用定理3.2,假设$\rho_1=0.75$,$\rho_2=0.85$,当$t_2=1.2$,$t_3=t_4=0$时,此时对于任何时滞系统都是稳定的.应用文献[38,55,61]的方法以及定理3.2,当选取比较小的时滞$\tau=0.5$时,求得相应的控制器增益,并给出相应的对比结果(表3.2).

表3.2　系统稳定下的控制器增益

来源	反馈增益矩阵
文献[38]	$\boldsymbol{F}_1=[62.842\,0\quad -299.353\,5\quad 19.670\,9]$,$\boldsymbol{F}_2=[61.579\,1\quad -224.830\,7\quad 18.980\,2]$
文献[55]	$\boldsymbol{F}_1=[47.417\,4\quad -216.531\,0\quad 58.652\,9]$,$\boldsymbol{F}_2=[47.779\,6\quad -206.547\,6\quad 39.499\,9]$
文献[61]	$\boldsymbol{F}_1=[16.945\,7\quad -33.301\,1\quad 4.741\,6]$,$\boldsymbol{F}_2=[16.950\,4\quad -32.370\,1\quad 4.469\,0]$
定理3.2	$\boldsymbol{F}_1=[7.366\,2\quad -12.097\,8\quad 1.080\,8]$,$\boldsymbol{F}_2=[7.447\,2\quad -12.444\,6\quad 1.094\,9]$

由表3.2的对比结果可以看出,当时滞非常小的时候,即$\tau=0.5$时,利用本书的方法可以得到较小的反馈增益矩阵.因此本书所提出的方法与文献[38,55,61]相比具有更小的保守性.

将表3.2中由定理3.2得到的状态反馈增益矩阵代入状态反馈模糊控制器的结构(2.57)中,并且利用该控制器控制非线性时滞系统(2.59)～(2.61).图3.1描述了状态向量$\boldsymbol{x}(t)$在零初始条件

$$\boldsymbol{x}(0)=[0.05\pi\quad 0.075\pi\quad -0.5]^{\mathrm{T}}$$

及滞后时间$\tau=0.5$下的响应轨迹.可以看出由本书方法所设计的模糊控制器

可以保证非线性系统(2.59)～(2.61)是渐近稳定的. 值得一提的是,对比文献[38,55,61],利用本书的方法所选取的模糊控制器的隶属度函数结构更加简单(式(2.58)),因此降低了由于模糊模型隶属度函数复杂而导致控制器执行的难度;同时由于模糊控制器隶属度函数选取的任意性,从而提高了控制器设计的灵活性.

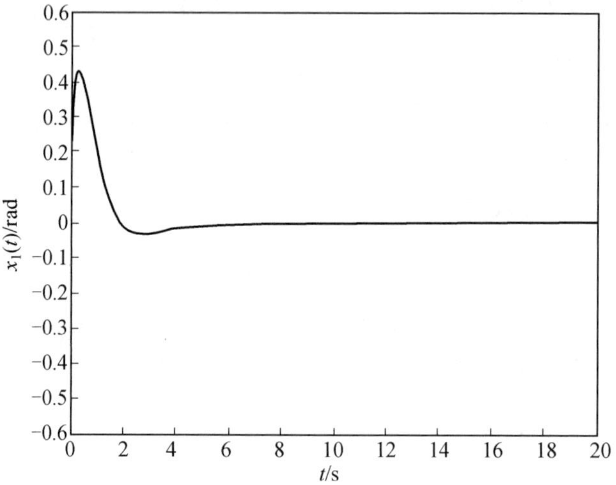

(a) 拖车与边轴之间角度的响应曲线

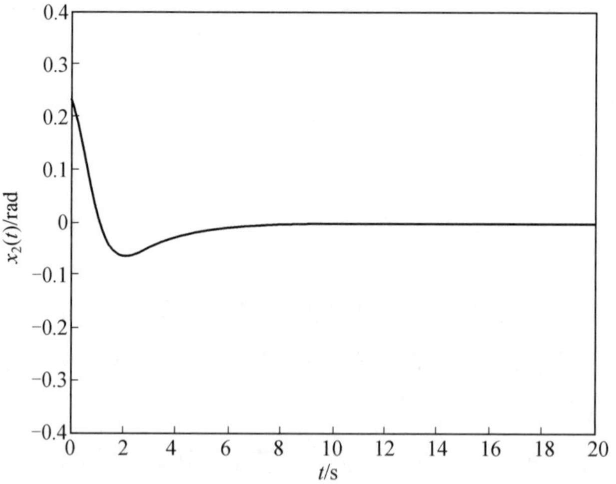

(b) 拖车相对于水平位置的角度的响应曲线

图 3.1 $\tau = 0.5$ 时牵引车拖车自动倒车系统的响应曲线

(初始状态 $\boldsymbol{x}(0) = [0.05\pi \quad 0.075\pi \quad -0.5]^{\mathrm{T}}$)

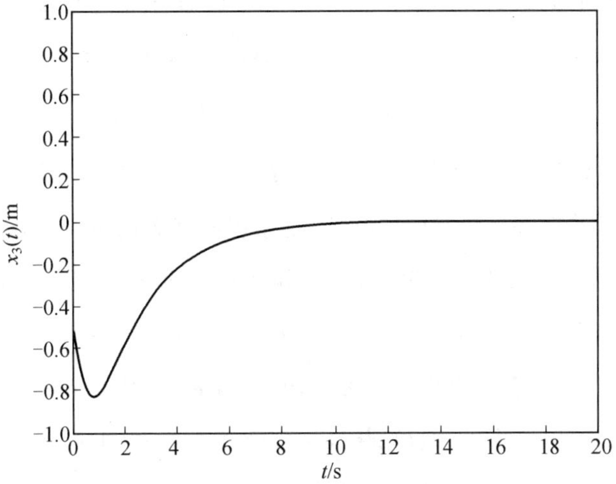

(c) 拖车尾部相对水平轴距离的相应曲线

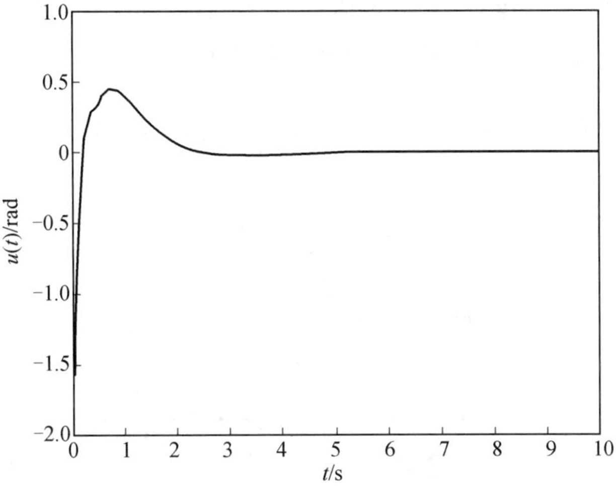

(d) 牵引导向角度的响应曲线

续图 3.1

3.3 区间变时滞 T-S 模糊系统的鲁棒稳定性分析

3.3.1 系统描述

考虑一个由 T-S 模糊时滞模型描述的区间变时滞的非线性系统.

令 r 表示非线性时滞系统的模糊规则数,那么第 i 条模糊规则可以表示如下.

模糊规则 i：如果 $z_1(t)$ 属于 M_1^i，……，$z_p(t)$ 属于 M_p^i，那么

$$\begin{aligned}\dot{\boldsymbol{x}}(t) &= (\boldsymbol{A}_{1i} + \Delta\boldsymbol{A}_{1i}(t))\boldsymbol{x}(t) + (\boldsymbol{A}_{2i} + \Delta\boldsymbol{A}_{2i}(t))\boldsymbol{x}(t-d(t)) \\ \boldsymbol{x}(t) &= \boldsymbol{\varphi}(t), t \in [-h_2, 0]\end{aligned} \tag{3.27}$$

其中，$M_\alpha^i(\alpha = 1,2,\cdots,p; i = 1,2,\cdots,r)$ 代表模糊集，$z_k(t)(k=1,2,\cdots,r)$ 表示不依赖输入变量的前件变量. $\boldsymbol{x}(t) \in \mathbf{R}^n$ 是系统的状态向量，$\boldsymbol{A}_{1i}, \boldsymbol{A}_{2i}(i = 1,2,\cdots, r)$ 表示具有适当维数的系统矩阵；$\Delta\boldsymbol{A}_{1i}$ 和 $\Delta\boldsymbol{A}_{2i}$ 表示系统的不确定项，且满足

$$[\Delta\boldsymbol{A}_{1i}(t) \quad \Delta\boldsymbol{A}_{2i}(t)] = \boldsymbol{D}_i\boldsymbol{K}_i(t)[\boldsymbol{E}_{1i} \quad \boldsymbol{E}_{2i}], i = 1,2,\cdots,r \tag{3.28}$$

$\boldsymbol{D}_i, \boldsymbol{E}_{1i}$ 和 $\boldsymbol{E}_{2i}$ 表示具有适当维数的参数矩阵，且 $\boldsymbol{K}_i(t)$ 满足 $\boldsymbol{K}_i^{\mathrm{T}}(t)\boldsymbol{K}_i(t) \leqslant \boldsymbol{I}$，$\boldsymbol{I}$ 为具有适当维数的单位矩阵；$d(t)$ 表示区间变时滞项，并且满足

$$0 \leqslant h_1 \leqslant d(t) \leqslant h_2, \dot{d}(t) \leqslant \mu \tag{3.29}$$

h_1, h_2 和 μ 均为常数；$\boldsymbol{\varphi}(t)$ 是定义在 $t \in [-h_2, 0]$ 上的初始函数.

那么全局动态模糊模型(3.27)可以表示为

$$\dot{\boldsymbol{x}}(t) = \sum_{i=1}^{r} w_i(z(t))[(\boldsymbol{A}_{1i} + \Delta\boldsymbol{A}_{1i}(t))\boldsymbol{x}(t) + (\boldsymbol{A}_{2i} + \Delta\boldsymbol{A}_{2i}(t))\boldsymbol{x}(t-d(t))] \tag{3.30}$$

其中

$$\sum_{i=1}^{r} w_i(z(t)) = 1, w_i(z(t)) \geqslant 0 \tag{3.31}$$

$$w_i(z(t)) = \frac{\mu_i(z(t))}{\sum_{i=1}^{r}\mu_i(z(t))}, \mu_i(z(t)) = \prod_{k=1}^{p}\mu_{M_k^i}z_k(t) \tag{3.32}$$

$w_i(z(t))(i = 1,2,\cdots,r)$ 表示归一化的隶属度函数，且 $\mu_{M_k^i}(z_k(t))$ 为前件变量 $z_k(t)$ 在模糊集 M_k^i 对应的隶属度函数.

引理 3.2 对于定理 3.3 证明非常重要.

引理 3.2 对于具有适当维数的矩阵 $\boldsymbol{Q}, \boldsymbol{D}, \boldsymbol{E}$，并且矩阵 $\boldsymbol{Q}$ 满足 $\boldsymbol{Q} = \boldsymbol{Q}^{\mathrm{T}}$，那么对于所有的矩阵 $\boldsymbol{K}(t)$ 有下面不等式成立，即

$$\boldsymbol{Q} + \boldsymbol{D}\boldsymbol{K}(t)\boldsymbol{E} + \boldsymbol{E}^{\mathrm{T}}\boldsymbol{K}^{\mathrm{T}}(t)\boldsymbol{D}^{\mathrm{T}} < 0 \tag{3.33}$$

其中，矩阵 $\boldsymbol{K}(t)$ 满足 $\boldsymbol{K}^{\mathrm{T}}(t)\boldsymbol{K}(t) \leqslant \boldsymbol{I}$，当且仅当存在任意小的 $\varepsilon > 0$，使得

$$\boldsymbol{Q} + \varepsilon^{-1}\boldsymbol{D}\boldsymbol{D}^{\mathrm{T}} + \varepsilon\boldsymbol{E}^{\mathrm{T}}\boldsymbol{E} < 0 \tag{3.34}$$

3.3.2 鲁棒稳定性分析

定义 3.1 对于含有不确定项系统

$$\dot{\boldsymbol{x}}(t)=\sum_{i=1}^{r}w_i(\boldsymbol{z}(t))[(\boldsymbol{A}_{1i}+\Delta\boldsymbol{A}_{1i}(t))\boldsymbol{x}(t)+(\boldsymbol{A}_{2i}+\Delta\boldsymbol{A}_{2i}(t))\boldsymbol{x}(t-d(t))]$$

其中,$\Delta\boldsymbol{A}_{1i}$ 和 $\Delta\boldsymbol{A}_{2i}$ 表示系统的不确定项,当 $\Delta\boldsymbol{A}_{1i}(t)=0,\Delta\boldsymbol{A}_{2i}(t)=0$ 时,此时系统称为标称系统,即

$$\dot{\boldsymbol{x}}(t)=\sum_{i=1}^{r}w_i(\boldsymbol{z}(t))[\boldsymbol{A}_{1i}\boldsymbol{x}(t)+\boldsymbol{A}_{2i}\boldsymbol{x}(t-d(t))]$$

考虑下面标称系统的稳定性问题. 当 $\Delta\boldsymbol{A}_{1i}(t)=0,\Delta\boldsymbol{A}_{2i}(t)=0$ 时,标称系统的模型为

$$\dot{\boldsymbol{x}}(t)=\sum_{i=1}^{r}w_i(\boldsymbol{z}(t))[\boldsymbol{A}_{1i}\boldsymbol{x}(t)+\boldsymbol{A}_{2i}\boldsymbol{x}(t-d(t))] \tag{3.35}$$

定理3.3 给定标量 $0\leqslant h_1\leqslant h_2$以及$\mu$,具有区间时变时滞$d(t)$的标称模糊系统(3.35)是渐近稳定的,如果存在公共矩阵

$$\boldsymbol{P}>0,\boldsymbol{Q}_i>0,i=1,2,3$$

$$\boldsymbol{W}_j>0,j=1,2$$

$$\boldsymbol{X}=\begin{bmatrix}\boldsymbol{X}_{11} & \boldsymbol{X}_{12}\\ * & \boldsymbol{X}_{22}\end{bmatrix}\geqslant 0,\boldsymbol{Y}=\begin{bmatrix}\boldsymbol{Y}_{11} & \boldsymbol{Y}_{12}\\ * & \boldsymbol{Y}_{22}\end{bmatrix}\geqslant 0$$

以及矩阵

$$\boldsymbol{L}^{\mathrm{T}}=[\boldsymbol{L}_1^{\mathrm{T}},\boldsymbol{L}_2^{\mathrm{T}}],\boldsymbol{M}^{\mathrm{T}}=[\boldsymbol{M}_1^{\mathrm{T}},\boldsymbol{M}_2^{\mathrm{T}}],\boldsymbol{N}^{\mathrm{T}}=[\boldsymbol{N}_1^{\mathrm{T}},\boldsymbol{N}_2^{\mathrm{T}}]$$

使得下面矩阵不等式成立

$$\begin{bmatrix}\boldsymbol{X} & \boldsymbol{L}\\ * & \boldsymbol{W}_1\end{bmatrix}\geqslant 0,\begin{bmatrix}\boldsymbol{Y} & \boldsymbol{M}\\ * & \boldsymbol{W}_2\end{bmatrix}\geqslant 0,\begin{bmatrix}\boldsymbol{Y} & \boldsymbol{N}\\ * & \boldsymbol{W}_2\end{bmatrix}\geqslant 0 \tag{3.36}$$

$$\begin{bmatrix}\boldsymbol{\Phi}_{11i} & \boldsymbol{\Phi}_{12i} & -\boldsymbol{L}_1+\boldsymbol{M}_1 & -\boldsymbol{N}_1 & h_1\boldsymbol{A}_{1i}^{\mathrm{T}}\boldsymbol{W}_1 & \sigma\boldsymbol{A}_{1i}^{\mathrm{T}}\boldsymbol{W}_2\\ * & \boldsymbol{\Phi}_{22i} & -\boldsymbol{L}_2+\boldsymbol{M}_2 & -\boldsymbol{N}_2 & h_1\boldsymbol{A}_{2i}^{\mathrm{T}}\boldsymbol{W}_1 & \sigma\boldsymbol{A}_{2i}^{\mathrm{T}}\boldsymbol{W}_2\\ * & * & -\boldsymbol{Q}_1 & \boldsymbol{O} & \boldsymbol{O} & \boldsymbol{O}\\ * & * & * & -\boldsymbol{Q}_3 & \boldsymbol{O} & \boldsymbol{O}\\ * & * & * & * & -h_1\boldsymbol{W}_1 & \boldsymbol{O}\\ * & * & * & * & * & -\sigma\boldsymbol{W}_2\end{bmatrix}<0 \tag{3.37}$$

其中,$\sigma = h_2 - h_1$ 以及 $\boldsymbol{\Phi}_{11i},\boldsymbol{\Phi}_{12i},\boldsymbol{\Phi}_{22i}$ 如后面的式(3.49) ~ (3.51) 所定义.

证明　考虑下面的 Lyapunov-Krasovskii 泛函

$$\begin{aligned}\boldsymbol{V}(\boldsymbol{x}(t)) = {}& \boldsymbol{x}^{\mathrm{T}}(t)\boldsymbol{P}\boldsymbol{x}(t) + \int_{t-h_1}^{t}\boldsymbol{x}^{\mathrm{T}}(s)\boldsymbol{Q}_1\boldsymbol{x}(t)\mathrm{d}s + \int_{t-d(t)}^{t}\boldsymbol{x}^{\mathrm{T}}(s)\boldsymbol{Q}_2\boldsymbol{x}(t)\mathrm{d}s + \\ & \int_{t-h_2}^{t}\boldsymbol{x}^{\mathrm{T}}(s)\boldsymbol{Q}_3\boldsymbol{x}(t)\mathrm{d}s + \int_{-h_1}^{0}\int_{t+\theta}^{t}\dot{\boldsymbol{x}}^{\mathrm{T}}(s)\boldsymbol{W}_1\dot{\boldsymbol{x}}^{\mathrm{T}}(s)\mathrm{d}s\mathrm{d}\theta + \\ & \int_{-h_2}^{-h_1}\int_{t+\theta}^{t}\dot{\boldsymbol{x}}^{\mathrm{T}}(s)\boldsymbol{W}_2\dot{\boldsymbol{x}}^{\mathrm{T}}(s)\mathrm{d}s\mathrm{d}\theta\end{aligned} \tag{3.38}$$

其中,$\boldsymbol{P} > 0,\boldsymbol{Q}_i > 0(i = 1,2,3),\boldsymbol{W}_j > 0(j = 1,2)$ 是未知的.

那么 $\boldsymbol{V}(\boldsymbol{x}(t))$ 沿系统(3.35) 的时间导数为

$$\begin{aligned}\dot{\boldsymbol{V}}(\boldsymbol{x}(t)) = {}& \sum_{i=1}^{r}w_i(z(t))[\boldsymbol{x}^{\mathrm{T}}(t)(\boldsymbol{P}\boldsymbol{A}_{1i} + \boldsymbol{A}_{1i}^{\mathrm{T}}\boldsymbol{P})\boldsymbol{x}(t) + \\ & \boldsymbol{x}^{\mathrm{T}}(t)\boldsymbol{P}\boldsymbol{A}_{2i}\boldsymbol{x}(t-d(t)) + \boldsymbol{x}^{\mathrm{T}}(t-d(t))\boldsymbol{A}_{2i}^{\mathrm{T}}\boldsymbol{P}\boldsymbol{x}(t)] + \\ & \boldsymbol{x}^{\mathrm{T}}(t)(\boldsymbol{Q}_1 + \boldsymbol{Q}_2 + \boldsymbol{Q}_3)\boldsymbol{x}(t) - \\ & (1-\dot{d}(t))\boldsymbol{x}^{\mathrm{T}}(t-d(t))\boldsymbol{Q}_2\boldsymbol{x}(t-d(t)) - \\ & \boldsymbol{x}^{\mathrm{T}}(t-h_1)\boldsymbol{Q}_1\boldsymbol{x}(t-h_1) - \boldsymbol{x}^{\mathrm{T}}(t-h_2)\boldsymbol{Q}_3\boldsymbol{x}(t-h_2) + \\ & h_1\dot{\boldsymbol{x}}^{\mathrm{T}}(t)\boldsymbol{R}_1\dot{\boldsymbol{x}}(t) - \int_{t-h_1}^{t}\dot{\boldsymbol{x}}^{\mathrm{T}}(s)\boldsymbol{W}_1\dot{\boldsymbol{x}}(s)\mathrm{d}s + (h_2 - h_1)\dot{\boldsymbol{x}}^{\mathrm{T}}(t)\boldsymbol{W}_2\dot{\boldsymbol{x}}(t) - \\ & \int_{t-d(t)}^{t-h_1}\dot{\boldsymbol{x}}^{\mathrm{T}}(s)\boldsymbol{W}_2\dot{\boldsymbol{x}}(s)\mathrm{d}s - \int_{t-h_2}^{t-d(t)}\dot{\boldsymbol{x}}^{\mathrm{T}}(s)\boldsymbol{W}_2\dot{\boldsymbol{x}}(s)\mathrm{d}s\end{aligned} \tag{3.39}$$

定义 $\boldsymbol{\xi}_1^{\mathrm{T}}(t) = [\boldsymbol{x}^{\mathrm{T}}(t)\quad \boldsymbol{x}^{\mathrm{T}}(t-d(t))]$. 由 Newton-Leibniz 定理,可以得到,对于任意矩阵 $\boldsymbol{L},\boldsymbol{M},\boldsymbol{N}$,有下面等式成立

$$2\boldsymbol{\xi}_1^{\mathrm{T}}(t)\boldsymbol{L}(\boldsymbol{x}(t) - \boldsymbol{x}(t-h_1) - \int_{t-h_1}^{t}\dot{\boldsymbol{x}}(s)\mathrm{d}s) = 0 \tag{3.40}$$

$$2\boldsymbol{\xi}_1^{\mathrm{T}}(t)\boldsymbol{M}(\boldsymbol{x}(t-h_1) - \boldsymbol{x}(t-d(t)) - \int_{t-d(t)}^{t-h_1}\dot{\boldsymbol{x}}(s)\mathrm{d}s) = 0 \tag{3.41}$$

$$2\boldsymbol{\xi}_1^{\mathrm{T}}(t)\boldsymbol{N}(\boldsymbol{x}(t-d(t)) - \boldsymbol{x}(t-h_2) - \int_{t-h_2}^{t-d(t)}\dot{\boldsymbol{x}}(s)\mathrm{d}s) = 0 \tag{3.42}$$

此外,由积分的性质,对于任意矩阵 $\boldsymbol{X} \geqslant 0$ 以及 $\boldsymbol{Y} \geqslant 0$,有如下等式成立

$$h_1\boldsymbol{\xi}_1^{\mathrm{T}}(t)\boldsymbol{X}\boldsymbol{\xi}_1(t) - \int_{t-h_1}^{t}\boldsymbol{\xi}_1^{\mathrm{T}}(t)\boldsymbol{X}\boldsymbol{\xi}_1(t)\mathrm{d}s = 0 \tag{3.43}$$

$$\sigma\boldsymbol{\xi}_1^{\mathrm{T}}(t)\boldsymbol{Y}\boldsymbol{\xi}_1(t) - \int_{t-d(t)}^{t-h_1}\boldsymbol{\xi}_1^{\mathrm{T}}(t)\boldsymbol{Y}\boldsymbol{\xi}_1(t)\mathrm{d}s - \int_{t-h_2}^{t-d(t)}\boldsymbol{\xi}_1^{\mathrm{T}}(t)\boldsymbol{Y}\boldsymbol{\xi}_1(t)\mathrm{d}s = 0 \tag{3.44}$$

其中

$$\sigma = h_2 - h_1$$

由于$0 \leqslant h_1 \leqslant d(t) \leqslant h_2, \dot{d}(t) \leqslant \mu$,并且结合上述等式(3.40)~(3.42),那么式(3.39)可以进一步表示为

$$\begin{aligned}
\dot{V}(\boldsymbol{x}(t)) \leqslant & \sum_{i=1}^{r} w_i(\boldsymbol{z}(t))[\boldsymbol{x}^{\mathrm{T}}(t)(\boldsymbol{P}\boldsymbol{A}_{1i} + \boldsymbol{A}_{1i}^{\mathrm{T}}\boldsymbol{P})\boldsymbol{x}(t) + \\
& \boldsymbol{x}^{\mathrm{T}}(t)\boldsymbol{P}\boldsymbol{A}_{2i}\boldsymbol{x}(t-d(t)) + \boldsymbol{x}^{\mathrm{T}}(t-d(t))\boldsymbol{A}_{2i}^{\mathrm{T}}\boldsymbol{P}\boldsymbol{x}(t)] + \\
& \boldsymbol{x}^{\mathrm{T}}(t)(\boldsymbol{Q}_1 + \boldsymbol{Q}_2 + \boldsymbol{Q}_3)\boldsymbol{x}(t) - \boldsymbol{x}^{\mathrm{T}}(t-h_1)\boldsymbol{Q}_1\boldsymbol{x}(t-h_1) - \\
& (1-\mu)\boldsymbol{x}^{\mathrm{T}}(t-d(t))\boldsymbol{Q}_2\boldsymbol{x}(t-d(t)) + \\
& h_1\dot{\boldsymbol{x}}^{\mathrm{T}}(t)\boldsymbol{R}_1\dot{\boldsymbol{x}}(t) - \boldsymbol{x}^{\mathrm{T}}(t-h_2)\boldsymbol{Q}_3\boldsymbol{x}(t-h_2) - \\
& \int_{t-h_1}^{t}\dot{\boldsymbol{x}}^{\mathrm{T}}(s)\boldsymbol{W}_1\dot{\boldsymbol{x}}(s)\mathrm{d}s + \sigma\dot{\boldsymbol{x}}^{\mathrm{T}}(t)\boldsymbol{W}_2\dot{\boldsymbol{x}}(t) - \\
& \int_{t-d(t)}^{t-h_1}\dot{\boldsymbol{x}}^{\mathrm{T}}(s)\boldsymbol{W}_2\dot{\boldsymbol{x}}(s)\mathrm{d}s - \int_{t-h_2}^{t-d(t)}\dot{\boldsymbol{x}}^{\mathrm{T}}(s)\boldsymbol{W}_2\dot{\boldsymbol{x}}(s)\mathrm{d}s + \\
& 2\boldsymbol{\xi}_1^{\mathrm{T}}(t)\boldsymbol{L}(\boldsymbol{x}(t) - \boldsymbol{x}(t-h_1) - \int_{t-h_1}^{t}\dot{\boldsymbol{x}}(s)\mathrm{d}s) + \\
& 2\boldsymbol{\xi}_1^{\mathrm{T}}(t)\boldsymbol{M}(\boldsymbol{x}(t-h_1) - \boldsymbol{x}(t-d(t)) - \int_{t-d(t)}^{t-h_1}\dot{\boldsymbol{x}}(s)\mathrm{d}s) + \\
& 2\boldsymbol{\xi}_1^{\mathrm{T}}(t)\boldsymbol{N}(\boldsymbol{x}(t-d(t)) - \boldsymbol{x}(t-h_2) - \int_{t-h_2}^{t-d(t)}\dot{\boldsymbol{x}}(s)\mathrm{d}s) + \\
& h_1\boldsymbol{\xi}_1^{\mathrm{T}}(t)\boldsymbol{X}\boldsymbol{\xi}_1(t) - \int_{t-h_1}^{t}\boldsymbol{\xi}_1^{\mathrm{T}}(t)\boldsymbol{X}\boldsymbol{\xi}_1(t)\mathrm{d}s + \sigma\boldsymbol{\xi}_1^{\mathrm{T}}(t)\boldsymbol{Y}\boldsymbol{\xi}_1(t) - \\
& \int_{t-d(t)}^{t-h_1}\boldsymbol{\xi}_1^{\mathrm{T}}(t)\boldsymbol{Y}\boldsymbol{\xi}_1(t)\mathrm{d}s - \int_{t-h_2}^{t-d(t)}\boldsymbol{\xi}_1^{\mathrm{T}}(t)\boldsymbol{Y}\boldsymbol{\xi}_1(t)\mathrm{d}s \\
= & \sum_{i=1}^{r} w_i(\boldsymbol{z}(t))\boldsymbol{\xi}^{\mathrm{T}}(t)\boldsymbol{\Phi}_i\boldsymbol{\xi}(t) - \int_{t-h_1}^{t}\boldsymbol{\eta}^{\mathrm{T}}(t,s)\begin{bmatrix} \boldsymbol{X} & \boldsymbol{L} \\ * & \boldsymbol{W}_1 \end{bmatrix}\boldsymbol{\eta}(t,s)\mathrm{d}s - \\
& \int_{t-d(t)}^{t-h_1}\boldsymbol{\eta}^{\mathrm{T}}(t,s)\begin{bmatrix} \boldsymbol{Y} & \boldsymbol{M} \\ * & \boldsymbol{W}_2 \end{bmatrix}\begin{bmatrix} \boldsymbol{Y}_{11} & \boldsymbol{Y}_{12} & \boldsymbol{M}_1 \\ * & \boldsymbol{Y}_{22} & \boldsymbol{M}_2 \\ * & * & \boldsymbol{W}_2 \end{bmatrix}\boldsymbol{\eta}(t,s)\mathrm{d}s - \\
& \int_{t-h_2}^{t-d(t)}\boldsymbol{\eta}^{\mathrm{T}}(t,s)\begin{bmatrix} \boldsymbol{Y} & \boldsymbol{N} \\ * & \boldsymbol{W}_2 \end{bmatrix}\boldsymbol{\eta}(t,s)\mathrm{d}s
\end{aligned} \tag{3.45}$$

其中

$$\boldsymbol{\xi}^{\mathrm{T}}(t)=[\boldsymbol{x}^{\mathrm{T}}(t)\quad \boldsymbol{x}^{\mathrm{T}}(t-d(t))\quad \boldsymbol{x}^{\mathrm{T}}(t-h_1)\quad \boldsymbol{x}^{\mathrm{T}}(t-h_2)] \tag{3.46}$$

$$\boldsymbol{\eta}^{\mathrm{T}}(t,s)=[\boldsymbol{\xi}_1^{\mathrm{T}}(t)\quad \dot{\boldsymbol{x}}^{\mathrm{T}}(s)] \tag{3.47}$$

$$\boldsymbol{\Phi}_i=\begin{bmatrix} \boldsymbol{\Phi}_{11i}+h_1\boldsymbol{A}_{1i}^{\mathrm{T}}\boldsymbol{W}_1\boldsymbol{A}_{1i}+\sigma\boldsymbol{A}_{1i}^{\mathrm{T}}\boldsymbol{W}_2\boldsymbol{A}_{1i} & \boldsymbol{\Phi}_{12i}+h_1\boldsymbol{A}_{1i}^{\mathrm{T}}\boldsymbol{W}_1\boldsymbol{A}_{2i}+\sigma\boldsymbol{A}_{1i}^{\mathrm{T}}\boldsymbol{W}_2\boldsymbol{A}_{2i} & \boldsymbol{M}_1-\boldsymbol{L}_1 & -\boldsymbol{N}_1 \\ * & \boldsymbol{\Phi}_{22i}+h_1\boldsymbol{A}_{2i}^{\mathrm{T}}\boldsymbol{W}_1\boldsymbol{A}_{2i}+\sigma\boldsymbol{A}_{2i}^{\mathrm{T}}\boldsymbol{W}_2\boldsymbol{A}_{2i} & \boldsymbol{M}_2-\boldsymbol{L}_2 & -\boldsymbol{N}_2 \\ * & * & -\boldsymbol{Q} & \boldsymbol{0} \\ * & * & * & -\boldsymbol{Q}_3 \end{bmatrix} \tag{3.48}$$

并且

$$\boldsymbol{\Phi}_{11i}=\boldsymbol{P}\boldsymbol{A}_{1i}+\boldsymbol{A}_{1i}^{\mathrm{T}}\boldsymbol{P}+\boldsymbol{Q}_1+\boldsymbol{Q}_2+\boldsymbol{Q}_3+\boldsymbol{L}_1+\boldsymbol{L}_1^{\mathrm{T}}+h_1\boldsymbol{X}_{11}+\sigma\boldsymbol{Y}_{11} \tag{3.49}$$

$$\boldsymbol{\Phi}_{12i}=\boldsymbol{P}\boldsymbol{A}_{2i}+\boldsymbol{L}_2^{\mathrm{T}}-\boldsymbol{M}_1+\boldsymbol{N}_1+h_1\boldsymbol{X}_{12}+\sigma\boldsymbol{Y}_{12} \tag{3.50}$$

$$\boldsymbol{\Phi}_{22i}=-(1-\mu)\boldsymbol{Q}_2-\boldsymbol{M}_2-\boldsymbol{M}_2^{\mathrm{T}}+\boldsymbol{N}_2+\boldsymbol{N}_2^{\mathrm{T}}+h_1\boldsymbol{X}_{22}+\sigma\boldsymbol{Y}_{22} \tag{3.51}$$

如果 $\boldsymbol{\Phi}_i<0$ 以及 $\begin{bmatrix}\boldsymbol{X} & \boldsymbol{L}\\ * & \boldsymbol{W}_1\end{bmatrix}\geqslant 0$, $\begin{bmatrix}\boldsymbol{Y} & \boldsymbol{M}\\ * & \boldsymbol{W}_2\end{bmatrix}\geqslant 0$, $\begin{bmatrix}\boldsymbol{Y} & \boldsymbol{N}\\ * & \boldsymbol{W}_2\end{bmatrix}\geqslant 0$,那么由 Lyapunov 稳定性定理知,此时系统是渐近稳定的. 而由 Schur 补定理可知, $\boldsymbol{\Phi}_i<0$ 可以等价如下不等式

$$\begin{bmatrix} \boldsymbol{\Phi}_{11i} & \boldsymbol{\Phi}_{12i} & -\boldsymbol{L}_1+\boldsymbol{M}_1 & -\boldsymbol{N}_1 & h_1\boldsymbol{A}_{1i}^{\mathrm{T}}\boldsymbol{W}_1 & (h_2-h_1)\boldsymbol{A}_{1i}^{\mathrm{T}}\boldsymbol{W}_2 \\ * & \boldsymbol{\Phi}_{22i} & -\boldsymbol{L}_2+\boldsymbol{M}_2 & -\boldsymbol{N}_2 & h_1\boldsymbol{A}_{2i}^{\mathrm{T}}\boldsymbol{W}_1 & (h_2-h_1)\boldsymbol{A}_{2i}^{\mathrm{T}}\boldsymbol{W}_2 \\ * & * & -\boldsymbol{Q}_1 & \boldsymbol{0} & \boldsymbol{0} & \boldsymbol{0} \\ * & * & * & -\boldsymbol{Q}_3 & \boldsymbol{0} & \boldsymbol{0} \\ * & * & * & * & -h_1\boldsymbol{W}_1 & \boldsymbol{0} \\ * & * & * & * & * & -(h_2-h_1)\boldsymbol{W}_2 \end{bmatrix}<0 \tag{3.52}$$

其中, $\boldsymbol{\Phi}_{11i}$, $\boldsymbol{\Phi}_{12i}$, $\boldsymbol{\Phi}_{22i}$ 如式(3.49) ~ (3.51) 所定义,定理证毕.

注解 3.2 (1) 如果在式(3.38) 中令 $h_1=0$,此时我们将得到文献[85] 的结果. 换句话说,文献[85] 的结果是本章结果的特例.

(2) 在文献[60,73] 中,在对 Lyapunov 函数求导后,应用含有固定权矩阵来描述 Newton-Leibniz 式中各项的关系,而相对式(3.40) ~ (3.42),我们用三

个任意矩阵 $\boldsymbol{L},\boldsymbol{M},\boldsymbol{N}$ 来描述 Newton-Leibniz 式中各项的关系. 由于矩阵的任意性,从而降低了结果的保守性.

(3) 在文献[95]中,其作者利用模型变换法得到一个新的系统,由于原系统在变换过程中不可避免地存在误差,从而导致新得到的系统与原系统不完全等价. 所以上述处理过程对以后的分析带来很大的保守性. 文献[73,136]的作者在处理 Lyapunov 函数 $\boldsymbol{V}(\boldsymbol{x}(t))$ 的导数时,分别舍去了 $-\int_{t-h_2}^{t}\dot{\boldsymbol{x}}^{\mathrm{T}}(s)\boldsymbol{Z}\dot{\boldsymbol{x}}(s)\mathrm{d}s$ 以及 $-\int_{t-h_2}^{t-d(t)}\dot{\boldsymbol{x}}^{\mathrm{T}}(s)\boldsymbol{Z}\dot{\boldsymbol{x}}(s)\mathrm{d}s$ 项,并且在文献[61-62,76]中其作者直接将 $-\int_{t-d(t)}^{t-h_1}\dot{\boldsymbol{x}}^{\mathrm{T}}(s)\boldsymbol{M}\dot{\boldsymbol{x}}(s)\mathrm{d}s$ 放大到 $-\int_{t-h_2}^{t-h_1}\dot{\boldsymbol{x}}^{\mathrm{T}}(s)\boldsymbol{M}\dot{\boldsymbol{x}}(s)\mathrm{d}s$ 以及将 $-h\int_{t-h}^{t}\dot{\boldsymbol{x}}^{\mathrm{T}}(s)\boldsymbol{R}_1\dot{\boldsymbol{x}}(s)\mathrm{d}s$ 放大到 $-d(t)\int_{t-d(t)}^{t}\dot{\boldsymbol{x}}^{\mathrm{T}}(s)\boldsymbol{R}_1\dot{\boldsymbol{x}}(s)\mathrm{d}s$,以上处理过程中在对某些项进行放大时不可避免地带来很大的保守性. 然而,与上述文献[61-62,73,76,95,136]的分析过程相比,定理 3.3 在分析过程中没有舍去任何有意义的项或者对某些项进行放大,并且引进了新的自由权矩阵,所以从理论上来说定理 3.3 的结果具有更小的保守性.

(4) 文献[84,89,94,99]利用积分不等式的方法代替使用自由权矩阵的方法,虽然避免了由于过多自由权矩阵的引入而导致求解的困难,但是在积分不等式应用过程中,不仅舍去了积分项

$$(-\tau_2-\tau_1)\int_{t-\tau_2}^{t-\tau(t)}\begin{bmatrix}\boldsymbol{x}(t)\\ \dot{\boldsymbol{x}}(t)\end{bmatrix}^{\mathrm{T}}\begin{bmatrix}\boldsymbol{Q}_{11} & \boldsymbol{Q}_{12}\\ * & \boldsymbol{Q}_{22}\end{bmatrix}\begin{bmatrix}\boldsymbol{x}(t)\\ \dot{\boldsymbol{x}}(t)\end{bmatrix}\mathrm{d}t$$

而且将 $(-\tau_2-\tau_1)$ 放大到 $(-\tau(t)-\tau_1)$,从而文献[84,89,94,99]的结果对比定理 3.3 的结果具有更大的保守性.

下面进一步给出含有不确定 T-S 模糊时滞系统的鲁棒稳定性准则.

定理 3.4 给定标量 $0\leqslant h_1\leqslant h_2$ 以及正数 μ,具有区间时变时滞的不确定 T-S 模糊系统(3.30)是渐近稳定的,如果存在公共的正定矩阵 $\boldsymbol{P},\boldsymbol{Q}_i(i=1,2,3),\boldsymbol{W}_j(j=1,2),\boldsymbol{X}\geqslant 0,\boldsymbol{Y}\geqslant 0$ 以及矩阵

$$\boldsymbol{L}^{\mathrm{T}}=[\boldsymbol{L}_1^{\mathrm{T}},\boldsymbol{L}_2^{\mathrm{T}}],\boldsymbol{M}^{\mathrm{T}}=[\boldsymbol{M}_1^{\mathrm{T}},\boldsymbol{M}_2^{\mathrm{T}}],\boldsymbol{N}^{\mathrm{T}}=[\boldsymbol{N}_1^{\mathrm{T}},\boldsymbol{N}_2^{\mathrm{T}}]$$

标量参数 $\varepsilon_i>0,i=1,2$ 满足式(3.36)并且保证下面矩阵不等式成立,即

$$\begin{bmatrix} \boldsymbol{\Phi}_{11i}+\varepsilon_i\boldsymbol{E}_{1i}^{\mathrm{T}}\boldsymbol{E}_{1i} & \boldsymbol{\Phi}_{12i}+\varepsilon_i\boldsymbol{E}_{1i}^{\mathrm{T}}\boldsymbol{E}_{2i} & -\boldsymbol{L}_1+\boldsymbol{M} & -\boldsymbol{N}_1 & h_1\boldsymbol{A}_{1i}^{\mathrm{T}}\boldsymbol{W} & \sigma\boldsymbol{A}_{1i}^{\mathrm{T}}\boldsymbol{W} & \boldsymbol{P}\boldsymbol{D}_i \\ * & \boldsymbol{\Phi}_{22i} & -\boldsymbol{L}_2+\boldsymbol{M}_2 & -\boldsymbol{N}_2 & h_1\boldsymbol{A}_{2i}^{\mathrm{T}}\boldsymbol{W}_1 & \sigma\boldsymbol{A}_{2i}^{\mathrm{T}}\boldsymbol{W}_2 & \boldsymbol{O} \\ * & * & -\boldsymbol{Q}_1 & \boldsymbol{O} & \boldsymbol{O} & \boldsymbol{O} & \boldsymbol{O} \\ * & * & * & -\boldsymbol{Q}_3 & \boldsymbol{O} & \boldsymbol{O} & \boldsymbol{O} \\ * & * & * & * & -h_1\boldsymbol{W}_1 & \boldsymbol{O} & h_1\boldsymbol{W}_1\boldsymbol{D}_i \\ * & * & * & * & * & -\sigma\boldsymbol{W}_2 & \sigma\boldsymbol{W}_2\boldsymbol{D}_i \\ * & * & * & * & * & * & -\varepsilon_i\boldsymbol{I} \end{bmatrix}<0$$

(3.53)

证明　类似定理 3.3 的证明过程，此时用 $\boldsymbol{A}_{1i}+\boldsymbol{D}_i\boldsymbol{K}_i(t)\boldsymbol{E}_{1i}$ 和 $\boldsymbol{A}_{2i}+\boldsymbol{D}_i\boldsymbol{K}_i(t)\boldsymbol{E}_{2i}$ 分别代替式(3.37) 中的 $\boldsymbol{A}_{1i}$ 和 $\boldsymbol{A}_{2i}$，那么相应系统(3.30) 的式(3.37) 可以改写为

$$\boldsymbol{\Phi}_i+\overline{\boldsymbol{D}}_i^{\mathrm{T}}\boldsymbol{K}_i(t)\overline{\boldsymbol{E}}_i+\overline{\boldsymbol{E}}_i^{\mathrm{T}}\boldsymbol{K}_i^{\mathrm{T}}(t)\overline{\boldsymbol{D}}_i<0, i=1,2,\cdots,r \tag{3.54}$$

其中

$$\overline{\boldsymbol{D}}_i=[\boldsymbol{D}_i^{\mathrm{T}}\boldsymbol{P}\quad \boldsymbol{O}\quad \boldsymbol{O}\quad \boldsymbol{O}\quad h_1\boldsymbol{D}_i^{\mathrm{T}}\boldsymbol{W}_1\quad \sigma\boldsymbol{D}_i^{\mathrm{T}}\boldsymbol{W}_2] \tag{3.55}$$

$$\overline{\boldsymbol{E}}_i=[\boldsymbol{E}_{1i}\quad \boldsymbol{E}_{2i}\quad \boldsymbol{O}\quad \boldsymbol{O}\quad \boldsymbol{O}\quad \boldsymbol{O}] \tag{3.56}$$

由引理 3.2，式(3.54) 成立当且仅当对于每个 i，存在标量 $\varepsilon_i>0$，使得下述不等式成立，即

$$\boldsymbol{\Phi}_i+\varepsilon_i^{-1}\overline{\boldsymbol{D}}_i^{\mathrm{T}}\overline{\boldsymbol{D}}_i+\varepsilon_i\overline{\boldsymbol{E}}_i^{\mathrm{T}}\overline{\boldsymbol{E}}_i<0 \tag{3.57}$$

进而由 Schur 补定理可知，式(3.57) 与(3.53) 是等价的，定理证毕.

3.3.3　数值算例

例 3.3　考虑下面标称系统 T-S 模糊时滞模型（文献[136]）（隶属度函数同例 2.1），即

$$\dot{\boldsymbol{x}}(t)=\sum_{i=1}^{2}w_i(x_1(t))(\boldsymbol{A}_{1i}\boldsymbol{x}(t)+\boldsymbol{A}_{2i}\boldsymbol{x}(t-d(t))) \tag{3.58}$$

其中系统矩阵参数为

$$\boldsymbol{A}_{11}=\begin{bmatrix}-2 & 0\\ 0 & -0.9\end{bmatrix},\boldsymbol{A}_{21}=\begin{bmatrix}-1 & 0\\ -1 & -1\end{bmatrix}$$

$$\boldsymbol{A}_{12}=\begin{bmatrix}-1 & 0.5\\ 0 & -1\end{bmatrix},\boldsymbol{A}_{22}=\begin{bmatrix}-1 & 0\\ 0.1 & -1\end{bmatrix}$$

应用定理3.3,针对不同的μ及h_1的值,求得变时滞$d(t)$的最大值.具体见如下结果:

(1)当时滞项为常数,即当$\mu=0$时,利用定理3.3及文献[76,93,136]的方法求得系统稳定下所允许的最大时滞,对比结果见表3.3.

表3.3 $\mu=0$时最大时滞上限比较

来源	最大时滞
文献[76]	1.597
文献[93]	1.803 4
文献[136]	1.597
定理3.3	3.27

(2)当$\mu=0.1$,针对不同的h_1,即$h_1=0$以及$h_1=0.4$时,分别应用文献[76,93]及定理3.3,计算系统在稳定的条件下所允许的最大时滞上限.具体对比结果见表3.4.

表3.4 $\mu=0.1$时,对于不同h_1下的最大时滞上限比较

来源	类型	
	$h_1=0$	$h_1=0.4$
文献[76]	0.721	0.883
文献[93]	3.021 4	3.021 4
定理3.3	4.56	5.78

由表3.3与表3.4可见,对比已有文献的结果,本节所提出的方法可以获得比较大的时滞上界,因此本节所得到的稳定性分析结果具有更小的保守性.

例3.4 考虑下面不确定T-S模糊时滞模型(文献[94]),其中隶属度函数与例3.3相同,即

$$\dot{\boldsymbol{x}}(t)=\sum_{i=1}^{2}w_i(\boldsymbol{x}(t))[(\boldsymbol{A}_{1i}+\Delta\boldsymbol{A}_{1i}(t))\boldsymbol{x}(t)+(\boldsymbol{A}_{2i}+\Delta\boldsymbol{A}_{2i}(t))\boldsymbol{x}(t-d(t))] \tag{3.59}$$

系统矩阵为

$$\boldsymbol{A}_{11}=\begin{bmatrix}0 & 1\\ 0.1 & -2\end{bmatrix},\boldsymbol{A}_{21}=\boldsymbol{A}_{22}=\begin{bmatrix}0.1 & 0\\ 0.1 & -0.4\end{bmatrix},\boldsymbol{I}=\begin{bmatrix}1 & 0\\ 0 & 1\end{bmatrix}$$

$$A_{12}=\begin{bmatrix}0 & 1\\ 0.1 & -0.5-1.5\beta\end{bmatrix},\beta=\frac{0.01}{\pi},D=\begin{bmatrix}-0.03 & 0\\ 0 & 0.03\end{bmatrix}$$

$$E_{11}=E_{12}=\begin{bmatrix}-0.15 & 0.2\\ 0 & 0.04\end{bmatrix},E_{21}=E_{22}=\begin{bmatrix}-0.05 & -0.35\\ 0.08 & -0.45\end{bmatrix}$$

且系统中不确定参数满足

$$\Delta A_{1i}=DK_i(t)E_{1i},\Delta A_{2i}=DK_i(t)E_{2i},i=1,2$$

应用文献[94,136]的方法以及定理3.4,当$\mu=0.1$时,针对不同的h_1,求得保证系统鲁棒稳定的最大时滞上界,对比结果见表3.5.

表3.5 $\mu=0.1$时,对于不同h_1下的最大时滞上限比较

来源	类型	
	$h_1=0$	$h_1=0.5$
文献[94]	7.035 5	7.570 2
文献[136]	7.035 5	7.535 4
定理3.4	10.58	11.43

由表3.5可以看出,在相同条件下,本书所得到的鲁棒稳定性条件可以获得更大的时滞上界,因此具有更小的保守性.

3.4 本章小结

本章分别针对含有常时滞以及区间变时滞的T-S模糊时滞系统,给出了时滞相关的稳定性分析结果.首先通过选取新的Lyapunov泛函,利用积分不等式并结合自由权矩阵的方法,分析了常时滞T-S模糊系统的稳定性,同时给出了前提不匹配的镇定条件.其次数值仿真进一步验证所得到的稳定性分析结果具有更小的保守性,同时通过含有时滞的牵引车拖车自动倒车系统的仿真结果也验证了控制器设计的有效性以及优越性.对于区间变时滞T-S模糊系统的稳定性分析,主要引进了包含时滞上下界信息的新的Lyapunov泛函,并且利用改进的自由权矩阵方法代替了积分不等式.由于在整个分析过程中没有进行不等式的放缩,从而保留了全部有意义的信息量,因此得到的鲁棒稳定性准则具有更小的保守性.最后,数值仿真也验证了上述方法可以有效地降低保守性.

基于三重积分型 Lyapunov 泛函的 T-S 模糊系统的鲁棒稳定性分析与镇定

第4章

4.1 引　　言

在上一章中,我们利用增广 Lyapunov 泛函,并且结合积分不等式以及自由权矩阵的分析方法,分别给出了具有状态常时滞的前提不匹配的 T-S 模糊系统以及区间时变时滞的 T-S 模糊系统时滞相关的稳定性以及鲁棒稳定性的判定准则. 虽然在方法和结果上对原有文献做了很大的改进,但是在查阅文献时发现,目前我们所掌握的文献对于时滞相关稳定性问题的分析过程中所选取的 Lyapunov 函数通常会包含一些积分项,比如一重积分$\int_{t-\tau}^{t}\boldsymbol{x}^{\mathrm{T}}(s)\boldsymbol{Q}\boldsymbol{x}(s)\mathrm{d}s$, 二重积分$\int_{-\tau}^{0}\int_{t+\theta}^{t}\dot{\boldsymbol{x}}^{\mathrm{T}}(s)\boldsymbol{Q}\dot{\boldsymbol{x}}(s)\mathrm{d}s\mathrm{d}\theta$,而没有考虑引入三重积分的情况. 然而,文献[137] 利用含有三重积分的 Lyapunov 函数研究了中立型时滞系统的稳定性问题,得到了具有更小保守性的结果,并且降低了求解矩阵不等式计算的复杂度. 如果将含有三重积分的 Lyapunov 函数引入到 T-S 模糊时滞系统的稳定性问题的分析上,对于稳定性条件的保守性会有怎样的影响呢?

本章利用含有三重积分的增广的 Lyapunov 泛函,研究了一类含有常时滞的 T-S 模糊系统的鲁棒稳定及鲁棒镇定的问题,并将其推广到含有变时滞的 T-S 模糊系统的鲁棒稳定性问题的分析中. 其中三重积分以及增广 Lyapunov 泛函的引进对于降低保守性起到了决定性的作用;同时在对 Lyapunov 泛函导数的处理时,通过两个积分不等式的引进代替了过多的自由权矩阵的引进,从而降低了求解矩阵不等式的复杂度. 因此对比文献[62,81,83,85,89,136],本章所提出的稳定性条件在降低保守性的同时具有形式简洁,涉及的决策变量少的特点,从而降低了计算的复杂度,因而更加高效.

4.2 常时滞 T-S 模糊系统的鲁棒稳定性分析与镇定

4.2.1 鲁棒稳定性分析

考虑一类具有常时滞的不确定非线性系统,它可以用一组含有 r 个模糊规则加权构成的 T-S 模糊模型来逼近,其中第 i 个规则如下.

模糊规则 i:如果 $f_1(\boldsymbol{x}(t))$ 属于 M_1^i,……,$f_p(\boldsymbol{x}(t))$ 属于 M_p^i,那么

$$\begin{aligned}\dot{\boldsymbol{x}}(t) = &(\boldsymbol{A}_{1i} + \Delta\boldsymbol{A}_{1i}(t))\boldsymbol{x}(t) + (\boldsymbol{A}_{2i} + \Delta\boldsymbol{A}_{2i}(t))\boldsymbol{x}(t-\tau) + \\ &(\boldsymbol{B}_i + \Delta\boldsymbol{B}_i(t))\boldsymbol{u}(t) \\ &\boldsymbol{x}(t) = \boldsymbol{x}_0(t), t \in [-\tau, 0]\end{aligned} \tag{4.1}$$

其中,$\boldsymbol{x}_0(t)$ 是定义在 $t \in [-\tau, 0]$ 上的初始函数;τ 表示常数时滞;$\Delta\boldsymbol{A}_{1i}(t)$,$\Delta\boldsymbol{A}_{2i}(t)$ 和 $\Delta\boldsymbol{B}_i(t)$ 是实值的未知矩阵代表时变的参数不确定性并且具有如下形式

$$[\Delta\boldsymbol{A}_{1i} \quad \Delta\boldsymbol{A}_{2i} \quad \Delta\boldsymbol{B}_i] = \boldsymbol{D}_i\boldsymbol{K}_i(t)[\boldsymbol{E}_{1i} \quad \boldsymbol{E}_{2i} \quad \boldsymbol{E}_{bi}], i = 1,2,\cdots,r \tag{4.2}$$

其中,$\boldsymbol{D}_i$,$\boldsymbol{E}_{1i}$,$\boldsymbol{E}_{2i}$ 和 $\boldsymbol{E}_{bi}$ 表示具有适当维数的常数矩阵;$\boldsymbol{K}_i(t)$ 是未知的矩阵函数且满足 $\boldsymbol{K}_i^{\mathrm{T}}(t)\boldsymbol{K}_i(t) \leqslant \boldsymbol{I}$,其中 $\boldsymbol{I}$ 表示具有适当维数的单位矩阵.

那么整个动态模糊模型(4.1) 可以表示为

$$\begin{aligned}\dot{\boldsymbol{x}}(t) = \sum_{i=1}^{r} w_i(\boldsymbol{x}(t))[&(\boldsymbol{A}_{1i} + \Delta\boldsymbol{A}_{1i}(t))\boldsymbol{x}(t) + (\boldsymbol{A}_{2i} + \Delta\boldsymbol{A}_{2i}(t))\boldsymbol{x}(t-\tau) + \\ &(\boldsymbol{B}_i + \Delta\boldsymbol{B}_i(t))\boldsymbol{u}(t)]\end{aligned} \tag{4.3}$$

下面的引理对本节主要结果的证明非常重要,故在此引入.

引理 4.1[137] 对于任意常数矩阵 $\boldsymbol{Z}=\boldsymbol{Z}^{\mathrm{T}}>0$ 和标量 $\tau>0$，有下面的积分不等式成立

$$-\int_{t-\tau}^{t}\boldsymbol{x}^{\mathrm{T}}(s)\boldsymbol{Z}\boldsymbol{x}(s)\mathrm{d}s\leqslant-\frac{1}{\tau}\left(\int_{t-\tau}^{t}\boldsymbol{x}(s)\mathrm{d}s\right)^{\mathrm{T}}\boldsymbol{Z}\left(\int_{t-\tau}^{t}\boldsymbol{x}(s)\mathrm{d}s\right)\tag{4.4}$$

$$-\int_{-\tau}^{0}\int_{t+\theta}^{t}\boldsymbol{x}^{\mathrm{T}}(s)\boldsymbol{Z}\boldsymbol{x}(s)\mathrm{d}s\mathrm{d}\theta\leqslant-\frac{2}{\tau^{2}}\left(\int_{-\tau}^{0}\int_{t+\theta}^{t}\boldsymbol{x}(s)\mathrm{d}s\mathrm{d}\theta\right)^{\mathrm{T}}\boldsymbol{Z}\left(\int_{-\tau}^{0}\int_{t+\theta}^{t}\boldsymbol{x}(s)\mathrm{d}s\mathrm{d}\theta\right)\tag{4.5}$$

考虑不确定 T-S 模糊时滞系统(4.3)的标称系统的稳定性问题. 令 $\Delta\boldsymbol{A}_{1i}(t)=0,\Delta\boldsymbol{A}_{2i}(t)=0$ 时，得到标称 T-S 模糊时滞系统的表达式

$$\dot{\boldsymbol{x}}(t)=\sum_{i=1}^{r}w_{i}(\boldsymbol{x}(t))(\boldsymbol{A}_{1i}\boldsymbol{x}(t)+\boldsymbol{A}_{2i}\boldsymbol{x}(t-\tau)+\boldsymbol{B}_{i}\boldsymbol{u}(t))\tag{4.6}$$

进一步令外界输入 $u(t)=0$ 时，标称系统(4.6)可以简化为下述表达式

$$\dot{\boldsymbol{x}}(t)=\sum_{i=1}^{r}w_{i}(\boldsymbol{x}(t))(\boldsymbol{A}_{1i}\boldsymbol{x}(t)+\boldsymbol{A}_{2i}\boldsymbol{x}(t-\tau))\tag{4.7}$$

定理 4.1 给定标量 $\tau\geqslant0$，标称模糊自治时滞系统(4.7)是渐近稳定的，如果存在公共的矩阵

$$\boldsymbol{R}>0,\boldsymbol{P}=\begin{bmatrix}\boldsymbol{P}_{11}&\boldsymbol{P}_{12}&\boldsymbol{P}_{13}\\\boldsymbol{P}_{12}^{\mathrm{T}}&\boldsymbol{P}_{22}&\boldsymbol{P}_{23}\\\boldsymbol{P}_{13}^{\mathrm{T}}&\boldsymbol{P}_{23}^{\mathrm{T}}&\boldsymbol{P}_{33}\end{bmatrix}>0$$

$$\boldsymbol{Q}=\begin{bmatrix}\boldsymbol{Q}_{11}&\boldsymbol{Q}_{12}\\\boldsymbol{Q}_{12}^{\mathrm{T}}&\boldsymbol{Q}_{22}\end{bmatrix}>0,\boldsymbol{H}=\begin{bmatrix}\boldsymbol{H}_{11}&\boldsymbol{H}_{12}\\\boldsymbol{H}_{12}^{\mathrm{T}}&\boldsymbol{H}_{22}\end{bmatrix}>0$$

和矩阵 $\boldsymbol{T}_{i},i=1,2,\cdots,5$，使得

$$\boldsymbol{\Phi}_{i}=\begin{bmatrix}\boldsymbol{\Phi}_{11i}&\boldsymbol{\Phi}_{12i}&\boldsymbol{\Phi}_{13i}&\boldsymbol{\Phi}_{14i}&\boldsymbol{\Phi}_{15i}\\\boldsymbol{\Phi}_{12i}^{\mathrm{T}}&\boldsymbol{\Phi}_{22i}&\boldsymbol{\Phi}_{23i}&\boldsymbol{T}_{4}^{\mathrm{T}}&\boldsymbol{\Phi}_{25i}\\\boldsymbol{\Phi}_{13i}^{\mathrm{T}}&\boldsymbol{\Phi}_{23i}^{\mathrm{T}}&\boldsymbol{\Phi}_{33i}&\boldsymbol{\Phi}_{34i}&\boldsymbol{\Phi}_{35i}\\\boldsymbol{\Phi}_{14i}^{\mathrm{T}}&\boldsymbol{T}_{4}&\boldsymbol{\Phi}_{34i}^{\mathrm{T}}&-\boldsymbol{Q}_{22}&\boldsymbol{P}_{23i}\\\boldsymbol{\Phi}_{15i}^{\mathrm{T}}&\boldsymbol{\Phi}_{25i}^{\mathrm{T}}&\boldsymbol{\Phi}_{35i}^{\mathrm{T}}&\boldsymbol{P}_{23i}^{\mathrm{T}}&\boldsymbol{\Phi}_{55i}\end{bmatrix}<0\tag{4.8}$$

其中

$$\boldsymbol{\Phi}_{11i}=\boldsymbol{P}_{13}+\boldsymbol{P}_{13}^{\mathrm{T}}+\boldsymbol{Q}_{11}+\tau\boldsymbol{H}_{11}-\frac{1}{\tau}\boldsymbol{H}_{22}-2\boldsymbol{R}-\boldsymbol{T}_{1}\boldsymbol{A}_{1i}-\boldsymbol{A}_{1i}^{\mathrm{T}}\boldsymbol{T}_{1}^{\mathrm{T}}$$

$$\boldsymbol{\Phi}_{12i}=\boldsymbol{P}_{11}+\boldsymbol{Q}_{12}+\tau\boldsymbol{H}_{12}+\boldsymbol{T}_1-\boldsymbol{A}_{1i}^{\mathrm{T}}\boldsymbol{T}_2^{\mathrm{T}}$$

$$\boldsymbol{\Phi}_{13i}=\boldsymbol{P}_{23}^{\mathrm{T}}-\boldsymbol{P}_{13}+\frac{1}{\tau}\boldsymbol{H}_{22}-\boldsymbol{T}_1\boldsymbol{A}_{2i}-\boldsymbol{A}_{1i}^{\mathrm{T}}\boldsymbol{T}_3^{\mathrm{T}}$$

$$\boldsymbol{\Phi}_{14i}=\boldsymbol{P}_{12}-\boldsymbol{A}_{1i}^{\mathrm{T}}\boldsymbol{T}_4^{\mathrm{T}}$$

$$\boldsymbol{\Phi}_{15i}=\boldsymbol{P}_{33}-\frac{1}{\tau}\boldsymbol{H}_{12}^{\mathrm{T}}+\frac{2}{\tau}\boldsymbol{R}-\boldsymbol{A}_{1i}^{\mathrm{T}}\boldsymbol{T}_5^{\mathrm{T}}$$

$$\boldsymbol{\Phi}_{22i}=\boldsymbol{Q}_{22}+\tau\boldsymbol{H}_{22}+\frac{1}{2}\tau^2\boldsymbol{R}+\boldsymbol{T}_2+\boldsymbol{T}_2^{\mathrm{T}}$$

$$\boldsymbol{\Phi}_{23i}=\boldsymbol{P}_{12}-\boldsymbol{T}_2\boldsymbol{A}_{2i}+\boldsymbol{T}_3^{\mathrm{T}}$$

$$\boldsymbol{\Phi}_{25i}=\boldsymbol{P}_{13}+\boldsymbol{T}_5^{\mathrm{T}}$$

$$\boldsymbol{\Phi}_{33i}=-\boldsymbol{P}_{23}^{\mathrm{T}}-\boldsymbol{P}_{23}-\boldsymbol{Q}_{11}-\frac{1}{\tau}\boldsymbol{H}_{22}-\boldsymbol{T}_3\boldsymbol{A}_{2i}-\boldsymbol{A}_{2i}^{\mathrm{T}}\boldsymbol{T}_3^{\mathrm{T}}$$

$$\boldsymbol{\Phi}_{34i}=\boldsymbol{P}_{22}-\boldsymbol{Q}_{12}-\boldsymbol{A}_{2i}^{\mathrm{T}}\boldsymbol{T}_4^{\mathrm{T}}$$

$$\boldsymbol{\Phi}_{35i}=-\boldsymbol{P}_{33}+\frac{1}{\tau}\boldsymbol{H}_{12}^{\mathrm{T}}-\boldsymbol{A}_{2i}^{\mathrm{T}}\boldsymbol{T}_5^{\mathrm{T}}$$

$$\boldsymbol{\Phi}_{55i}=-\frac{1}{\tau}\boldsymbol{H}_{11}-\frac{2}{\tau^2}\boldsymbol{R}$$

证明　令

$$\boldsymbol{\xi}_1^{\mathrm{T}}(t)=\left[\boldsymbol{x}^{\mathrm{T}}(t)\quad \boldsymbol{x}^{\mathrm{T}}(t-\tau)\quad \left(\int_{t-\tau}^{t}\boldsymbol{x}(s)\mathrm{d}s\right)^{\mathrm{T}}\right],\boldsymbol{\xi}_2^{\mathrm{T}}(s)=[\boldsymbol{x}^{\mathrm{T}}(s)\quad \dot{\boldsymbol{x}}^{\mathrm{T}}(s)]$$

$$\begin{aligned}V(\boldsymbol{x}(t))=&\boldsymbol{\xi}_1^{\mathrm{T}}(t)\boldsymbol{P}\boldsymbol{\xi}_1(t)+\int_{t-\tau}^{t}\boldsymbol{\xi}_2^{\mathrm{T}}(s)\boldsymbol{Q}\boldsymbol{\xi}_2(s)\mathrm{d}s+\\&\int_{-\tau}^{0}\int_{t+\theta}^{t}\boldsymbol{\xi}_2^{\mathrm{T}}(s)\boldsymbol{H}\boldsymbol{\xi}_2(s)\mathrm{d}s\mathrm{d}\theta+\\&\int_{-\tau}^{0}\int_{\theta}^{0}\int_{t+\sigma}^{t}\dot{\boldsymbol{x}}^{\mathrm{T}}(s)\boldsymbol{R}\dot{\boldsymbol{x}}(s)\mathrm{d}s\mathrm{d}\sigma\mathrm{d}\theta\end{aligned}\tag{4.9}$$

其中,$\boldsymbol{P},\boldsymbol{Q},\boldsymbol{H},\boldsymbol{R}$ 是未知的正定矩阵,且 $\boldsymbol{P},\boldsymbol{Q},\boldsymbol{H}$ 的具体表达式如下

$$\boldsymbol{P}=\begin{bmatrix}\boldsymbol{P}_{11}&\boldsymbol{P}_{12}&\boldsymbol{P}_{13}\\\boldsymbol{P}_{12}^{\mathrm{T}}&\boldsymbol{P}_{22}&\boldsymbol{P}_{23}\\\boldsymbol{P}_{13}^{\mathrm{T}}&\boldsymbol{P}_{23}^{\mathrm{T}}&\boldsymbol{P}_{33}\end{bmatrix}$$

$$\boldsymbol{Q}=\begin{bmatrix}\boldsymbol{Q}_{11}&\boldsymbol{Q}_{12}\\\boldsymbol{Q}_{12}^{\mathrm{T}}&\boldsymbol{Q}_{22}\end{bmatrix}$$

$$\boldsymbol{H}=\begin{bmatrix}\boldsymbol{H}_{11} & \boldsymbol{H}_{12}\\ \boldsymbol{H}_{12}^{\mathrm{T}} & \boldsymbol{H}_{22}\end{bmatrix} \tag{4.10}$$

由式(4.7)可知,有下面的等式成立

$$\sum_{i=1}^{r} w_i(\boldsymbol{x}(t))(\dot{\boldsymbol{x}}(t)-\boldsymbol{A}_{1i}\boldsymbol{x}(t)-\boldsymbol{A}_{2i}\boldsymbol{x}(t-\tau))=0 \tag{4.11}$$

由此对于任何矩阵 $\boldsymbol{T}_i, i=1,2,\cdots,5$,有

$$\begin{aligned}&2\sum_{i=1}^{r} w_i(\boldsymbol{x}(t))\Big[\boldsymbol{x}^{\mathrm{T}}(t)\boldsymbol{T}_1+\dot{\boldsymbol{x}}^{\mathrm{T}}(t)\boldsymbol{T}_2+\boldsymbol{x}^{\mathrm{T}}(t-\tau)\boldsymbol{T}_3+\dot{\boldsymbol{x}}^{\mathrm{T}}(t-\tau)\boldsymbol{T}_4+\\&\Big(\int_{t-\tau}^{t}\boldsymbol{x}(s)\mathrm{d}s\Big)^{\mathrm{T}}\boldsymbol{T}_5\Big]\times\\&(\dot{\boldsymbol{x}}(t)-\boldsymbol{A}_{1i}\boldsymbol{x}(t)-\boldsymbol{A}_{2i}\boldsymbol{x}(t-\tau))=0\end{aligned} \tag{4.12}$$

那么 $\boldsymbol{V}(\boldsymbol{x}(t))$ 沿系统(4.7)的时间导数并结合式(4.12)可以得到

$$\begin{aligned}\dot{\boldsymbol{V}}(\boldsymbol{x}(t))=&2\boldsymbol{\xi}_1^{\mathrm{T}}(t)\boldsymbol{P}\dot{\boldsymbol{\xi}}_1(t)+\frac{1}{2}\tau^2\dot{\boldsymbol{x}}^{\mathrm{T}}(t)\boldsymbol{R}\dot{\boldsymbol{x}}(t)-\\&\int_{-\tau}^{0}\int_{t+\theta}^{t}\dot{\boldsymbol{x}}^{\mathrm{T}}(s)\boldsymbol{R}\dot{\boldsymbol{x}}(s)\mathrm{d}s\mathrm{d}\theta+\boldsymbol{\xi}_2^{\mathrm{T}}(t)\boldsymbol{Q}\boldsymbol{\xi}_2(t)+\\&\tau\boldsymbol{\xi}_2^{\mathrm{T}}(t)\boldsymbol{H}\boldsymbol{\xi}_2(t)-\boldsymbol{\xi}_2^{\mathrm{T}}(t-\tau)\boldsymbol{Q}\boldsymbol{\xi}_2(t-\tau)-\int_{t-\tau}^{t}\boldsymbol{\xi}_2^{\mathrm{T}}(s)\boldsymbol{H}\boldsymbol{\xi}_2(s)\mathrm{d}s+\\&2\sum_{i=1}^{r} w_i(\boldsymbol{x}(t))\Big[\boldsymbol{x}^{\mathrm{T}}(t)\boldsymbol{T}_1+\dot{\boldsymbol{x}}^{\mathrm{T}}(t)\boldsymbol{T}_2+\boldsymbol{x}^{\mathrm{T}}(t-\tau)\boldsymbol{T}_3+\\&\dot{\boldsymbol{x}}^{\mathrm{T}}(t-\tau)\boldsymbol{T}_4+\Big(\int_{t-\tau}^{t}\boldsymbol{x}(s)\mathrm{d}s\Big)^{\mathrm{T}}\boldsymbol{T}_5\Big]\times\\&(\dot{\boldsymbol{x}}(t)-\boldsymbol{A}_{1i}\boldsymbol{x}(t)-\boldsymbol{A}_{2i}\boldsymbol{x}(t-\tau))\end{aligned} \tag{4.13}$$

由引理4.1,有下面的不等式成立

$$-\int_{t-\tau}^{t}\boldsymbol{\xi}_2^{\mathrm{T}}(s)\boldsymbol{H}\boldsymbol{\xi}_2(s)\mathrm{d}s\leqslant-\frac{1}{\tau}\Big(\int_{t-\tau}^{t}\boldsymbol{\xi}_2(s)\mathrm{d}s\Big)^{\mathrm{T}}\boldsymbol{H}\int_{t-\tau}^{t}\boldsymbol{\xi}_2(s)\mathrm{d}s \tag{4.14}$$

$$\begin{aligned}&-\int_{-\tau}^{0}\int_{t+\theta}^{t}\dot{\boldsymbol{x}}^{\mathrm{T}}(s)\boldsymbol{R}\dot{\boldsymbol{x}}(s)\mathrm{d}s\mathrm{d}\theta\\&\leqslant-\frac{2}{\tau^2}\Big(\int_{-\tau}^{0}\int_{t+\theta}^{t}\dot{\boldsymbol{x}}(s)\mathrm{d}s\mathrm{d}\theta\Big)^{\mathrm{T}}\boldsymbol{R}\Big(\int_{-\tau}^{0}\int_{t+\theta}^{t}\dot{\boldsymbol{x}}(s)\mathrm{d}s\mathrm{d}\theta\Big)\\&=-\frac{2}{\tau^2}\Big(\tau\boldsymbol{x}(t)-\int_{t-\tau}^{t}\boldsymbol{x}(s)\mathrm{d}s\Big)^{\mathrm{T}}\boldsymbol{R}\Big(\tau\boldsymbol{x}(t)-\int_{t-\tau}^{t}\boldsymbol{x}(s)\mathrm{d}s\Big)\end{aligned} \tag{4.15}$$

将式(4.14)和(4.15)代入式(4.13)中,可以得到

$$\dot{V}(\boldsymbol{x}(t)) \leqslant \sum_{i=1}^{r} w_i(\boldsymbol{x}(t))\boldsymbol{\xi}^{\mathrm{T}}(t)\boldsymbol{\Phi}_i\boldsymbol{\xi}(t) \tag{4.16}$$

其中

$$\boldsymbol{\xi}(t) = \left[\boldsymbol{x}^{\mathrm{T}}(t) \quad \dot{\boldsymbol{x}}^{\mathrm{T}}(t) \quad \boldsymbol{x}^{\mathrm{T}}(t-\tau) \quad \dot{\boldsymbol{x}}^{\mathrm{T}}(t-\tau) \quad \left(\int_{t-\tau}^{t}\boldsymbol{x}(s)\mathrm{d}s\right)^{\mathrm{T}}\right]^{\mathrm{T}} \tag{4.17}$$

$$\boldsymbol{\Phi}_i = \begin{bmatrix} \boldsymbol{\Phi}_{11i} & \boldsymbol{\Phi}_{12i} & \boldsymbol{\Phi}_{13i} & \boldsymbol{\Phi}_{14i} & \boldsymbol{\Phi}_{15i} \\ \boldsymbol{\Phi}_{12i}^{\mathrm{T}} & \boldsymbol{\Phi}_{22i} & \boldsymbol{\Phi}_{23i} & \boldsymbol{T}_4^{\mathrm{T}} & \boldsymbol{\Phi}_{25i} \\ \boldsymbol{\Phi}_{13i}^{\mathrm{T}} & \boldsymbol{\Phi}_{23i}^{\mathrm{T}} & \boldsymbol{\Phi}_{33i} & \boldsymbol{\Phi}_{34i} & \boldsymbol{\Phi}_{35i} \\ \boldsymbol{\Phi}_{14i}^{\mathrm{T}} & \boldsymbol{T}_4 & \boldsymbol{\Phi}_{34i}^{\mathrm{T}} & -\boldsymbol{Q}_{22} & \boldsymbol{P}_{23i} \\ \boldsymbol{\Phi}_{15i}^{\mathrm{T}} & \boldsymbol{\Phi}_{25i}^{\mathrm{T}} & \boldsymbol{\Phi}_{35i}^{\mathrm{T}} & \boldsymbol{P}_{23i}^{\mathrm{T}} & \boldsymbol{\Phi}_{55i} \end{bmatrix} \tag{4.18}$$

如果$\boldsymbol{\Phi}_i < 0$,那么对于足够小的$\delta > 0$,有$\dot{V}(\boldsymbol{x}(t)) \leqslant -\delta \|\boldsymbol{x}(t)\|^2$. 如果条件式(4.8)成立,那么系统(4.7)是渐近稳定的,定理证毕.

注解 4.1 定理 4.1 提出利用含有三重积分的增广 Lyapunov 泛函方法去分析 T-S 模糊时滞系统的稳定性,并且该三重积分对于降低保守性起到了关键性的作用. 另外,在 Lyapunov 泛函式(4.9)中,如果令$\boldsymbol{P}_{12}=\boldsymbol{O},\boldsymbol{P}_{22}=\boldsymbol{O},\boldsymbol{P}_{23}=\boldsymbol{O}$, $\boldsymbol{R}=\boldsymbol{O}$, 则该泛函将退化为文献[81]所取的 Lyapunov 泛函. 因此,本章所选取的 Lyapunov 泛函更具有普遍意义.

注解 4.2 由于文献[81,136]中引入的额外矩阵变量比较多,文献[136]含有 24 个决策变量,文献[81]含有 17 个决策变量,这样就增加了计算的复杂度. 特别是对含有多个时滞项的系统,相应的结果更为复杂. 而本章只含有 9 个矩阵变量,从而减轻了计算的复杂度.

下面把定理 4.1 的结果推广到具有不确定性的 T-S 模糊时滞系统中,我们得到系统鲁棒稳定的判定准则. 考虑如下不确定的 T-S 模糊时滞系统

$$\dot{\boldsymbol{x}}(t) = \sum_{i=1}^{r} w_i(\boldsymbol{x}(t))[(\boldsymbol{A}_{1i} + \Delta\boldsymbol{A}_{1i}(t))\boldsymbol{x}(t) + (\boldsymbol{A}_{2i} + \Delta\boldsymbol{A}_{2i}(t))\boldsymbol{x}(t-\tau)] \tag{4.19}$$

定理 4.2 给定标量$\tau \geqslant 0$,如果存在正定矩阵$\boldsymbol{P},\boldsymbol{Q},\boldsymbol{H},\boldsymbol{R}$以及矩阵$\boldsymbol{T}_i$,$i=1,2,\cdots,5$,标量参数$\varepsilon_i > 0$,$i=1,2,\cdots,r$满足下面的不等式

$$\widetilde{\boldsymbol{\Phi}}_i=\begin{bmatrix}\widetilde{\boldsymbol{\Phi}}_{11i} & \boldsymbol{\Phi}_{12i} & \widetilde{\boldsymbol{\Phi}}_{13i} & \boldsymbol{\Phi}_{14i} & \boldsymbol{\Phi}_{15i} & -\boldsymbol{T}_1\boldsymbol{D}_i\\ \boldsymbol{\Phi}_{12i}^{\mathrm{T}} & \boldsymbol{\Phi}_{22i} & \boldsymbol{\Phi}_{23i} & \boldsymbol{T}_4^{\mathrm{T}} & \boldsymbol{\Phi}_{25i} & -\boldsymbol{T}_2\boldsymbol{D}_i\\ \widetilde{\boldsymbol{\Phi}}_{13i}^{\mathrm{T}} & \boldsymbol{\Phi}_{23i}^{\mathrm{T}} & \widetilde{\boldsymbol{\Phi}}_{33i} & \boldsymbol{\Phi}_{34i} & \boldsymbol{\Phi}_{35i} & -\boldsymbol{T}_3\boldsymbol{D}_i\\ \boldsymbol{\Phi}_{14i}^{\mathrm{T}} & \boldsymbol{T}_4 & \boldsymbol{\Phi}_{34i}^{\mathrm{T}} & -\boldsymbol{Q}_{22} & \boldsymbol{P}_{23i} & -\boldsymbol{T}_4\boldsymbol{D}_i\\ \boldsymbol{\Phi}_{15i}^{\mathrm{T}} & \boldsymbol{\Phi}_{25i}^{\mathrm{T}} & \boldsymbol{\Phi}_{35i}^{\mathrm{T}} & \boldsymbol{P}_{23i}^{\mathrm{T}} & \boldsymbol{\Phi}_{55i} & -\boldsymbol{T}_5\boldsymbol{D}_i\\ -\boldsymbol{D}_i^{\mathrm{T}}\boldsymbol{T}_1^{\mathrm{T}} & -\boldsymbol{D}_i^{\mathrm{T}}\boldsymbol{T}_2^{\mathrm{T}} & -\boldsymbol{D}_i^{\mathrm{T}}\boldsymbol{T}_3^{\mathrm{T}} & -\boldsymbol{D}_i^{\mathrm{T}}\boldsymbol{T}_4^{\mathrm{T}} & -\boldsymbol{D}_i^{\mathrm{T}}\boldsymbol{T}_5^{\mathrm{T}} & -\varepsilon_i I\end{bmatrix}<0 \tag{4.20}$$

其中

$$\widetilde{\boldsymbol{\Phi}}_{11i}=\boldsymbol{\Phi}_{11i}+\varepsilon_i\boldsymbol{E}_{1i}^{\mathrm{T}}\boldsymbol{E}_{1i},\widetilde{\boldsymbol{\Phi}}_{13i}=\boldsymbol{\Phi}_{13i}+\varepsilon_i\boldsymbol{E}_{1i}^{\mathrm{T}}\boldsymbol{E}_{2i},\widetilde{\boldsymbol{\Phi}}_{33i}=\boldsymbol{\Phi}_{33i}+\varepsilon_i\boldsymbol{E}_{2i}^{\mathrm{T}}\boldsymbol{E}_{2i}$$

且 $\boldsymbol{\Phi}_{\alpha\beta i}(\alpha,\beta=1,2,3,4,5)$ 定义同定理 4. 1，那么不确定 T-S 模糊时滞系统(4. 19) 是鲁棒稳定的.

证明　由于

$$[\Delta\boldsymbol{A}_{1i}(t)\quad \Delta\boldsymbol{A}_{2i}(t)]=\boldsymbol{D}_i\boldsymbol{K}_i(t)[\boldsymbol{E}_{1i}\quad \boldsymbol{E}_{2i}],i=1,2,\cdots,r$$

其中，$\boldsymbol{D}_i$，$\boldsymbol{E}_{1i}$ 和 $\boldsymbol{E}_{2i}$ 是具有适当维数的常数矩阵，因此系统(4. 13) 可以进一步表示为

$$\dot{\boldsymbol{x}}(t)=\sum_{i=1}^{r}w_i(\boldsymbol{x}(t))[(\boldsymbol{A}_{1i}+\boldsymbol{D}_i\boldsymbol{K}_i(t)\boldsymbol{E}_{1i})\boldsymbol{x}(t)+ (\boldsymbol{A}_{2i}+\boldsymbol{D}_i\boldsymbol{K}_i(t)\boldsymbol{E}_{2i})\boldsymbol{x}(t-\tau)] \tag{4.21}$$

接下来类似定理 4. 1 的证明过程，这里用矩阵 $\boldsymbol{A}_{1i}+\boldsymbol{D}_i\boldsymbol{K}_i(t)\boldsymbol{E}_{1i}$ 和 $\boldsymbol{A}_{2i}+\boldsymbol{D}_i\boldsymbol{K}_i(t)\boldsymbol{E}_{2i}$ 代替定理 4. 1 中式(4. 8) 的 $\boldsymbol{A}_{1i}$ 和 $\boldsymbol{A}_{2i}$，那么此时对应于系统(4. 19) 的式(4. 8) 可以进一步表示为

$$\boldsymbol{\Phi}_i+\overline{\boldsymbol{D}}_i^{\mathrm{T}}\boldsymbol{K}_i(t)\overline{\boldsymbol{E}}_i+\overline{\boldsymbol{E}}_i^{\mathrm{T}}\boldsymbol{K}_i^{\mathrm{T}}(t)\overline{\boldsymbol{D}}_i<0,i=1,2,\cdots,r \tag{4.22}$$

其中

$$\overline{\boldsymbol{D}}_i=[-\boldsymbol{D}_i^{\mathrm{T}}\boldsymbol{T}_1^{\mathrm{T}}\quad -\boldsymbol{D}_i^{\mathrm{T}}\boldsymbol{T}_2^{\mathrm{T}}\quad -\boldsymbol{D}_i^{\mathrm{T}}\boldsymbol{T}_3^{\mathrm{T}}\quad -\boldsymbol{D}_i^{\mathrm{T}}\boldsymbol{T}_4^{\mathrm{T}}\quad -\boldsymbol{D}_i^{\mathrm{T}}\boldsymbol{T}_5^{\mathrm{T}}] \tag{4.23}$$

$$\overline{\boldsymbol{E}}_i=[\boldsymbol{E}_{1i}\quad \boldsymbol{O}\quad \boldsymbol{E}_{2i}\quad \boldsymbol{O}\quad \boldsymbol{O}] \tag{4.24}$$

由引理3. 2，显然如果式(4. 22) 成立当且仅当对于每个 i，都存在标量 $\varepsilon_i>0$，使得下面的不等式成立

$$\boldsymbol{\Phi}_i+\varepsilon_i^{-1}\overline{\boldsymbol{D}}_i^{\mathrm{T}}\overline{\boldsymbol{D}}_i+\varepsilon_i\overline{\boldsymbol{E}}_i^{\mathrm{T}}\overline{\boldsymbol{E}}_i<0 \tag{4.25}$$

由 Schur 补引理可知，式(4.25)等价于式(4.20). 如果式(4.20)成立，那么不确定 T-S 模糊时滞系统(4.19)是鲁棒稳定的，定理证毕.

注解4.3 定理4.1和定理4.2都是在含有三重积分的增广的Lyapunov泛函的基础上得到的. 一方面，三重积分的引进减少了稳定性条件的保守性，另一方面，增广的 Lyapunov 泛函的引入又为各系统信息提供了比较宽松的约束条件，从理论上来说本章的结果比一般形式的Lyapunov泛函[83,85]所得到的结果具有更小的保守性.

4.2.2 前提不匹配的鲁棒镇定控制器设计

上一节，我们已经给出在外界输入作用 $u(t)=0$ 时，系统鲁棒稳定的判定准则. 为了研究在前提不匹配下的状态反馈鲁棒镇定问题，我们引入下述前提不匹配的控制规则.

模糊规则 j：如果 $g_1(\boldsymbol{x}(t))$ 属于 N_1^j，……，$g_q(\boldsymbol{x}(t))$ 属于 N_q^j，那么

$$u(t)=\boldsymbol{F}_j\boldsymbol{x}(t),j=1,2,\cdots,r \tag{4.26}$$

其中，$\boldsymbol{F}_j\in\mathbf{R}^{m\times n}$是第 j 条规则的反馈增益矩阵. 通过单点模糊化，乘积推理，中心加权平均解模糊器，得到形如式(1.17)的全局模糊控制器.

我们首先研究标称系统(4.6)的状态反馈镇定问题. 结合式(1.17)，得到如下 T-S 模糊时滞闭环控制系统

$$\dot{\boldsymbol{x}}(t)=\sum_{i=1}^{r}\sum_{j=1}^{r}w_i(\boldsymbol{x}(t))m_j(\boldsymbol{x}(t))[(\boldsymbol{A}_{1i}+\boldsymbol{B}_i\boldsymbol{F}_j)\boldsymbol{x}(t)-\boldsymbol{A}_{2i}\boldsymbol{x}(t-\tau)] \tag{4.27}$$

定理4.3 给定标量 $\tau\geqslant0$ 和常数 $t_i,i=2,\cdots,5$，标称系统(4.6)是可镇定的，如果控制器的隶属度函数与被控对象的隶属度函数满足对于所有 j 及 $\boldsymbol{x}(t)$，有

$$m_j(\boldsymbol{x}(t))-\rho_jw_j(\boldsymbol{x}(t))\geqslant0$$

其中，$0<\rho_j<1$；并且存在正定矩阵 $\overline{\boldsymbol{P}},\overline{\boldsymbol{Q}},\overline{\boldsymbol{H}},\overline{\boldsymbol{R}}$(其结构同定理4.1)，$\boldsymbol{\Lambda}_i\in\mathbf{R}^{5n\times5n}$ 以及矩阵 $\boldsymbol{X}$ 和向量 $\boldsymbol{Y}_j,j=1,2,\cdots,r$，使得后面的式(4.34)~(4.36)成立，那么此时镇定控制器增益可以设计为 $\boldsymbol{F}_i=\boldsymbol{Y}_i\boldsymbol{X}^{-\mathrm{T}}$.

证明 类似定理4.1的证明过程. 需要指出的是这里由式(4.27)可以改变式(4.12)

$$2\sum_{i=1}^{r}\sum_{j=1}^{r}w_i(\boldsymbol{x}(t))m_j(\boldsymbol{x}(t))\times$$

$$\left[\boldsymbol{x}^{\mathrm{T}}(t)\boldsymbol{T}_1+\dot{\boldsymbol{x}}^{\mathrm{T}}(t)\boldsymbol{T}_2+\boldsymbol{x}^{\mathrm{T}}(t-\tau)\boldsymbol{T}_3+\dot{\boldsymbol{x}}^{\mathrm{T}}(t-\tau)\boldsymbol{T}_4+\left(\int_{t-\tau}^{t}\boldsymbol{x}(s)\mathrm{d}s\right)^{\mathrm{T}}\boldsymbol{T}_5\right]\times$$

$$[\dot{\boldsymbol{x}}(t)-(\boldsymbol{A}_{1i}+\boldsymbol{B}_i\boldsymbol{F}_j)\boldsymbol{x}(t)-\boldsymbol{A}_{2i}\boldsymbol{x}(t-\tau)]=0 \tag{4.28}$$

因此这里用式(4.28)代替定理4.1证明过程中的式(4.12),并且用$\boldsymbol{A}_{1i}+\boldsymbol{B}_i\boldsymbol{F}_j$代替式(4.18)中的$\boldsymbol{A}_{1i}$. 令

$$\boldsymbol{T}_2=t_2\boldsymbol{T}_1,\boldsymbol{T}_3=t_3\boldsymbol{T}_1,\boldsymbol{T}_4=t_4\boldsymbol{T}_1,\boldsymbol{T}_5=t_5\boldsymbol{T}_1$$

假设$\boldsymbol{T}_1$是非奇异的,所以$\boldsymbol{T}_1^{-1}$存在. 定义矩阵

$$\overline{\boldsymbol{R}}=\boldsymbol{XRX}^{\mathrm{T}},\overline{\boldsymbol{P}}_{11}=\boldsymbol{XP}_{11}\boldsymbol{X}^{\mathrm{T}},\overline{\boldsymbol{P}}_{12}=\boldsymbol{XP}_{12}\boldsymbol{X}^{\mathrm{T}},\overline{\boldsymbol{P}}_{13}=\boldsymbol{XP}_{13}\boldsymbol{X}^{\mathrm{T}},\overline{\boldsymbol{P}}_{22}=\boldsymbol{XP}_{22}\boldsymbol{X}^{\mathrm{T}}$$

$$\overline{\boldsymbol{P}}_{23}=\boldsymbol{XP}_{23}\boldsymbol{X}^{\mathrm{T}},\overline{\boldsymbol{P}}_{33}=\boldsymbol{XP}_{33}\boldsymbol{X}^{\mathrm{T}},\overline{\boldsymbol{Q}}_{11}=\boldsymbol{XQ}_{11}\boldsymbol{X}^{\mathrm{T}},\overline{\boldsymbol{Q}}_{12}=\boldsymbol{XQ}_{12}\boldsymbol{X}^{\mathrm{T}},\overline{\boldsymbol{Q}}_{22}=\boldsymbol{XQ}_{22}\boldsymbol{X}^{\mathrm{T}}$$

$$\overline{\boldsymbol{H}}_{11}=\boldsymbol{XH}_{11}\boldsymbol{X}^{\mathrm{T}},\overline{\boldsymbol{H}}_{12}=\boldsymbol{XH}_{12}\boldsymbol{X}^{\mathrm{T}},\overline{\boldsymbol{H}}_{22}=\boldsymbol{XH}_{22}\boldsymbol{X}^{\mathrm{T}},\boldsymbol{X}=\boldsymbol{T}_1^{-1}$$

我们将不等式(4.18)的左右两边分别乘以矩阵 diag[$\boldsymbol{X}\quad\boldsymbol{X}\quad\boldsymbol{X}\quad\boldsymbol{X}\quad\boldsymbol{X}$] 及其转置,矩阵$\boldsymbol{P}$的左右两边分别乘以矩阵 diag[$\boldsymbol{X}\quad\boldsymbol{X}\quad\boldsymbol{X}$] 及其转置,同理矩阵$\boldsymbol{Q}$和矩阵$\boldsymbol{H}$的左右两边分别乘以矩阵 diag[$\boldsymbol{X}\quad\boldsymbol{X}$] 及其转置. 定义$\boldsymbol{F}_i=\boldsymbol{Y}_i\boldsymbol{X}^{-\mathrm{T}}$,那么对应定理4.1中的式(4.16)可以改写为

$$\dot{V}(\boldsymbol{x}(t))\leqslant\boldsymbol{\xi}^{\mathrm{T}}(t)\left(\sum_{i=1}^{r}\sum_{j=1}^{r}w_i(\boldsymbol{x}(t))m_j(\boldsymbol{x}(t))\boldsymbol{\Psi}_{ij}\right)\boldsymbol{\xi}(t) \tag{4.29}$$

其中

$$\boldsymbol{\Psi}_{ij}=\begin{bmatrix}\boldsymbol{\Psi}_{11ij} & \boldsymbol{\Psi}_{12ij} & \boldsymbol{\Psi}_{13ij} & \boldsymbol{\Psi}_{14ij} & \boldsymbol{\Psi}_{15ij}\\ \boldsymbol{\Psi}_{12ij}^{\mathrm{T}} & \boldsymbol{\Psi}_{22} & \boldsymbol{\Psi}_{23i} & t_4\boldsymbol{X} & \boldsymbol{\Psi}_{25}\\ \boldsymbol{\Psi}_{13ij}^{\mathrm{T}} & \boldsymbol{\Psi}_{23i}^{\mathrm{T}} & \boldsymbol{\Psi}_{33i} & \boldsymbol{\Psi}_{34i} & \boldsymbol{\Psi}_{35i}\\ \boldsymbol{\Psi}_{14ij}^{\mathrm{T}} & t_4\boldsymbol{X}^{\mathrm{T}} & \boldsymbol{\Psi}_{34i}^{\mathrm{T}} & \overline{\boldsymbol{Q}}_{22} & \overline{\boldsymbol{P}}_{23}\\ \boldsymbol{\Psi}_{15ij}^{\mathrm{T}} & \boldsymbol{\Psi}_{25}^{\mathrm{T}} & \boldsymbol{\Psi}_{35i}^{\mathrm{T}} & \overline{\boldsymbol{P}}_{23}^{\mathrm{T}} & \boldsymbol{\Psi}_{55}\end{bmatrix} \tag{4.30}$$

且

$$\boldsymbol{\Psi}_{11ij}=\overline{\boldsymbol{P}}_{13}+\overline{\boldsymbol{P}}_{13}^{\mathrm{T}}+\overline{\boldsymbol{Q}}_{11}+\tau\overline{\boldsymbol{H}}_{11}-\frac{1}{\tau}\overline{\boldsymbol{H}}_{22}-2\overline{\boldsymbol{R}}-$$

$$(\boldsymbol{A}_{1i}\boldsymbol{X}^{\mathrm{T}}+\boldsymbol{B}_i\boldsymbol{Y}_j)-(\boldsymbol{XA}_{1i}^{\mathrm{T}}+\boldsymbol{Y}_j^{\mathrm{T}}\boldsymbol{B}_i^{\mathrm{T}})$$

$$\boldsymbol{\Psi}_{12ij}=\overline{\boldsymbol{P}}_{11}+\overline{\boldsymbol{Q}}_{12}+\tau\overline{\boldsymbol{H}}_{12}+\boldsymbol{X}-t_2(\boldsymbol{XA}_{1i}^{\mathrm{T}}+\boldsymbol{Y}_j^{\mathrm{T}}\boldsymbol{B}_i^{\mathrm{T}})$$

$$\boldsymbol{\Psi}_{13ij}=\overline{\boldsymbol{P}}_{23}^{\mathrm{T}}-\overline{\boldsymbol{P}}_{13}+\frac{1}{\tau}\overline{\boldsymbol{H}}_{22}-\boldsymbol{A}_{2i}\boldsymbol{X}^{\mathrm{T}}-t_3(\boldsymbol{X}\boldsymbol{A}_{1i}^{\mathrm{T}}+\boldsymbol{Y}_j^{\mathrm{T}}\boldsymbol{B}_i^{\mathrm{T}})$$

$$\boldsymbol{\Psi}_{14ij}=\overline{\boldsymbol{P}}_{12}-t_4(\boldsymbol{X}\boldsymbol{A}_{1i}^{\mathrm{T}}+\boldsymbol{Y}_j^{\mathrm{T}}\boldsymbol{B}_i^{\mathrm{T}})$$

$$\boldsymbol{\Psi}_{15ij}=\overline{\boldsymbol{P}}_{33}-\frac{1}{\tau}\overline{\boldsymbol{H}}_{12}^{\mathrm{T}}+\frac{2}{\tau}\overline{\boldsymbol{R}}-t_5(\boldsymbol{X}\boldsymbol{A}_{1i}^{\mathrm{T}}+\boldsymbol{Y}_j^{\mathrm{T}}\boldsymbol{B}_i^{\mathrm{T}})$$

$$\boldsymbol{\Psi}_{22}=\overline{\boldsymbol{Q}}_{22}+\tau\overline{\boldsymbol{H}}_{22}+\frac{1}{2}\tau^2\overline{\boldsymbol{R}}+t_2\boldsymbol{X}+t_2\boldsymbol{X}^{\mathrm{T}}$$

$$\boldsymbol{\Psi}_{23i}=\overline{\boldsymbol{P}}_{12}-t_2\boldsymbol{A}_{2i}\boldsymbol{X}^{\mathrm{T}}+t_3\boldsymbol{X}$$

$$\boldsymbol{\Psi}_{25}=\overline{\boldsymbol{P}}_{13}+t_5\boldsymbol{X}$$

$$\boldsymbol{\Psi}_{33i}=-\overline{\boldsymbol{P}}_{23}^{\mathrm{T}}-\overline{\boldsymbol{P}}_{23}-\overline{\boldsymbol{Q}}_{11}-\frac{1}{\tau}\overline{\boldsymbol{H}}_{22}-t_3\boldsymbol{A}_{2i}\boldsymbol{X}^{\mathrm{T}}-t_3\boldsymbol{X}\boldsymbol{A}_{2i}^{\mathrm{T}}$$

$$\boldsymbol{\Psi}_{34i}=\overline{\boldsymbol{P}}_{22}+\overline{\boldsymbol{Q}}_{12}-t_4\boldsymbol{X}\boldsymbol{A}_{2i}^{\mathrm{T}}$$

$$\boldsymbol{\Psi}_{35i}=-\overline{\boldsymbol{P}}_{33}+\frac{1}{\tau}\overline{\boldsymbol{H}}_{12}^{\mathrm{T}}-t_5\boldsymbol{X}\boldsymbol{A}_{2i}^{\mathrm{T}}$$

$$\boldsymbol{\Psi}_{55}=-\frac{1}{\tau}\overline{\boldsymbol{H}}_{11}-\frac{2}{\tau^2}\overline{\boldsymbol{R}}$$

由式(4.29)可知,如果

$$\sum_{i=1}^{r}\sum_{j=1}^{r}w_i(\boldsymbol{x}(t))m_j(\boldsymbol{x}(t))\boldsymbol{\Psi}_{ij}<0 \tag{4.31}$$

那么一定存在足够小的 $\delta>0$,使得

$$\dot{V}(\boldsymbol{x}(t))\leqslant-\delta\|\boldsymbol{x}(t)\|^2$$

下面进一步处理式(4.31). 由隶属度函数的性质,对于任意矩阵 $0<\boldsymbol{\Lambda}_i\in\mathbf{R}^{5n\times5n}$,有

$$\sum_{i=1}^{r}\sum_{j=1}^{r}w_i(w_j-m_j)\boldsymbol{\Lambda}_i=0 \tag{4.32}$$

上式结合式(4.31),有

$$\begin{aligned}\boldsymbol{\Psi}&=\sum_{i=1}^{r}\sum_{j=1}^{r}w_im_j\boldsymbol{\Psi}_{ij}\\&=\sum_{i=1}^{r}\sum_{j=1}^{r}w_i(w_j-m_j+\rho_jw_j-\rho_jw_j)\boldsymbol{\Lambda}_i+\sum_{i=1}^{r}\sum_{j=1}^{r}w_im_j\boldsymbol{\Psi}_{ij}\\&=\sum_{i=1}^{r}\sum_{j=1}^{r}w_i(m_j+\rho_jw_j-\rho_jw_j)\boldsymbol{\Psi}_{ij}+\sum_{i=1}^{r}\sum_{j=1}^{r}w_i(w_j-\rho_jw)\boldsymbol{\Lambda}_i-\\&\quad\sum_{i=1}^{r}\sum_{j=1}^{r}w_i(m_j-\rho_jw)\boldsymbol{\Lambda}_i\end{aligned}$$

$$= \sum_{i=1}^{r}\sum_{j=1}^{r} w_i w_j(\rho_j \boldsymbol{\Psi}_{ij} - \rho_i \boldsymbol{\Lambda}_i + \boldsymbol{\Lambda}_i) + \sum_{i=1}^{r}\sum_{j=1}^{r} w_i(m_j - \rho_j w_j)(\boldsymbol{\Psi}_{ij} - \boldsymbol{\Lambda}_i)$$

$$\leqslant \sum_{i=1}^{r} w_i^2(\rho_i \boldsymbol{\Psi}_{ii} - \rho_i \boldsymbol{\Lambda}_i + \boldsymbol{\Lambda}_i) + \sum_{i=1}^{r}\sum_{j=1}^{r} w_i(m_j - \rho_j w_j)(\boldsymbol{\Psi}_{ij} - \boldsymbol{\Lambda}_i) +$$

$$\sum_{i=1}^{r}\sum_{i<j} w_i w_j(\rho_j \boldsymbol{\Psi}_{ij} + \rho_i \boldsymbol{\Psi}_{ji} - \rho_j \boldsymbol{\Lambda}_i - \rho_i \boldsymbol{\Lambda}_j + \boldsymbol{\Lambda}_i + \boldsymbol{\Lambda}_j) \tag{4.33}$$

对于所有的 j 和 $\boldsymbol{x}(t)$，有 $m_j(\boldsymbol{x}(t)) - \rho_j w_j(\boldsymbol{x}(t)) \geqslant 0$，因此对于 $i,j = 1,2,\cdots,r$，如果

$$\boldsymbol{\Psi}_{ij} - \boldsymbol{\Lambda}_i < 0 \tag{4.34}$$

$$\rho_i \boldsymbol{\Psi}_{ii} - \rho_i \boldsymbol{\Lambda}_i + \boldsymbol{\Lambda}_i < 0 \tag{4.35}$$

$$\rho_j \boldsymbol{\Psi}_{ij} + \rho_i \boldsymbol{\Psi}_{ji} - \rho_j \boldsymbol{\Lambda}_i - \rho_i \boldsymbol{\Lambda}_j + \boldsymbol{\Lambda}_i + \boldsymbol{\Lambda}_j \leqslant 0, i < j \tag{4.36}$$

那么对于足够小的 $\delta > 0$，有

$$\dot{V}(\boldsymbol{x}(t)) \leqslant -\delta \, \| \boldsymbol{x}(t) \|^2$$

因此模糊闭环控制系统(4.27)是渐近稳定的，并且其模糊控制律可以设计为

$$\boldsymbol{u}(t) = \sum_{j=1}^{r} m_j(\boldsymbol{x}(t)) \boldsymbol{Y}_i \boldsymbol{X}^{-\mathrm{T}} \boldsymbol{x}(t) \tag{4.37}$$

定理证毕.

将上述研究对象推广到含有不确定的 T-S 模糊时滞系统，应用上述方法我们得到相应系统(4.3)的鲁棒镇定条件.

由前提不匹配的模糊控制律规则(1.17)，结合不确定的 T-S 模糊时滞系统(4.3)，得到前提不匹配的不确定 T-S 模糊时滞闭环控制系统如下

$$\dot{\boldsymbol{x}}(t) = \sum_{i=1}^{r}\sum_{j=1}^{r} w_i(\boldsymbol{x}(t)) m_j(\boldsymbol{x}(t)) [(\boldsymbol{A}_{1i} + \boldsymbol{B}_i \boldsymbol{F}_j + \Delta \boldsymbol{A}_{1i} + \Delta \boldsymbol{B}_i \boldsymbol{F}_j) x(t) +$$

$$(\boldsymbol{A}_{2i} + \Delta \boldsymbol{A}_{2i}) \boldsymbol{x}(t-\tau)] \tag{4.38}$$

定理 4.4 给定时滞 $\tau \geqslant 0$ 和常数 $t_i, i = 2,\cdots,k$，不确定 T-S 模糊系统(4.3)是可镇定的，如果控制器的隶属度函数与被控对象的隶属度函数满足对于所有 j 及 $\boldsymbol{x}(t)$，有

$$m_j(\boldsymbol{x}(t)) - \rho_j w_j(\boldsymbol{x}(t)) \geqslant 0$$

其中，$0 < \rho_j < 1$；并且存在正定矩阵 $\overline{\boldsymbol{P}}, \overline{\boldsymbol{Q}}, \overline{\boldsymbol{H}}, \overline{\boldsymbol{R}}$ 以及

$$0 < \overline{\boldsymbol{\Lambda}}_i = \overline{\boldsymbol{\Lambda}}_i^{\mathrm{T}} \in \mathbf{R}^{7n\times 7n}, i = 1,2,\cdots,r$$

矩阵 $\boldsymbol{X}$ 和标量参数 $\varepsilon_{1ij} > 0, \varepsilon_{2i} > 0, \boldsymbol{Y}_j, j = 1,2,\cdots,r$ 使得

$$\hat{\boldsymbol{\Psi}}_{ij} - \overline{\boldsymbol{\Lambda}}_i < 0 \tag{4.39}$$

$$\rho_i \hat{\boldsymbol{\Psi}}_{ii} - \rho_i \overline{\boldsymbol{\Lambda}}_i + \overline{\boldsymbol{\Lambda}}_i < 0 \tag{4.40}$$

$$\rho_j \hat{\boldsymbol{\Psi}}_{ij} + \rho_i \hat{\boldsymbol{\Psi}}_{ji} - \rho_j \overline{\boldsymbol{\Lambda}}_i - \rho_i \overline{\boldsymbol{\Lambda}}_j + \overline{\boldsymbol{\Lambda}}_i + \overline{\boldsymbol{\Lambda}}_j \leqslant 0, i < j \tag{4.41}$$

其中,$\hat{\boldsymbol{\Psi}}_{ij}$ 如式(4.47) 定义,那么鲁棒镇定控制器增益为

$$\boldsymbol{F}_i = \boldsymbol{Y}_i \boldsymbol{X}^{-\mathrm{T}}, i = 1,2,\cdots,r$$

证明 由于不确定项具有如下性质,即

$$[\Delta \boldsymbol{A}_{1i} \quad \Delta \boldsymbol{A}_{2i} \quad \Delta \boldsymbol{B}_i] = \boldsymbol{D}_i \boldsymbol{K}_i(t) [\boldsymbol{E}_{1i} \quad \boldsymbol{E}_{2i} \quad \boldsymbol{E}_{bi}], i = 1,2,\cdots,r \tag{4.42}$$

从而得到

$$\Delta \boldsymbol{A}_{1i} = \boldsymbol{D}_i \boldsymbol{K}_i(t) \boldsymbol{E}_{1i}, \Delta \boldsymbol{A}_{2i} = \boldsymbol{D}_i \boldsymbol{K}_i(t) \boldsymbol{E}_{2i}, \Delta \boldsymbol{B}_i = \boldsymbol{D}_i \boldsymbol{K}_i(t) \boldsymbol{E}_{bi} \tag{4.43}$$

上式结合式(4.38) 可以得到

$$\begin{aligned} \dot{\boldsymbol{x}}(t) = & \sum_{i=1}^{r} \sum_{j=1}^{r} w_i(\boldsymbol{x}(t)) m_j(\boldsymbol{x}(t)) \times \\ & [(\boldsymbol{A}_{1i} + \boldsymbol{D}_i \boldsymbol{K}_i(t) \boldsymbol{E}_{1i} + \boldsymbol{B}_i \boldsymbol{F}_j + \boldsymbol{D}_i \boldsymbol{K}_i(t) \boldsymbol{E}_{bi} \boldsymbol{F}_j) \boldsymbol{x}(t) + \\ & (\boldsymbol{A}_{2i} + \boldsymbol{D}_i \boldsymbol{K}_i(t) \boldsymbol{E}_{2i}) \boldsymbol{x}(t - \tau)] \end{aligned} \tag{4.44}$$

类似定理 4.3 的证明过程,这里我们用 $\boldsymbol{A}_{1i} + \boldsymbol{D}_i \boldsymbol{K}_i(t) \boldsymbol{E}_{1i}$,$\boldsymbol{A}_{2i} + \boldsymbol{D}_i \boldsymbol{K}_i(t) \boldsymbol{E}_{2i}$ 和 $\boldsymbol{B}_i + \boldsymbol{D}_i \boldsymbol{K}_i(t) \boldsymbol{E}_{bi}$ 分别代替式(4.30) 中 $\boldsymbol{\Psi}_{ij}$ 的 $\boldsymbol{A}_{1i}$,$\boldsymbol{A}_{2i}$ 和 $\boldsymbol{B}_i$,那么式(4.31) 相对于系统(4.38) 可以表示为

$$\sum_{i=1}^{r} \sum_{j=1}^{r} w_i(\boldsymbol{x}(t)) m_j(\boldsymbol{x}(t)) \boldsymbol{\Omega}_{ij} < 0 \tag{4.45}$$

其中

$$\boldsymbol{\Omega}_{ij} = \boldsymbol{\Psi}_{ij} + \hat{\boldsymbol{D}}_{1i}^{\mathrm{T}} \boldsymbol{K}_i(t) \hat{\boldsymbol{E}}_{ij} + \hat{\boldsymbol{E}}_{ij}^{\mathrm{T}} \boldsymbol{K}_i^{\mathrm{T}}(t) \hat{\boldsymbol{D}}_{1i} + \hat{\boldsymbol{D}}_{2i}^{\mathrm{T}} \boldsymbol{K}_i(t) \hat{\boldsymbol{E}}_{2i} + \hat{\boldsymbol{E}}_{2i}^{\mathrm{T}} \boldsymbol{K}_i^{\mathrm{T}}(t) \hat{\boldsymbol{D}}_{2i}$$

$$\hat{\boldsymbol{D}}_{1i} = [-\boldsymbol{D}_i^{\mathrm{T}} \quad \boldsymbol{O} \quad \boldsymbol{O} \quad \boldsymbol{O} \quad \boldsymbol{O}]$$

$$\begin{aligned} \hat{\boldsymbol{E}}_{ij} = [& (\boldsymbol{E}_{1i}\boldsymbol{X}^{\mathrm{T}} + \boldsymbol{E}_{bi}\boldsymbol{Y}_j) \quad t_2(\boldsymbol{E}_{1i}\boldsymbol{X}^{\mathrm{T}} + \boldsymbol{E}_{bi}\boldsymbol{Y}_j) \quad t_3(\boldsymbol{E}_{1i}\boldsymbol{X}^{\mathrm{T}} + \boldsymbol{E}_{bi}\boldsymbol{Y}_j) \\ & t_4(\boldsymbol{E}_{1i}\boldsymbol{X}^{\mathrm{T}} + \boldsymbol{E}_{bi}\boldsymbol{Y}_j) \quad t_5(\boldsymbol{E}_{1i}\boldsymbol{X}^{\mathrm{T}} + \boldsymbol{E}_{bi}\boldsymbol{Y}_j)] \end{aligned}$$①

$$\hat{\boldsymbol{D}}_{2i} = [\boldsymbol{O} \quad \boldsymbol{O} \quad -\boldsymbol{D}_i^{\mathrm{T}} \quad \boldsymbol{O} \quad \boldsymbol{O}]$$

$$\hat{\boldsymbol{E}}_{2i} = [\boldsymbol{E}_{2i}\boldsymbol{X}^{\mathrm{T}} \quad t_2\boldsymbol{E}_{2i}\boldsymbol{X}^{\mathrm{T}} \quad t_3\boldsymbol{E}_{2i}\boldsymbol{X}^{\mathrm{T}} \quad t_4\boldsymbol{E}_{2i}\boldsymbol{X}^{\mathrm{T}} \quad t_5\boldsymbol{E}_{2i}\boldsymbol{X}^{\mathrm{T}}]$$

如果 $\boldsymbol{\Omega}_{ij} < 0$,那么式(4.45) 成立.

---

① 由于本书的少数矩阵太长,不得不转行. —— 编校注

由引理 3.2，显然 $\boldsymbol{\Omega}_{ij}<0$ 成立当且仅当对于每个 i,j，存在标量 $\varepsilon_{1ij}>0$ 和 $\varepsilon_{2i}>0$，使得下面不等式成立

$$\boldsymbol{\Psi}_{ij}+\varepsilon_{1ij}\hat{\boldsymbol{D}}_{1i}^{\mathrm{T}}\hat{\boldsymbol{D}}_{1i}+\varepsilon_{1ij}^{-1}\hat{\boldsymbol{E}}_{ij}^{\mathrm{T}}\hat{\boldsymbol{E}}_{ij}+\varepsilon_{2i}\hat{\boldsymbol{D}}_{2i}^{\mathrm{T}}\hat{\boldsymbol{D}}_{2i}+\varepsilon_{2i}^{-1}\hat{\boldsymbol{E}}_{2i}^{\mathrm{T}}\hat{\boldsymbol{E}}_{2i}<0 \tag{4.46}$$

由 Schur 补定理可知，若使得式(4.46) 成立当且仅当下述不等式成立

$$\hat{\boldsymbol{\Psi}}_{ij}=\begin{bmatrix}\hat{\boldsymbol{\Psi}}_{11ij} & \boldsymbol{\Psi}_{12ij} & \boldsymbol{\Psi}_{13ij} & \boldsymbol{\Psi}_{14ij} & \boldsymbol{\Psi}_{15ij} & \hat{\boldsymbol{\Psi}}_{16ij} & \boldsymbol{X}\boldsymbol{E}_{2i}^{\mathrm{T}} \\ \boldsymbol{\Psi}_{12ij}^{\mathrm{T}} & \boldsymbol{\Psi}_{22} & \boldsymbol{\Psi}_{23i} & t_4\boldsymbol{X} & \boldsymbol{\Psi}_{25} & \hat{\boldsymbol{\Psi}}_{26ij} & t_2\boldsymbol{X}\boldsymbol{E}_{2i}^{\mathrm{T}} \\ \boldsymbol{\Psi}_{13ij}^{\mathrm{T}} & \boldsymbol{\Psi}_{23i}^{\mathrm{T}} & \hat{\boldsymbol{\Psi}}_{33i} & \boldsymbol{\Psi}_{34i} & \boldsymbol{\Psi}_{35i} & \hat{\boldsymbol{\Psi}}_{36ij} & t_3\boldsymbol{X}\boldsymbol{E}_{2i}^{\mathrm{T}} \\ \boldsymbol{\Psi}_{14ij}^{\mathrm{T}} & t_4\boldsymbol{X}^{\mathrm{T}} & \boldsymbol{\Psi}_{34i}^{\mathrm{T}} & -\overline{\boldsymbol{Q}}_{22} & \overline{\boldsymbol{P}}_{23} & \hat{\boldsymbol{\Psi}}_{46ij} & t_4\boldsymbol{X}\boldsymbol{E}_{2i}^{\mathrm{T}} \\ \boldsymbol{\Psi}_{15ij}^{\mathrm{T}} & \boldsymbol{\Psi}_{25}^{\mathrm{T}} & \boldsymbol{\Psi}_{35i}^{\mathrm{T}} & \overline{\boldsymbol{P}}_{23}^{\mathrm{T}} & \boldsymbol{\Psi}_{55} & \hat{\boldsymbol{\Psi}}_{56ij} & t_5\boldsymbol{X}\boldsymbol{E}_{2i}^{\mathrm{T}} \\ \boldsymbol{\Psi}_{16ij}^{\mathrm{T}} & \boldsymbol{\Psi}_{26ij}^{\mathrm{T}} & \boldsymbol{\Psi}_{36ij}^{\mathrm{T}} & \hat{\boldsymbol{\Psi}}_{46ij}^{\mathrm{T}} & \hat{\boldsymbol{\Psi}}_{56ij}^{\mathrm{T}} & -\varepsilon_{1ij}\boldsymbol{I} & \boldsymbol{O} \\ \boldsymbol{E}_{2i}\boldsymbol{X}^{\mathrm{T}} & t_2\boldsymbol{E}_{2i}\boldsymbol{X}^{\mathrm{T}} & t_3\boldsymbol{E}_{2i}\boldsymbol{X}^{\mathrm{T}} & t_4\boldsymbol{E}_{2i}\boldsymbol{X}^{\mathrm{T}} & t_5\boldsymbol{E}_{2i}\boldsymbol{X}^{\mathrm{T}} & \boldsymbol{O} & -\varepsilon_{2i}\boldsymbol{I}\end{bmatrix}<0 \tag{4.47}$$

其中

$$\hat{\boldsymbol{\Psi}}_{11ij}=\boldsymbol{\Psi}_{11ij}+\varepsilon_{1ij}\boldsymbol{D}_i\boldsymbol{D}_i^{\mathrm{T}}$$
$$\hat{\boldsymbol{\Psi}}_{16ij}=\boldsymbol{X}\boldsymbol{E}_{1i}^{\mathrm{T}}+\boldsymbol{Y}_j^{\mathrm{T}}\boldsymbol{E}_{bi}^{\mathrm{T}}$$
$$\hat{\boldsymbol{\Psi}}_{26ij}=t_2(\boldsymbol{X}\boldsymbol{E}_{1i}^{\mathrm{T}}+\boldsymbol{Y}_j^{\mathrm{T}}\boldsymbol{E}_{bi}^{\mathrm{T}})$$
$$\hat{\boldsymbol{\Psi}}_{33ij}=\boldsymbol{\Psi}_{33}+\varepsilon_{2i}\boldsymbol{D}_i\boldsymbol{D}_i^{\mathrm{T}}$$
$$\hat{\boldsymbol{\Psi}}_{36ij}=t_3(\boldsymbol{X}\boldsymbol{E}_{1i}^{\mathrm{T}}+\boldsymbol{Y}_j^{\mathrm{T}}\boldsymbol{E}_{bi}^{\mathrm{T}})$$
$$\hat{\boldsymbol{\Psi}}_{46ij}=t_4(\boldsymbol{X}\boldsymbol{E}_{1i}^{\mathrm{T}}+\boldsymbol{Y}_j^{\mathrm{T}}\boldsymbol{E}_{bi}^{\mathrm{T}})$$
$$\hat{\boldsymbol{\Psi}}_{56ij}=t_5(\boldsymbol{X}\boldsymbol{E}_{1i}^{\mathrm{T}}+\boldsymbol{Y}_j^{\mathrm{T}}\boldsymbol{E}_{bi}^{\mathrm{T}})$$

其中 $\boldsymbol{\Psi}_{\alpha\beta}$ 与定理 4.3 中定义相同.

我们知道如果式(4.47) 成立当且仅当下述不等式成立

$$\sum_{i=1}^{r}\sum_{j=1}^{r}w_i(\boldsymbol{x}(t))m_j(\boldsymbol{x}(t))\hat{\boldsymbol{\Psi}}_{ij}<0 \tag{4.48}$$

为了更进一步减少证明过程中的保守性，类似定理 4.3 的处理方法，我们在对式(4.48) 进行处理时引进等式 $\sum_{i=1}^{r}\sum_{j=1}^{r}w_i(w_j-m_j)\overline{\boldsymbol{\Lambda}}_i=0$，接下来的证明过程与定理 4.3 的证明相同，从而得到定理中的条件以及式(4.39) ~ (4.41). 因此，在满足上述条件下，不确定模糊时滞控制系统(4.38) 在模糊控制器 $\boldsymbol{u}(t)=\sum_{j=1}^{r}\boldsymbol{Y}_j\boldsymbol{X}^{-\mathrm{T}}\boldsymbol{x}(t)$ 的镇定下是鲁棒稳定的，定理证毕.

4.2.3 数值算例

本节主要通过四个数值算例来验证本节方法的有效性,并且通过与已有文献的结果进行对比,验证了降低保守性的有效性. 前三个数值算例验证了本小节所给出的稳定性条件以及鲁棒稳定性条件确实具有更小的保守性. 最后一个算例验证本节所提出的模糊控制器设计方法的有效性.

例 4.1 考虑如下 T-S 模糊时滞系统(文献[136])的稳定性(隶属度函数选取同例 2.1),即

$$\dot{\boldsymbol{x}}(t)=\sum_{i=1}^{2}w_i(\boldsymbol{x}(t))(\boldsymbol{A}_{1i}\boldsymbol{x}(t)+\boldsymbol{A}_{2i}\boldsymbol{x}(t-\tau)) \tag{4.49}$$

其中系统矩阵参数为

$$\boldsymbol{A}_{11}=\begin{bmatrix}-2 & 0\\ 0 & -0.9\end{bmatrix},\boldsymbol{A}_{21}=\begin{bmatrix}-1 & 0\\ -1 & -1\end{bmatrix}$$

$$\boldsymbol{A}_{12}=\begin{bmatrix}-1 & 0.5\\ 0 & -1\end{bmatrix},\boldsymbol{A}_{22}=\begin{bmatrix}-1 & 0\\ 0.1 & -1.5\end{bmatrix}$$

表 4.1 列出了应用文献[39,83,136]及定理 4.1 所提出的方法求得的保证系统渐近稳定的最大时滞上限以及方法中所含矩阵变量的个数. 可以看到文献[39]中的时滞无关稳定性判据不能够保证系统渐近稳定,而与其他时滞相关的稳定性条件相比,定理 4.1 的方法得到了相对较大的时滞上界,因此具有更小的保守性. 同时对比已有文献[83,136]的分析方法,定理 4.1 在分析过程中涉及相对较少的决策变量,因此降低了求解矩阵不等式的复杂度. 特别当定理 4.1 与文献[83]含有相同个数的决策变量时,定理 4.1 能够获得比较大的时滞上界. 因此,如果在分析过程中两种方法涉及的决策变量的个数一样时,那么本章所提出的方法更有优势.

表 4.1 最大时滞上限和矩阵变量个数比较

来源	最大时滞	矩阵变量个数
文献[39]	—	0
文献[83]	1.597 4	9
文献[136]	1.597 4	24
定理 4.1	1.806	9

例 4.2 考虑如下具有不确定性的 T-S 模糊时滞系统的稳定性(隶属度函数同例 2.1),即

$$\dot{\boldsymbol{x}}(t) = \sum_{i=1}^{2} w_i(\boldsymbol{x}(t))[(\boldsymbol{A}_{1i} + \Delta\boldsymbol{A}_{1i}(t))\boldsymbol{x}(t) + (\boldsymbol{A}_{2i} + \Delta\boldsymbol{A}_{2i}(t))\boldsymbol{x}(t-\tau)] \tag{4.50}$$

其中系统矩阵参数取自文献[85],即

$$\boldsymbol{A}_{11} = \begin{bmatrix} -2 & 1 \\ 0.5 & -1 \end{bmatrix}, \boldsymbol{A}_{21} = \begin{bmatrix} -1 & 0 \\ -1 & -1 \end{bmatrix}, \boldsymbol{I} = \begin{bmatrix} 1 & 0 \\ 0 & 1 \end{bmatrix}$$

$$\boldsymbol{A}_{12} = \begin{bmatrix} -2 & 0 \\ 0 & -1 \end{bmatrix}, \boldsymbol{A}_{22} = \begin{bmatrix} -1.6 & 0 \\ 0 & -1 \end{bmatrix}, \boldsymbol{E}_{11} = \begin{bmatrix} 1.6 & 0 \\ 0 & 0.05 \end{bmatrix}$$

$$\boldsymbol{E}_{12} = \begin{bmatrix} 1.6 & 0 \\ 0 & -0.05 \end{bmatrix}, \boldsymbol{E}_{21} = \boldsymbol{E}_{22} = \begin{bmatrix} 0.1 & 0 \\ 0 & 0.3 \end{bmatrix}, \boldsymbol{D} = \begin{bmatrix} 0.03 & 0 \\ 0 & 0.03 \end{bmatrix}$$

且系统中不确定参数满足

$$\Delta\boldsymbol{A}_{1i} = \boldsymbol{D}\boldsymbol{K}_i(t)\boldsymbol{E}_{1i}, \Delta\boldsymbol{A}_{2i} = \boldsymbol{D}\boldsymbol{K}_i(t)\boldsymbol{E}_{2i}, i = 1,2$$

应用定理 4.2 以及文献[62,81,85]的方法求得保证系统(4.50)鲁棒稳定的最大时滞,对比结果见表 4.2. 可以看出本章所得到的鲁棒稳定性准则具有更小的保守性.

上例中所考虑的不确定系统忽略了外界输入的作用,下面我们对上述不确定系统(4.50)引入输入信号,进一步验证本章中所得的鲁棒稳定性降低了已有文献结果的保守性.

表 4.2 最大时滞上限比较

来源	最大时滞
文献[62]	1.168
文献[81]	1.211 9
文献[85]	1.353
定理 4.2	5.232

例 4.3 考虑如下具有输入的不确定 T-S 模糊时滞系统(文献[89])的稳定性(隶属度函数同例 2.1),即

$$\dot{\boldsymbol{x}}(t) = \sum_{i=1}^{2} w_i(\boldsymbol{x}(t))[(\boldsymbol{A}_{1i} + \Delta\boldsymbol{A}_{1i}(t))\boldsymbol{x}(t) +$$

$$(\boldsymbol{A}_{2i}+\Delta\boldsymbol{A}_{2i}(t))\boldsymbol{x}(t-\tau)+\boldsymbol{B}_i\boldsymbol{u}(t)] \tag{4.51}$$

其中引进形如式(1.17)的模糊控制器,系统矩阵参数为

$$\boldsymbol{A}_{11}=\begin{bmatrix}0 & 0.6\\0 & 1\end{bmatrix},\boldsymbol{A}_{21}=\begin{bmatrix}0.5 & 0.9\\1 & 1.6\end{bmatrix},\boldsymbol{A}_{12}=\begin{bmatrix}1 & 0\\1 & 0\end{bmatrix}$$

$$\boldsymbol{A}_{22}=\begin{bmatrix}0.9 & 0\\1 & 1.6\end{bmatrix},\boldsymbol{E}_{11}=\boldsymbol{E}_{12}=\begin{bmatrix}-0.15 & 0.2\\0 & 0.04\end{bmatrix},\boldsymbol{I}=\begin{bmatrix}1 & 0\\0 & 1\end{bmatrix}$$

$$\boldsymbol{E}_{21}=\boldsymbol{E}_{22}=\begin{bmatrix}-0.05 & -0.35\\0.08 & -0.45\end{bmatrix},\boldsymbol{D}=\begin{bmatrix}0.03 & 0\\0 & 0.03\end{bmatrix},\boldsymbol{B}_1=\boldsymbol{B}_2=\begin{bmatrix}1\\1\end{bmatrix}$$

且系统中不确定参数满足

$$\Delta\boldsymbol{A}_{1i}=\boldsymbol{D}\boldsymbol{K}_i(t)\boldsymbol{E}_{1i},\Delta\boldsymbol{A}_{2i}=\boldsymbol{D}\boldsymbol{K}_i(t)\boldsymbol{E}_{2i},i=1,2$$

下面验证定理4.2在降低保守性方面的有效性.此时假设反馈增益矩阵是已知的,即

$$\boldsymbol{F}_1=[18.6473\quad -55.3714],\boldsymbol{F}_2=[30.0944\quad -85.4340]$$

利用定理4.2及文献[85,89]的方法求得保证系统渐近稳定的最大时滞上界,对比结果见表4.3.可以看出当反馈增益矩阵相同时,本书所提出的方法同样能够得到比较大的时滞上界,因此与文献[85,89]的结果相比具有更小的保守性.

表4.3 最大时滞上限比较

来源	最大时滞
文献[85]	1.380
文献[89]	1.094
定理4.2	2.25

从以上三个数值例子的对比结果可见本章所提出的方法在稳定性、鲁棒稳定性方面降低了已有文献的保守性,同时具有较少的决策变量,从而减少了计算的复杂度,因此更加高效.

下面的例子进一步验证本章所提出的鲁棒镇定条件的有效性.

例4.4 考虑由如下常时滞的不确定T-S模糊模型所描述的复杂的非线性时滞系统.

模糊规则1:如果 $x_1(t)$ 属于 M_1^1,那么

$$\dot{\boldsymbol{x}}(t)=(\boldsymbol{A}_{11}+\Delta\boldsymbol{A}_{11})\boldsymbol{x}(t)+(\boldsymbol{A}_{21}+\Delta\boldsymbol{A}_{21})\boldsymbol{x}(t-\tau)+\boldsymbol{B}_1\boldsymbol{u}(t) \quad (4.52)$$

模糊规则 2:如果 $x_1(t)$ 属于 M_1^2,那么

$$\dot{\boldsymbol{x}}(t)=(\boldsymbol{A}_{12}+\Delta\boldsymbol{A}_{12})\boldsymbol{x}(t)+(\boldsymbol{A}_{22}+\Delta\boldsymbol{A}_{22})\boldsymbol{x}(t-\tau)+\boldsymbol{B}_2\boldsymbol{u}(t) \quad (4.53)$$

系统的各个矩阵参数为

$$\boldsymbol{A}_{11}=\begin{bmatrix}0 & 1\\ 0.1 & -2\end{bmatrix},\boldsymbol{A}_{21}=\boldsymbol{A}_{22}=\begin{bmatrix}0.1 & 0\\ 0.1 & -0.2\end{bmatrix}$$

$$\boldsymbol{A}_{12}=\begin{bmatrix}0 & 1\\ 0 & -0.5-1.5\beta\end{bmatrix},\boldsymbol{B}_1=\boldsymbol{B}_2=\begin{bmatrix}0\\ 1\end{bmatrix}$$

$$\boldsymbol{E}_{11}=\boldsymbol{E}_{12}=\begin{bmatrix}-0.15 & 0.2\\ 0 & 0.04\end{bmatrix},\boldsymbol{E}_{21}=\boldsymbol{E}_{22}=\begin{bmatrix}-0.05 & -0.35\\ 0.08 & -0.45\end{bmatrix}$$

$$\boldsymbol{D}_1=\boldsymbol{D}_2=\begin{bmatrix}-0.03 & 0\\ 0 & 0.03\end{bmatrix},\beta=\frac{0.01}{\pi}$$

且系统中不确定参数满足

$$\Delta\boldsymbol{A}_{1i}=\boldsymbol{D}_i\boldsymbol{K}_i(t)\boldsymbol{E}_{1i},\Delta\boldsymbol{A}_{2i}=\boldsymbol{D}_i\boldsymbol{K}_i(t)\boldsymbol{E}_{2i},i=1,2$$

并且其隶属度函数的结构表达式如下(文献[11])(图 4.1)

$$w_1(x_1(t))=\left(1-\frac{c(t)\sin(|x_1(t)|^{-4})^5}{1+e^{-100x_1(t)^3(1-x_1(t))}}\right)\frac{\cos(x_1(t))^2}{1+e^{-2.5x_1(t)\left(3+\frac{x_1(t)}{0.42}\right)}}$$

$$w_2(x_1(t))=1-w_1(x_1(t)) \quad (4.54)$$

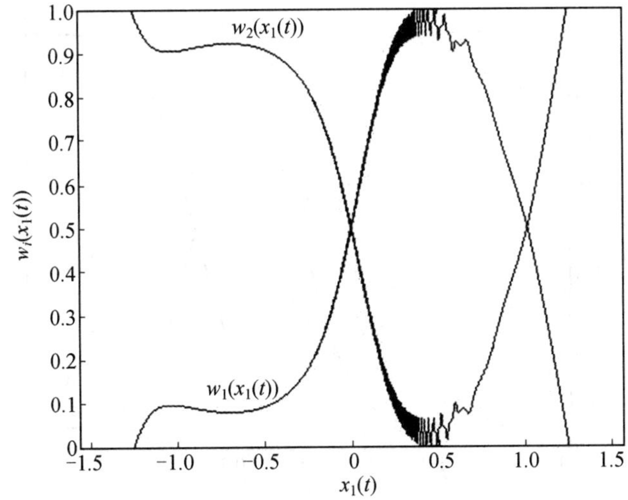

图 4.1　被控对象的隶属度函数 $w_1(x_1(t)),w_2(x_1(t))$

其中

$$x_1(t) \in \left[-\frac{\pi}{2},\frac{\pi}{2}\right],c(t)=\frac{\sin(x_1(t))+1}{40} \in [-0.05,0.05] \quad (4.55)$$

于是全局不确定 T-S 模糊时滞控制系统可以表示如下

$$\dot{\boldsymbol{x}}(t)=\sum_{i=1}^{2} w_i(x_1(t))[(\boldsymbol{A}_{1i}+\Delta\boldsymbol{A}_{1i})\boldsymbol{x}(t)+(\boldsymbol{A}_{2i}+\Delta\boldsymbol{A}_{2i})\boldsymbol{x}(t-\tau)+\boldsymbol{B}_i\boldsymbol{u}(t)] \quad (4.56)$$

基于上述 T-S 模糊模型,由定理 4.4 设计如下具有两条模糊规则的状态反馈镇定控制器.

模糊规则 1:如果 $x_1(t)$ 属于 N_1^1,那么

$$\boldsymbol{u}(t)=\boldsymbol{F}_1 x_1(t) \quad (4.57)$$

模糊规则 2:如果 $x_1(t)$ 属于 N_1^2,那么

$$\boldsymbol{u}(t)=\boldsymbol{F}_2 x_1(t) \quad (4.58)$$

由上述描述我们可以看见,被控对象的隶属度函数(4.54) 的结构非常复杂,那么利用传统的并行补偿控制器设计方法将会增加控制器执行的难度. 特别地,如果式(4.54) 中的参数 $c(t)$ 是未知的,那么甚至会导致模糊控制器无法执行. 然而利用定理 4.4,我们可以选取如下简单结构,不同于被控对象的隶属度函数 m_j 作为模糊控制器的隶属度函数(结构如图 4.2 所示),即

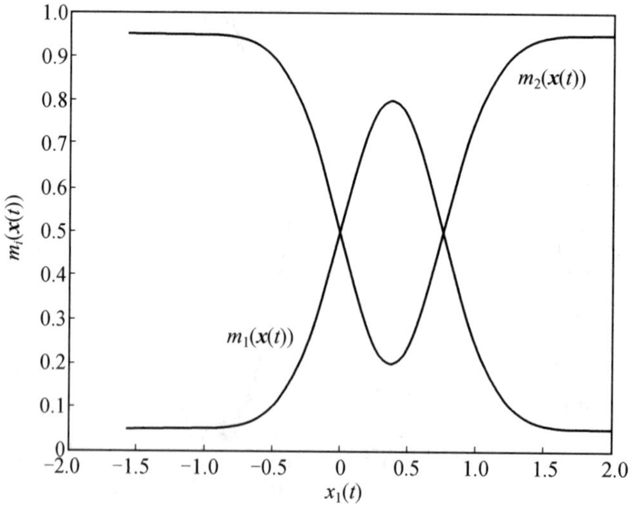

图 4.2　控制器的隶属度函数 $m_1(\boldsymbol{x}(t)),m_2(\boldsymbol{x}(t))$

$$m_1(\boldsymbol{x}(t)) = 0.75\mathrm{e}^{\frac{-(\boldsymbol{x}(t)-0.38)^2}{2\times 0.38^2}} + 0.05$$
$$m_2(\boldsymbol{x}(t)) = 1 - m_1(\boldsymbol{x}(t)) \tag{4.59}$$

于是全局状态反馈控制器可以描述为

$$\boldsymbol{u}(t) = \sum_{j=1}^{2} m_j(\boldsymbol{x}(t))\boldsymbol{F}_j\boldsymbol{x}(t) \tag{4.60}$$

首先验证定理 4.3 对于降低稳定性及鲁棒稳定性条件保守性的有效性.

(1) 当 $\Delta\boldsymbol{A}_{1i} = 0, \Delta\boldsymbol{A}_{2i} = 0$ 时，系统退化为标称的 T-S 模糊时滞系统. 令 $\rho_1 = 0.85, \rho_2 = 0.95, t_2 = 1.5, t_3 = 0.2, t_4 = 0.1, t_5 = 0.1$，利用定理 4.3 求得保证系统(4.56) 渐近稳定的最大时滞以及相应的状态反馈增益矩阵. 与文献[135-136] 中所提的方法进行比较，结果见表 4.4. 可以看出利用本章方法在得到更大的时滞上界的同时可以得到更小的反馈增益矩阵，因此可以说明本章所提出的方法在降低保守性的同时更有优势.

表 4.4　$\Delta\boldsymbol{A}_{1i} = 0, \Delta\boldsymbol{A}_{2i} = 0$ 时，最大时滞上限和反馈增益矩阵比较

来源	最大时滞	反馈增益矩阵
文献[135]	1.725	$\boldsymbol{F}_1 = [30.6571 \quad 10.0442], \boldsymbol{F}_2 = [30.6589 \quad 11.1803]$
文献[136]	8.0345	$\boldsymbol{F}_1 = [-21.8139 \quad -55.0597], \boldsymbol{F}_2 = [-21.8139 \quad -56.1183]$
定理 4.3	12.02	$\boldsymbol{F}_1 = [-2.6146 \quad -6.1300], \boldsymbol{F}_2 = [-2.5393 \quad -7.5190]$

(2) 当 $\Delta\boldsymbol{A}_{1i} \neq 0, \Delta\boldsymbol{A}_{2i} \neq 0$ 时，系统中含有不确定项，因此文献[135] 中的方法无法设计保证该不确定系统稳定的反馈控制器. 然而我们可以利用文献[136] 以及定理 4.4 的方法求得保证不确定系统(4.56) 渐近稳定的最大时滞及相应的状态反馈增益矩阵. 表 4.5 列出了与文献[136] 的对比结果.

表 4.5　$\Delta\boldsymbol{A}_{1i} = 0, \Delta\boldsymbol{A}_{2i} = 0$ 时，最大时滞上限和反馈增益矩阵比较

来源	最大时滞	反馈增益矩阵
文献[136]	7.3	$\boldsymbol{F}_1 = [-11.5810 \quad -32.2849], \boldsymbol{F}_2 = [-11.5810 \quad -36.7801]$
定理 4.4	12	$\boldsymbol{F}_1 = [-3.9533 \quad -9.2651], \boldsymbol{F}_2 = [-3.8765 \quad -10.6667]$

由以上对比结果可以看出，本章的稳定性方法确实降低了已有文献的保守性，换句话说，也验证了本章引进含有三重积分的 Lyapunov 泛函去减少保守性的分析思路的正确性.

下面具体验证定理 4.4 所提出的前提不匹配的控制器设计方法的有效性，并说明本章的设计方法对比原有的传统的并行补偿控制器设计方法更有优势.

为了满足定理 4.4 的条件，令 $\rho_1 = 0.85$，$\rho_2 = 0.95$，使得对于 $j = 1,2$ 及 $x_1(t)$，满足

$$m_j(x_1(t)) - \rho_j w_j(x_1(t)) > 0$$

下面将表 4.5 中求得的控制增益矩阵代入式(4.60)，得到相应的模糊控制律

$$\boldsymbol{u}(t) = m_1[-3.9533 \quad -9.2651]\boldsymbol{x} + m_2[-3.8756 \quad -10.6667]\boldsymbol{x}$$

设初始条件为

$$\boldsymbol{x}_0(t) = [3 \quad -1]^{\mathrm{T}}, t \in [-12, 0]$$

以及不确定矩阵

$$\boldsymbol{K}_i(t) = \mathrm{diag}[\sin t \quad \cos t], i = 1,2$$

给出算例的仿真结果(如图4.3及4.4). 图4.3和图4.4分别给出了闭环控制系统的状态响应曲线和控制输入曲线. 由此可以看出 T-S 模糊系统(4.51)所描述的非线性系统在控制器(4.60)的作用下是渐近稳定的. 因此进一步验证了本书方法的正确性和设计的有效性.

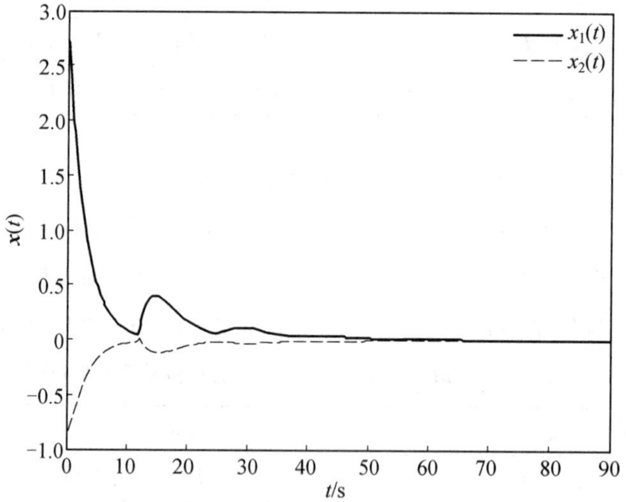

图 4.3　当系统时滞 $\tau = 12$ 时，闭环控制系统的状态响应曲线

例 4.4 可以很好地体现本书所提出的控制器设计方法的优越性. 在例 4.4 中被控对象的隶属度函数的结构非常复杂，因此如果利用传统的并行补偿控制器设计方法，由于其设计方法的特点，要求模糊控制器的隶属度函数与被控对

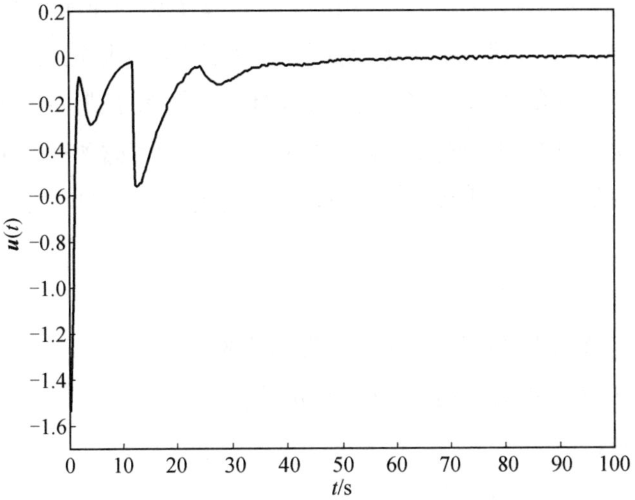

图 4.4　当系统时滞 $\tau = 12$ 时，相应闭环控制系统的输入曲线

象的隶属度函数相同，从而会增大模糊控制器执行的难度；另外，如果被控对象的隶属度函数 $w_1(x_1(t))$ 中的 $c(t)$ 是未知的，那么此时传统的并行补偿控制器设计方法将会失效. 然而，利用定理 4.4 我们可以选取相对简单，易于实现的隶属度函数去代替复杂的不确定的隶属度函数来作为模糊控制器的隶属度函数，比如式(4.59). 因此降低了控制器执行的难度，同时避免了控制器无法执行的情况发生，进一步提高了控制器设计的灵活性. 由此定理 4.4 对于含有不确定隶属度函数的 T-S 模糊时滞模型同样适用. 换句话说，定理 4.4 的设计方法具有更大的使用范围.

4.2.4　仿真实例

依据例 2.2 中仿真实例的设计步骤，进一步考虑实际直升机 CE150 模型的稳定性问题，主要设计前提不匹配的模糊控制器使得该系统是渐近稳定的，从而进一步验证本章所提出的设计方法的有效性.

例 4.5　CE150 直升机模型如图 4.5 所示，该系统由机身、两个 DC 发动机和一个伺服电机构成. 其中两个 DC 发动机分别用来控制机身上方与机体尾部的螺旋桨叶片，伺服电机用来控制机体的重心位置. 机身相对于水平方向的方位角以及垂直方向的俯仰角的大小分别由机体尾部与机身上方的螺旋桨叶片旋转而产生，并且假设机身的旋转角度是可测的. 由以上描述可以看出该直升机系统的动力学数学模型是一个典型的2输入、2输出的强耦合系统. 为了研究问题方便,本例中假设机身的水平位置角度(方位角)是固定的,仅仅考虑机身在竖直方向的位置角度,即只考虑系统的俯仰通道. 为了进一步验证本书方法针对该系统更为复杂的情况同样是有效的,在此我们考虑含有时滞的CE150直升机系统(文献[127]). 那么此时直升机在俯仰通道平面的动力学数学模型可以描述如下

$$I\ddot{\psi}(t)=\tau(t-h)-\tau_f(t)-\tau_m(t) \tag{4.61}$$

其中,I 为机身绕水平轴的转动惯量;τ 为仰角驱动力矩;h 为时间滞后项;$\tau_f(t)$ 为机体上下摆动时引起的摩擦力所产生的摩擦扭矩;$\tau_m(t)$ 为由重力产生的扭矩;ψ 为俯仰角.

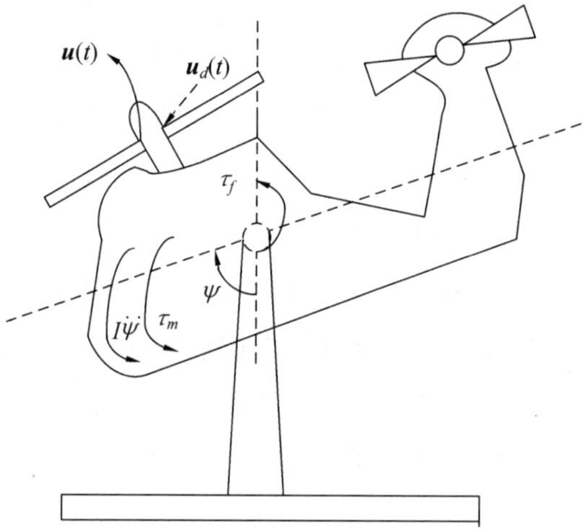

图 4.5　CE150 直升机的纵向切面图

由图4.5可以看出,当 $\psi=0$ 时,此时机身点向下;当 $\psi=\frac{\pi}{2}$ 时,此时机身处于水平方向. 我们假设在初始时刻,当机身俯仰角 $\psi=\frac{\pi}{4}$ 时,此时机身处于静止状态. 进一步得到关于扭矩的关系式如下

$$\tau_f(t)=B_\psi\dot{\psi}(t) \tag{4.62}$$

$$\tau_m(t)=mgl\sin\psi(t)=\tau_g\sin\psi(t) \tag{4.63}$$

其中,B_ψ 为摩擦系数;m 为直升机的质量;g 为重力加速度;l 为机身重心与支撑点的距离.

下面单独考虑机身上方的电机 - 螺旋桨,得到以下动态方程

$$\tau(t) = a\boldsymbol{u}_d^2(t) + b\boldsymbol{u}_d(t) \tag{4.64}$$

$$T^2\ddot{\boldsymbol{u}}_d(t) + 2T\dot{\boldsymbol{u}}_d(t) + \boldsymbol{u}_d(t) = \boldsymbol{u}(t) \tag{4.65}$$

其中,$\boldsymbol{u}_d(t)$ 为螺旋桨的电枢电压;$\boldsymbol{u}(t)$ 为控制输入;a,b,T 为一些常数量.

由此方程(4.61) ~ (4.65) 就构成了含有时滞的直升机 CE150 系统在俯仰通道平面的非线性系统方程,其中

$$I = 2.64 \times 10^{-3}(\mathrm{kg}\cdot\mathrm{m})$$

$$B_\psi = 5.43 \times 10^{-3}(\mathrm{N}\cdot\mathrm{m})$$

$$\tau_g = 7.66 \times 10^{-2}(\mathrm{N}\cdot\mathrm{m})$$

$$a = 0.109, b = 2.76 \times 10^{-2}, T = 0.2$$

下面建立能够描述上述非线性系统的 T-S 模糊时滞模型. 采用含有三条模糊逻辑规则的 T-S 模糊模型对其进行近似描述,具体描述如下.

模糊规则 1:如果 $\psi(t)$ 属于$\frac{3\pi}{4}$,那么

$$\dot{\boldsymbol{x}}(t) = (\boldsymbol{A}_{11} + \boldsymbol{D}_1\boldsymbol{K}(t)\boldsymbol{E}_{11})\boldsymbol{x}(t) + (\boldsymbol{A}_{21} + \boldsymbol{D}_1\boldsymbol{K}(t)\boldsymbol{E}_{21})\boldsymbol{x}(t-h) + \boldsymbol{B}_1\boldsymbol{u}(t) \tag{4.66}$$

模糊规则 2:如果 $\psi(t)$ 属于$\frac{4\pi}{9}$,那么

$$\dot{\boldsymbol{x}}(t) = (\boldsymbol{A}_{12} + \boldsymbol{D}_2\boldsymbol{K}(t)\boldsymbol{E}_{12})\boldsymbol{x}(t) + (\boldsymbol{A}_{22} + \boldsymbol{D}_2\boldsymbol{K}(t)\boldsymbol{E}_{22})\boldsymbol{x}(t-h) + \boldsymbol{B}_2\boldsymbol{u}(t) \tag{4.67}$$

模糊规则 3:如果 $\psi(t)$ 属于$\frac{17\pi}{36}$,那么

$$\dot{\boldsymbol{x}}(t) = (\boldsymbol{A}_{13} + \boldsymbol{D}_3\boldsymbol{K}(t)\boldsymbol{E}_{13})\boldsymbol{x}(t) + (\boldsymbol{A}_{23} + \boldsymbol{D}_3\boldsymbol{K}(t)\boldsymbol{E}_{23})\boldsymbol{x}(t-h) + \boldsymbol{B}_3\boldsymbol{u}(t) \tag{4.68}$$

其中

$$\boldsymbol{x}(t) = [\psi(t) \quad u_d(t) \quad \dot{\psi}(t) \quad \dot{u}_d(t)]^{\mathrm{T}}$$

并且

$$\boldsymbol{A}_{11} = \begin{bmatrix} 0 & 0 & 1 & 0 \\ 0 & 0 & 0 & 1 \\ -\dfrac{\tau_g\cos\overline{\psi}_1}{I} & 0 & \dfrac{-B_\psi}{I} & 0 \\ 0 & \dfrac{-1}{T^2} & 0 & \dfrac{-2}{T} \end{bmatrix}$$

$$
\boldsymbol{A}_{12}=\begin{bmatrix} 0 & 0 & 1 & 0 \\ 0 & 0 & 0 & 1 \\ \dfrac{-\tau_g\cos\bar{\psi}_2}{I} & 0 & \dfrac{-B_\psi}{I} & 0 \\ 0 & \dfrac{-1}{T^2} & 0 & \dfrac{-2}{T} \end{bmatrix}
$$

$$
\boldsymbol{A}_{13}=\begin{bmatrix} 0 & 0 & 1 & 0 \\ 0 & 0 & 0 & 1 \\ \dfrac{-\tau_g\cos\bar{\psi}_3}{I} & 0 & \dfrac{-B_\psi}{I} & 0 \\ 0 & \dfrac{-1}{T^2} & 0 & \dfrac{-2}{T} \end{bmatrix}
$$

$$
\boldsymbol{A}_{21}=\begin{bmatrix} 0 & 0 & 0 & 0 \\ 0 & 0 & 0 & 0 \\ 0 & \dfrac{2a\bar{u}_{d1}+b}{I} & 0 & 0 \\ 0 & 0 & 0 & 0 \end{bmatrix}
$$

$$
\boldsymbol{A}_{22}=\begin{bmatrix} 0 & 0 & 0 & 0 \\ 0 & 0 & 0 & 0 \\ 0 & \dfrac{2a\bar{u}_{d2}+b}{I} & 0 & 0 \\ 0 & 0 & 0 & 0 \end{bmatrix}
$$

$$
\boldsymbol{A}_{23}=\begin{bmatrix} 0 & 0 & 0 & 0 \\ 0 & 0 & 0 & 0 \\ 0 & \dfrac{2a\bar{u}_{d3}+b}{I} & 0 & 0 \\ 0 & 0 & 0 & 0 \end{bmatrix}
$$

$$
\boldsymbol{B}_1=\boldsymbol{B}_2=\boldsymbol{B}_3=\begin{bmatrix} 0 & 0 & 0 & \dfrac{1}{T^2} \end{bmatrix}^{\mathrm{T}}
$$

$$
\boldsymbol{D}_1=\boldsymbol{D}_2=\boldsymbol{D}_3=[0 \quad 0 \quad 0.5 \quad 0]^{\mathrm{T}}
$$

$$
\boldsymbol{E}_{11}=\boldsymbol{E}_{13}=[0.1 \quad 0 \quad 0.2 \quad 0]
$$

$$\boldsymbol{E}_{12} = [0.2 \quad 0 \quad 0.4 \quad 0]$$

$$\boldsymbol{E}_{21} = \boldsymbol{E}_{23} = [0 \quad 0.2 \quad 0 \quad 0]$$

$$\boldsymbol{E}_{22} = [0 \quad 0.4 \quad 0 \quad 0]$$

$$\bar{\psi}_1 = \frac{75 \times \pi}{180}, \bar{\psi}_2 = \frac{80 \times \pi}{180}, \bar{\psi}_3 = \frac{85 \times \pi}{180}$$

$$u_{d1} = 0.7196, u_{d2} = 0.7212, u_{d3} = 0.7196$$

相应的隶属度函数选取如下(其结构如图 4.6 所示)

$$w_1(\psi(t)) = \mathrm{e}^{-\frac{(\psi(t)-75)^2}{2\times 2^2}} \tag{4.69}$$

$$w_2(\psi(t)) = \mathrm{e}^{-\frac{(\psi(t)-80)^2}{2\times 1.5^2}} \tag{4.70}$$

$$w_3(\psi(t)) = \mathrm{e}^{\frac{-(\psi(t)-85)^2}{2\times 2^2}} \tag{4.71}$$

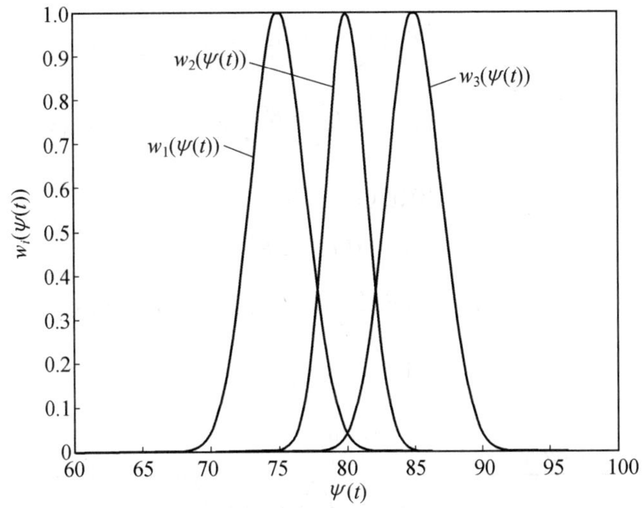

图 4.6　被控系统所选取的隶属度函数

基于上述 T-S 模糊时滞模型,构造如下含有三条模糊规则的前提不匹配的模糊控制器.

模糊规则 1:如果 $\psi(t)$ 属于$\frac{3\pi}{4}$,那么

$$\boldsymbol{u}(t) = \boldsymbol{F}_1\boldsymbol{x}(t) \tag{4.72}$$

模糊规则 2:如果 $\psi(t)$ 属于$\frac{4\pi}{9}$,那么

$$\boldsymbol{u}(t) = \boldsymbol{F}_2\boldsymbol{x}(t) \tag{4.73}$$

模糊规则 3：如果 $\psi(t)$ 属于$\frac{17\pi}{36}$，那么

$$\boldsymbol{u}(t)=\boldsymbol{F}_3\boldsymbol{x}(t) \tag{4.74}$$

从而全局状态反馈控制器可以表示为

$$\boldsymbol{u}(t)=\sum_{j=1}^{3}m_j(\psi(t))\boldsymbol{F}_j\boldsymbol{x}(t) \tag{4.75}$$

并且隶属度函数可以选取如下形式(结构如图 4.7 所示)

$$m_1(\psi(t))=\begin{cases}1,\psi(t)\leqslant 75\\1-\dfrac{\psi(t)-75}{5},75\leqslant\psi(t)\leqslant 80\\0,\psi(t)\geqslant 80\end{cases} \tag{4.76}$$

$$m_2(\psi(t))=\begin{cases}0,\psi(t)\leqslant 75\\\dfrac{\psi(t)-75}{5},75\leqslant\psi(t)\leqslant 80\\1-\dfrac{\psi(t)-80}{5},80\leqslant\psi(t)\leqslant 85\\0,\psi(t)\geqslant 85\end{cases} \tag{4.77}$$

$$m_3(\psi(t))=\begin{cases}0,\psi(t)\leqslant 85\\\dfrac{\psi(t)-80}{5},80\leqslant\psi(t)\leqslant 85\\1,x_1\geqslant 85\end{cases} \tag{4.78}$$

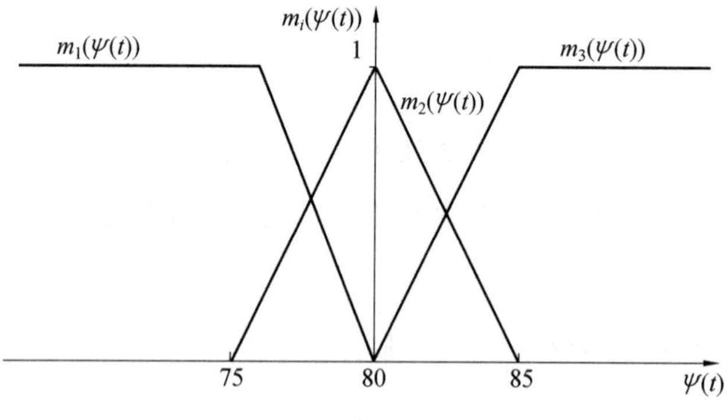

图 4.7　模糊控制器的隶属度函数

下面利用我们所构造的控制器(4.75) 去镇定原非线性系统(4.61) ~ (4.65)，从而验证定理 4.4 方法的有效性. 取 $\rho_1=0.75,\rho_2=0.8,\rho_3=0.85$ 使

得对于所有的 j 和 $\psi(t)$ 满足

$$m_j(\psi(t)) - \rho_j w_j(\psi(t)) > 0$$

令

$$t_2 = 1.2, t_3 = 1.4, t_4 = 0.2, t_5 = 0.2$$

此时求得最大时滞上界 $h = 0.82$,且相应的反馈增益矩阵为

$$\boldsymbol{F}_1 = [-0.4571 \quad -9.0067 \quad -0.2117 \quad -1.1731]$$

$$\boldsymbol{F}_2 = [-0.4449 \quad -8.4115 \quad -0.1987 \quad -1.1252]$$

$$\boldsymbol{F}_3 = [-0.4911 \quad -8.8811 \quad -0.2120 \quad -1.1666]$$

将上述所得的控制器增益矩阵代入式(4.75),结合非线性系统(4.61) ~ (4.65),图4.8和4.9分别显示了在初始值$\boldsymbol{x}(0)=[\frac{\pi}{4} \quad 0 \quad 0 \quad 0]^{\mathrm{T}}$以及滞后时间为$h=0.82$的条件下,机身的俯仰角度受到反馈控制器(4.75)作用的变化曲线和控制输入曲线.

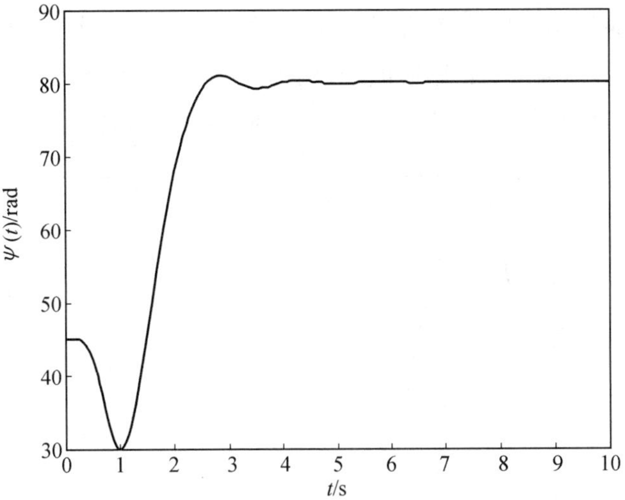

图 4.8　时滞 $h = 0.82$ 时,机身俯仰角的变化曲线

由此可以看出由本节方法所设计的模糊状态反馈控制器(4.75) 可以保证非线性系统(4.61) ~ (4.65) 是渐近稳定的. 对比文献[127] 的方法,当选取同样初始条件和滞后时间时,给出机身的俯仰角度的变化曲线,如图 4.10 所示. 此时机身的俯仰角度曲线处于发散的状态. 所以当选取滞后时间 $h = 0.82$ 时,文献[127] 的方法不能够保证系统处于稳定的状态,从而说明本章所提出的方

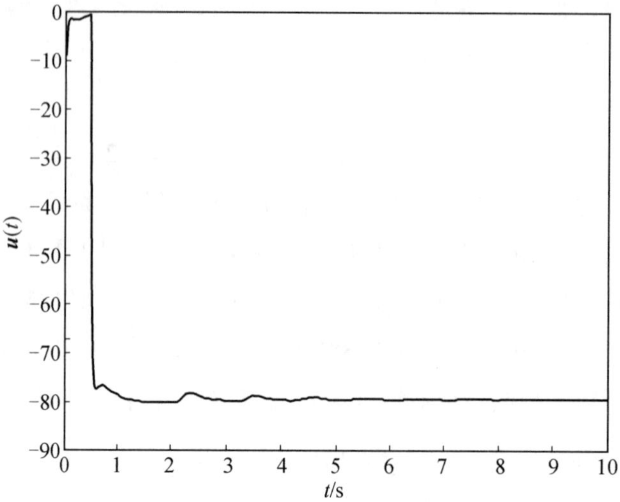

图 4.9 直升机系统的控制输入曲线

法具有更广泛的适用性,因此具有更小的保守性. 另外,从控制器设计角度来看,本例中选取了结构更为简单的函数(4.76) ~ (4.78) 来作为模糊控制器的隶属度函数,从而降低了控制器执行的难度,同时由于模糊控制器隶属度函数的选取有了更大的自由性,从而也提高了控制器设计的灵活性.

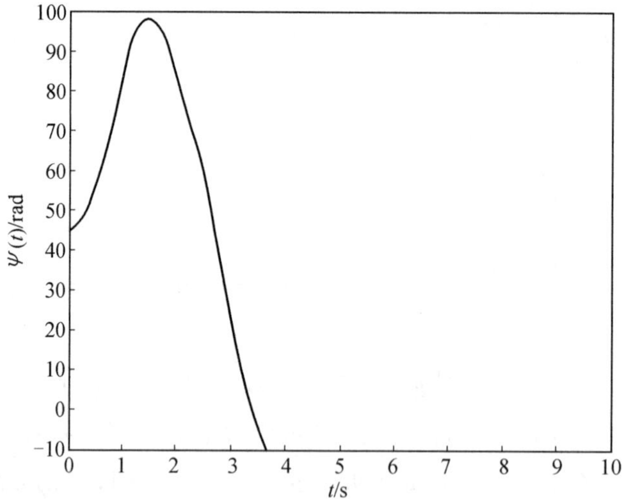

图 4.10 时滞 $h = 0.82$ 时,文献[127] 中机身俯仰角度变化曲线

4.3 变时滞 T-S 模糊系统的鲁棒稳定性分析

4.3.1 系统描述

考虑一个由 T-S 模糊时滞模型描述的变时滞的非线性系统.

令 r 表示非线性时滞系统的模糊规则数,那么第 i 条模糊规则可以表示如下.

模糊规则 i:如果 $z_1(t)$ 属于 $M_1^i,\cdots\cdots,z_p(t)$ 属于 M_p^i,那么

$$\begin{gathered}\dot{\boldsymbol{x}}(t)=(\boldsymbol{A}_{1i}+\Delta\boldsymbol{A}_{1i}(t))\boldsymbol{x}(t)+(\boldsymbol{A}_{2i}+\Delta\boldsymbol{A}_{2i}(t))\boldsymbol{x}(t-d(t))\\ \boldsymbol{x}(t)=\boldsymbol{\varphi}(t),t\in[-h,0]\end{gathered}\tag{4.79}$$

其中,$M_\alpha^i(\alpha=1,2,\cdots,p;i=1,2,\cdots,r)$ 代表模糊集;$z_k(t)(k=1,2,\cdots,r)$ 表示不依赖输入变量的前件变量;$\boldsymbol{x}(t)\in\mathbf{R}^n$ 是系统的状态向量;$\boldsymbol{A}_{1i},\boldsymbol{A}_{2i}(i=1,2,\cdots,r)$ 表示具有适当维数的系统矩阵;$\Delta\boldsymbol{A}_{1i}$ 和 $\Delta\boldsymbol{A}_{2i}$ 表示系统中的不确定项,并且满足

$$[\Delta\boldsymbol{A}_{1i}(t)\quad\Delta\boldsymbol{A}_{2i}(t)]=\boldsymbol{D}_i\boldsymbol{K}_i(t)[\boldsymbol{E}_{1i}\quad\boldsymbol{E}_{2i}],i=1,2,\cdots,r\tag{4.80}$$

$\boldsymbol{D}_i,\boldsymbol{E}_{1i}$ 和 $\boldsymbol{E}_{2i}$ 表示具有适当维数的参数矩阵;$\boldsymbol{K}_i(t)$ 满足 $\boldsymbol{K}_i^{\mathrm{T}}(t)\boldsymbol{K}_i(t)\leqslant\boldsymbol{I}$,$\boldsymbol{I}$ 为具有适当维数的单位矩阵;$d(t)$ 表示时变时滞项,并且满足

$$0\leqslant d(t)\leqslant h,\dot{d}(t)\leqslant\mu\tag{4.81}$$

其中,h,μ 均为常数;$\boldsymbol{\varphi}(t)$ 是定义在 $t\in[-h,0]$ 上的初始函数.

那么全局动态模糊模型(4.79)可以表示为

$$\dot{\boldsymbol{x}}(t)=\sum_{i=1}^{r}w_i(\boldsymbol{z}(t))[(\boldsymbol{A}_{1i}+\Delta\boldsymbol{A}_{1i}(t))\boldsymbol{x}(t)+(\boldsymbol{A}_{2i}+\Delta\boldsymbol{A}_{2i}(t))\boldsymbol{x}(t-d(t))]\tag{4.82}$$

其中

$$\sum_{i=1}^{r}w_i(\boldsymbol{z}(t))=1,w_i(\boldsymbol{z}(t))\geqslant 0\tag{4.83}$$

$$w_i(\boldsymbol{z}(t))=\frac{\mu_i(\boldsymbol{z}(t))}{\sum_{i=1}^{r}\mu_i(\boldsymbol{z}(t))},\mu_i(\boldsymbol{z}(t))=\prod_{k=1}^{p}\mu_{M_k^i}z_k(t)\tag{4.84}$$

$w_i(\boldsymbol{z}(t))(i=1,2,\cdots,r)$ 表示归一化的隶属度函数,并且 $\mu_{M_k^i}(z_k(t))$ 为前件变

量 $z_k(t)$ 在模糊集 M_k^i 对应的隶属度函数,定理证毕.

4.3.2 鲁棒稳定性分析

考虑下面标称系统的稳定性,即当 $\Delta\boldsymbol{A}_{1i}(t)=0,\Delta\boldsymbol{A}_{2i}(t)=0$ 时,系统可以描述为

$$\dot{\boldsymbol{x}}(t)=\sum_{i=1}^{r}w_i(\boldsymbol{z}(t))(\boldsymbol{A}_{1i}\boldsymbol{x}(t)+\boldsymbol{A}_{2i}\boldsymbol{x}(t-d(t))) \tag{4.85}$$

定理 4.5 给定标量 $h\geqslant 0$ 以及 μ,具有时变时滞的标称模糊系统(4.85)是渐近稳定的,如果存在公共矩阵

$$\boldsymbol{Q}_1>0,\boldsymbol{Q}_2>0,\boldsymbol{Q}_3>0$$

$$\boldsymbol{Z}_1>0,\boldsymbol{Z}_2>0$$

$$\rho_i\boldsymbol{\Psi}_{ii}-\rho_i\overline{\boldsymbol{\Lambda}}_i+\overline{\boldsymbol{\Lambda}}_i<0$$

$$\boldsymbol{P}=\begin{bmatrix}\boldsymbol{P}_{11} & \boldsymbol{P}_{12} & \boldsymbol{P}_{13}\\ \boldsymbol{P}_{12}^{\mathrm{T}} & \boldsymbol{P}_{22} & \boldsymbol{P}_{23}\\ \boldsymbol{P}_{13}^{\mathrm{T}} & \boldsymbol{P}_{23}^{\mathrm{T}} & \boldsymbol{P}_{33}\end{bmatrix}>0$$

以及矩阵 $\boldsymbol{T}_i,i=1,2,\cdots,6$,使得

$$\boldsymbol{\Phi}_i=\begin{bmatrix}\boldsymbol{\Phi}_{11i} & \boldsymbol{\Phi}_{12i} & \boldsymbol{\Phi}_{13i} & \boldsymbol{\Phi}_{14i} & \boldsymbol{\Phi}_{15i} & \boldsymbol{\Phi}_{16i}\\ * & \boldsymbol{\Phi}_{22} & \boldsymbol{\Phi}_{23i} & \boldsymbol{T}_4^{\mathrm{T}} & \boldsymbol{\Phi}_{25} & \boldsymbol{\Phi}_{26i}\\ * & * & \boldsymbol{\Phi}_{33i} & \boldsymbol{P}_{22} & \boldsymbol{P}_{33} & -\boldsymbol{T}_3\boldsymbol{A}_{2i}\\ * & * & * & -\boldsymbol{Q}_3 & \boldsymbol{P}_{23} & -\boldsymbol{T}_4\boldsymbol{A}_{2i}\\ * & * & * & * & \boldsymbol{\Phi}_{55i} & -\boldsymbol{T}_5\boldsymbol{A}_{2i}\\ * & * & * & * & * & \boldsymbol{\Phi}_{66i}\end{bmatrix}<0 \tag{4.86}$$

其中

$$\boldsymbol{\Phi}_{11i}=\boldsymbol{P}_{13}+\boldsymbol{P}_{13}^{\mathrm{T}}+\boldsymbol{Q}_1+\boldsymbol{Q}_2-\frac{1}{h}\boldsymbol{Z}_1-2\boldsymbol{R}-\boldsymbol{T}_1\boldsymbol{A}_{1i}-\boldsymbol{A}_{1i}^{\mathrm{T}}\boldsymbol{T}_1^{\mathrm{T}}+h\boldsymbol{Z}_2$$

$$\boldsymbol{\Phi}_{12i}=\boldsymbol{P}_{11}+\boldsymbol{T}_1-\boldsymbol{A}_{1i}^{\mathrm{T}}\boldsymbol{T}_2^{\mathrm{T}}$$

$$\boldsymbol{\Phi}_{13i}=\boldsymbol{P}_{23}^{\mathrm{T}}-\boldsymbol{P}_{13}+\frac{1}{h}\boldsymbol{Z}_1-\boldsymbol{A}_{1i}^{\mathrm{T}}\boldsymbol{T}_3^{\mathrm{T}}$$

$$\boldsymbol{\Phi}_{14i}=\boldsymbol{A}_{1i}+\boldsymbol{D}_i\boldsymbol{K}_i(t)\boldsymbol{E}_{1i}$$

$$\boldsymbol{\Phi}_{15i}=\boldsymbol{P}_{33}+\frac{2\boldsymbol{R}}{h}-\boldsymbol{A}_{1i}^{\mathrm{T}}\boldsymbol{T}_5^{\mathrm{T}}$$

$$\boldsymbol{\Phi}_{16i} = -\boldsymbol{T}_1\boldsymbol{A}_{2i} - \boldsymbol{A}_{1i}^{\mathrm{T}}\boldsymbol{T}_6^{\mathrm{T}}$$

$$\boldsymbol{\Phi}_{22} = \boldsymbol{Q}_3 + h\boldsymbol{Z}_1 + \frac{1}{2}h^2\boldsymbol{R} + \boldsymbol{T}_2 + \boldsymbol{T}_2^{\mathrm{T}}$$

$$\boldsymbol{\Phi}_{23} = \boldsymbol{P}_{12} + \boldsymbol{T}_3^{\mathrm{T}}$$

$$\boldsymbol{\Phi}_{25} = \boldsymbol{P}_{13} + \boldsymbol{T}_5^{\mathrm{T}}$$

$$\boldsymbol{\Phi}_{26i} = -\boldsymbol{T}_2\boldsymbol{A}_{2i} + \boldsymbol{T}_6^{\mathrm{T}}$$

$$\boldsymbol{\Phi}_{33} = -\boldsymbol{P}_{23}^{\mathrm{T}} - \boldsymbol{P}_{23} - \boldsymbol{Q}_1 - \frac{1}{h}\boldsymbol{Z}_1$$

$$\boldsymbol{\Phi}_{55i} = -\frac{2}{h^2}\boldsymbol{R} - \frac{1}{h}\boldsymbol{Z}_2$$

$$\boldsymbol{\Phi}_{66i} = -(1-\mu)\boldsymbol{Q}_2 - \boldsymbol{T}_6\boldsymbol{A}_{2i} - \boldsymbol{A}_{2i}^{\mathrm{T}}\boldsymbol{T}_6^{\mathrm{T}}$$

证明　选取 Lyapunov-Krasovskii 函数为

$$\begin{aligned}
\boldsymbol{V}(\boldsymbol{x}(t)) = {} & \boldsymbol{\zeta}^{\mathrm{T}}(t)\boldsymbol{P}\boldsymbol{\zeta}(t) + \int_{t-h}^{t}\boldsymbol{x}^{\mathrm{T}}(s)\boldsymbol{Q}_1\boldsymbol{x}(s)\mathrm{d}s + \\
& \int_{t-d(t)}^{t}\boldsymbol{x}^{\mathrm{T}}(s)\boldsymbol{Q}_2\boldsymbol{x}(s)\mathrm{d}s + \int_{t-h}^{t}\dot{\boldsymbol{x}}^{\mathrm{T}}(s)\boldsymbol{Q}_3\boldsymbol{x}(s)\mathrm{d}s + \\
& \int_{-h}^{0}\int_{t+\theta}^{t}\dot{\boldsymbol{x}}^{\mathrm{T}}(s)\boldsymbol{Z}_1\dot{\boldsymbol{x}}(s)\mathrm{d}s\mathrm{d}\theta + \int_{-h}^{0}\int_{t+\theta}^{t}\boldsymbol{x}^{\mathrm{T}}(s)\boldsymbol{Z}_2\boldsymbol{x}(s)\mathrm{d}s\mathrm{d}\theta + \\
& \int_{-h}^{0}\int_{\theta}^{0}\int_{t+\lambda}^{t}\dot{\boldsymbol{x}}^{\mathrm{T}}(s)\boldsymbol{R}\dot{\boldsymbol{x}}(s)\mathrm{d}s\mathrm{d}\lambda\,\mathrm{d}\theta
\end{aligned} \tag{4.87}$$

其中

$$\boldsymbol{\xi}^{\mathrm{T}}(t) = \left[\boldsymbol{x}^{\mathrm{T}}(t) \quad \boldsymbol{x}^{\mathrm{T}}(t-h) \quad \left(\int_{t-h}^{t}\boldsymbol{x}(s)\mathrm{d}s\right)^{\mathrm{T}}\right] \tag{4.88}$$

且 $\boldsymbol{P},\boldsymbol{Q}_i(i=1,2,3),\boldsymbol{Z}_j(j=1,2)$ 和 $\boldsymbol{R}$ 为未知的正定矩阵.

由系统(4.85)的表达式,对于任意矩阵 $\boldsymbol{T}_i, i=1,2,\cdots,6$,有下面的等式成立

$$\begin{aligned}
& 2\sum_{i=1}^{r}w_i(z(t))\Big[\boldsymbol{x}^{\mathrm{T}}(t)\boldsymbol{T}_1 + \dot{\boldsymbol{x}}^{\mathrm{T}}(t)\boldsymbol{T}_2 + \boldsymbol{x}^{\mathrm{T}}(t-h)\boldsymbol{T}_3 + \dot{\boldsymbol{x}}^{\mathrm{T}}(t-h)\boldsymbol{T}_4 + \\
& \left(\int_{t-h}^{t}\boldsymbol{x}(s)\mathrm{d}s\right)^{\mathrm{T}}\boldsymbol{T}_5 + \boldsymbol{x}^{\mathrm{T}}(t-d(t))\boldsymbol{T}_6\Big] \times \\
& [\dot{\boldsymbol{x}}(t) - \boldsymbol{A}_{1i}\boldsymbol{x}(t) - \boldsymbol{A}_{2i}\boldsymbol{x}(t-d(t))] = 0
\end{aligned} \tag{4.89}$$

那么 $\boldsymbol{V}(\boldsymbol{x}(t))$ 沿系统(4.85)的时间导数为

$$\frac{\mathrm{d}}{\mathrm{d}t}\boldsymbol{V}(x_t) = 2\boldsymbol{\xi}^{\mathrm{T}}(t)\boldsymbol{P}\dot{\boldsymbol{\xi}}(t) + \boldsymbol{x}^{\mathrm{T}}(t)\boldsymbol{Q}_1\boldsymbol{x}(t) - \boldsymbol{x}^{\mathrm{T}}(t-h)\boldsymbol{Q}_1\boldsymbol{x}(t-h) +$$

$$
\begin{aligned}
&\boldsymbol{x}^{\mathrm{T}}(t)\boldsymbol{Q}_2\boldsymbol{x}(t)+\dot{\boldsymbol{x}}^{\mathrm{T}}(t)\boldsymbol{Q}_3\dot{\boldsymbol{x}}(t)-\\
&(1-\dot{d}(t))\boldsymbol{x}^{\mathrm{T}}(t-d(t))\boldsymbol{Q}_2\boldsymbol{x}(t-d(t))+\\
&h\dot{\boldsymbol{x}}^{\mathrm{T}}(t)\boldsymbol{Z}_1\dot{\boldsymbol{x}}(t)-\dot{\boldsymbol{x}}^{\mathrm{T}}(t-h)\boldsymbol{Q}_3\dot{\boldsymbol{x}}(t-h)-\int_{t-h}^{t}\dot{\boldsymbol{x}}^{\mathrm{T}}(s)\boldsymbol{Z}_1\dot{\boldsymbol{x}}(s)\mathrm{d}s+\\
&\frac{1}{2}h^2\dot{\boldsymbol{x}}^{\mathrm{T}}(t)\boldsymbol{R}\dot{\boldsymbol{x}}(t)-\int_{-h}^{0}\int_{t+\theta}^{t}\dot{\boldsymbol{x}}^{\mathrm{T}}(s)\boldsymbol{R}\dot{\boldsymbol{x}}(s)\mathrm{d}s\mathrm{d}\theta+\\
&h\boldsymbol{x}^{\mathrm{T}}(t)\boldsymbol{Z}_2\boldsymbol{x}(t)-\int_{t-h}^{t}\boldsymbol{x}^{\mathrm{T}}(s)\boldsymbol{Z}_2\boldsymbol{x}(s)\mathrm{d}s
\end{aligned}
\tag{4.90}
$$

由引理4.1,我们可以得到

$$
\begin{aligned}
-\int_{t-h}^{t}\dot{\boldsymbol{x}}^{\mathrm{T}}(s)\boldsymbol{Z}_1\dot{\boldsymbol{x}}(s)\mathrm{d}s &\leqslant -\frac{1}{h}\left(\int_{t-h}^{t}\dot{\boldsymbol{x}}(s)\mathrm{d}s\right)^{\mathrm{T}}\boldsymbol{Z}_1\left(\int_{t-h}^{t}\dot{\boldsymbol{x}}(s)\mathrm{d}s\right)\\
&=-\frac{1}{h}(\boldsymbol{x}(t)-\boldsymbol{x}(t-h))^{\mathrm{T}}\boldsymbol{Z}_1(\boldsymbol{x}(t)-\boldsymbol{x}(t-h))
\end{aligned}
\tag{4.91}
$$

$$
-\int_{t-h}^{t}\boldsymbol{x}^{\mathrm{T}}(s)\boldsymbol{Z}_2\boldsymbol{x}(s)\mathrm{d}s\leqslant-\frac{1}{h}\left(\int_{t-h}^{t}\boldsymbol{x}(s)\mathrm{d}s\right)^{\mathrm{T}}\boldsymbol{Z}_2\left(\int_{t-h}^{t}\boldsymbol{x}(s)\mathrm{d}s\right)
$$

以及

$$
\begin{aligned}
&-\int_{-h}^{0}\int_{t+\theta}^{t}\dot{\boldsymbol{x}}^{\mathrm{T}}(s)\boldsymbol{R}\dot{\boldsymbol{x}}(s)\mathrm{d}s\mathrm{d}\theta\\
\leqslant&-\frac{2}{h^2}\left(\int_{-h}^{0}\int_{t+\theta}^{t}\dot{\boldsymbol{x}}(s)\mathrm{d}s\mathrm{d}\theta\right)^{\mathrm{T}}\boldsymbol{R}\left(\int_{-h}^{0}\int_{t+\theta}^{t}\dot{\boldsymbol{x}}(s)\mathrm{d}s\mathrm{d}\theta\right)\\
=&-\frac{2}{h^2}\left(h\boldsymbol{x}(t)-\int_{t-h}^{t}\boldsymbol{x}(s)\mathrm{d}s\right)^{\mathrm{T}}\boldsymbol{R}\left(h\boldsymbol{x}(t)-\int_{t-h}^{t}\boldsymbol{x}(s)\mathrm{d}s\right)
\end{aligned}
\tag{4.92}
$$

将上面两个不等式代入式(4.92)中,我们得到

$$
\begin{aligned}
\frac{\mathrm{d}}{\mathrm{d}t}\boldsymbol{V}(x_t)\leqslant\ &2\boldsymbol{\xi}^{\mathrm{T}}(t)\boldsymbol{P}\dot{\boldsymbol{\xi}}(t)+\boldsymbol{x}^{\mathrm{T}}(t)\boldsymbol{Q}_1\boldsymbol{x}(t)-\boldsymbol{x}^{\mathrm{T}}(t-h)\boldsymbol{Q}_1\boldsymbol{x}(t-h)+\\
&\boldsymbol{x}^{\mathrm{T}}(t)\boldsymbol{Q}_2\boldsymbol{x}(t)+\dot{\boldsymbol{x}}^{\mathrm{T}}(t)\boldsymbol{Q}_3\dot{\boldsymbol{x}}(t)-\\
&(1-\mu)\boldsymbol{x}^{\mathrm{T}}(t-d(t))\boldsymbol{Q}_2\boldsymbol{x}(t-d(t))+h\dot{\boldsymbol{x}}^{\mathrm{T}}(t)\boldsymbol{Z}_1\dot{\boldsymbol{x}}(t)-\\
&\dot{\boldsymbol{x}}^{\mathrm{T}}(t-h)\boldsymbol{Q}_3\dot{\boldsymbol{x}}(t-h)-\\
&\frac{1}{h}(\boldsymbol{x}(t)-\boldsymbol{x}(t-h))^{\mathrm{T}}\boldsymbol{Z}_1(\boldsymbol{x}(t)-\boldsymbol{x}(t-h))-\\
&\frac{2}{h^2}\left(h\boldsymbol{x}(t)-\int_{t-h}^{t}\boldsymbol{x}(s)\mathrm{d}s\right)^{\mathrm{T}}\boldsymbol{R}\left(h\boldsymbol{x}(t)-\int_{t-h}^{t}\boldsymbol{x}(s)\mathrm{d}s\right)+\\
&\frac{1}{2}h^2\dot{\boldsymbol{x}}^{\mathrm{T}}(t)\boldsymbol{R}\dot{\boldsymbol{x}}(t)+h\boldsymbol{x}^{\mathrm{T}}(t)\boldsymbol{Z}_2\boldsymbol{x}(t)-
\end{aligned}
$$

$$\frac{1}{h}\left(\int_{t-h}^{t}\boldsymbol{x}(s)\mathrm{d}s\right)^{\mathrm{T}}\boldsymbol{Z}_2\left(\int_{t-h}^{t}\boldsymbol{x}(s)\mathrm{d}s\right)+$$

$$2\sum_{i=1}^{r}w_i(\boldsymbol{z}(t))\left[\boldsymbol{x}^{\mathrm{T}}(t)\boldsymbol{T}_1+\dot{\boldsymbol{x}}^{\mathrm{T}}(t)\boldsymbol{T}_2+\boldsymbol{x}^{\mathrm{T}}(t-h)\boldsymbol{T}_3+\right.$$

$$\left.\dot{\boldsymbol{x}}^{\mathrm{T}}(t-h)\boldsymbol{T}_4+\left(\int_{t-h}^{t}\boldsymbol{x}(s)\mathrm{d}s\right)^{\mathrm{T}}\boldsymbol{T}_5+\boldsymbol{x}^{\mathrm{T}}(t-d(t))\boldsymbol{T}_6\right]\times$$

$$(\dot{\boldsymbol{x}}(t)-\boldsymbol{A}_{1i}\boldsymbol{x}(t)-\boldsymbol{A}_{2i}\boldsymbol{x}(t-d(t)))$$

$$=\sum_{i=1}^{r}w_i(\boldsymbol{z}(t))\boldsymbol{\zeta}^{\mathrm{T}}(t)\boldsymbol{\Phi}_i\boldsymbol{\zeta}(t) \tag{4.93}$$

其中

$$\boldsymbol{\zeta}^{\mathrm{T}}(t)=\left[\boldsymbol{x}^{\mathrm{T}}(t)\quad\dot{\boldsymbol{x}}^{\mathrm{T}}(t)\quad\boldsymbol{x}^{\mathrm{T}}(t-h)\quad\dot{\boldsymbol{x}}^{\mathrm{T}}(t-h)\quad\left(\int_{t-h}^{t}\boldsymbol{x}(s)\mathrm{d}s\right)^{\mathrm{T}}\quad\boldsymbol{x}^{\mathrm{T}}(t-d(t))\right] \tag{4.94}$$

以及

$$\boldsymbol{\Phi}_i=\begin{bmatrix}\boldsymbol{\Phi}_{11i}&\boldsymbol{\Phi}_{12i}&\boldsymbol{\Phi}_{13i}&\boldsymbol{\Phi}_{14i}&\boldsymbol{\Phi}_{15i}&\boldsymbol{\Phi}_{16i}\\ *&\boldsymbol{\Phi}_{22}&\boldsymbol{\Phi}_{23i}&\boldsymbol{T}_4^{\mathrm{T}}&\boldsymbol{\Phi}_{25}&\boldsymbol{\Phi}_{26i}\\ *&*&\boldsymbol{\Phi}_{33i}&\boldsymbol{P}_{22}&\boldsymbol{P}_{33}&-\boldsymbol{T}_3\boldsymbol{A}_{2i}\\ *&*&*&-\boldsymbol{Q}_3&\boldsymbol{P}_{23}&-\boldsymbol{T}_4\boldsymbol{A}_{2i}\\ *&*&*&*&\boldsymbol{\Phi}_{55i}&-\boldsymbol{T}_5\boldsymbol{A}_{2i}\\ *&*&*&*&*&\boldsymbol{\Phi}_{66i}\end{bmatrix} \tag{4.95}$$

如果

$$\hat{\boldsymbol{\Phi}}_{22i}=\overline{\boldsymbol{\Phi}}_{22i}+\varepsilon_{2i}\boldsymbol{D}_i\boldsymbol{D}_i^{\mathrm{T}}$$

那么对于足够小的$\delta>0$,有

$$\dot{\boldsymbol{V}}(\boldsymbol{x}(t))\leqslant-\delta\|\boldsymbol{x}(t)\|^2$$

因此由 Lyapunov-Krasovskii 定理可知系统是渐近稳定的,定理证毕.

基于上述结果,我们将其推广到含有不确定的 T-S 模糊时变时滞系统的稳定性问题,下面的定理给出系统鲁棒稳定的充分条件.

定理 4.6 给定标量 $h\geqslant0$ 以及μ,具有时变时滞的不确定系统(4.82)是渐近稳定的,如果存在公共正定矩阵 $\boldsymbol{P},\boldsymbol{Q}_i(i=1,2,3),\boldsymbol{Z}_j(j=1,2)$ 以及矩阵 $\boldsymbol{T}_i(i=1,2,\cdots,6)$,标量参数 $\varepsilon_i>0(i=1,2,\cdots,r)$,使得下面矩阵不等式成立,即

$$\widetilde{\boldsymbol{\Phi}}_i = \begin{bmatrix} \widetilde{\boldsymbol{\Phi}}_{11i} & \boldsymbol{\Phi}_{12i} & \boldsymbol{\Phi}_{13i} & \boldsymbol{\Phi}_{14i} & \boldsymbol{\Phi}_{15i} & \widetilde{\boldsymbol{\Phi}}_{16i} & -\boldsymbol{T}_1\boldsymbol{D}_i \\ * & \boldsymbol{\Phi}_{22} & \boldsymbol{\Phi}_{23i} & \boldsymbol{T}_4^{\mathrm{T}} & \boldsymbol{\Phi}_{25} & \boldsymbol{\Phi}_{26} & -\boldsymbol{T}_2\boldsymbol{D}_i \\ * & * & \widetilde{\boldsymbol{\Phi}}_{33i} & \boldsymbol{P}_{22} & \boldsymbol{P}_{33} & -\boldsymbol{T}_3\boldsymbol{A}_{2i} & -\boldsymbol{T}_3\boldsymbol{D}_i \\ * & * & * & -\boldsymbol{Q}_3 & \boldsymbol{P}_{23} & -\boldsymbol{T}_4\boldsymbol{A}_{2i} & -\boldsymbol{T}_4\boldsymbol{D}_i \\ * & * & * & * & \boldsymbol{\Phi}_{55i} & -\boldsymbol{T}_5\boldsymbol{A}_{2i} & -\boldsymbol{T}_5\boldsymbol{D}_i \\ * & * & * & * & * & \widetilde{\boldsymbol{\Phi}}_{66i} & -\boldsymbol{T}_6\boldsymbol{D}_i \\ * & * & * & * & * & * & -\varepsilon_i\boldsymbol{I} \end{bmatrix} < 0 \quad (4.96)$$

其中

$$\widetilde{\boldsymbol{\Phi}}_{11i} = \boldsymbol{\Phi}_{11i} + \varepsilon_i\boldsymbol{E}_{1i}^{\mathrm{T}}\boldsymbol{E}_{1i}, \widetilde{\boldsymbol{\Phi}}_{16i} = \boldsymbol{\Phi}_{13i} + \varepsilon_i\boldsymbol{E}_{1i}^{\mathrm{T}}\boldsymbol{E}_{2i}, \widetilde{\boldsymbol{\Phi}}_{66i} = \boldsymbol{\Phi}_{55i} + \varepsilon_i\boldsymbol{E}_{2i}^{\mathrm{T}}\boldsymbol{E}_{2i}$$

和 $\boldsymbol{\Phi}_{\alpha\beta j}(\alpha,\beta = 1,2,\cdots,6)$ 如定理 4.5 中所定义.

证明 类似于定理4.5的证明,这里用$\boldsymbol{A}_{1i}+\boldsymbol{D}_i\boldsymbol{K}_i(t)\boldsymbol{E}_{1i}$和$\boldsymbol{A}_{2i}+\boldsymbol{D}_i\boldsymbol{K}_i(t)\boldsymbol{E}_{2i}$分别代替式(4.86)中的$\boldsymbol{A}_{1i}$和$\boldsymbol{A}_{2i}$,那么此时相应系统(4.82)的式(4.86)可以改写为

$$\boldsymbol{\Phi}_i + \overline{\boldsymbol{D}}_i^{\mathrm{T}}\boldsymbol{K}_i(t)\overline{\boldsymbol{E}}_i + \overline{\boldsymbol{E}}_i^{\mathrm{T}}\boldsymbol{K}_i^{\mathrm{T}}(t)\overline{\boldsymbol{D}}_i < 0, i = 1,2,\cdots,r \quad (4.97)$$

其中

$$\overline{\boldsymbol{D}}_i = [-\boldsymbol{D}_i^{\mathrm{T}}\boldsymbol{T}_1^{\mathrm{T}} \quad -\boldsymbol{D}_i^{\mathrm{T}}\boldsymbol{T}_2^{\mathrm{T}} \quad -\boldsymbol{D}_i^{\mathrm{T}}\boldsymbol{T}_3^{\mathrm{T}} \quad -\boldsymbol{D}_i^{\mathrm{T}}\boldsymbol{T}_4^{\mathrm{T}} \quad -\boldsymbol{D}_i^{\mathrm{T}}\boldsymbol{T}_5^{\mathrm{T}} \; -\boldsymbol{D}_i^{\mathrm{T}}\boldsymbol{T}_6^{\mathrm{T}}]$$

$$\overline{\boldsymbol{E}}_i = [\boldsymbol{E}_{1i} \quad \boldsymbol{O} \quad \boldsymbol{O} \quad \boldsymbol{O} \quad \boldsymbol{O} \quad \boldsymbol{E}_{2i}]$$

由引理3.2,式(4.97)成立当且仅当对于每个i,存在标量$\varepsilon_i > 0$,使得下述不等式成立

$$\boldsymbol{\Phi}_i + \varepsilon_i^{-1}\overline{\boldsymbol{D}}_i^{\mathrm{T}}\overline{\boldsymbol{D}}_i + \varepsilon_i\overline{\boldsymbol{E}}_i^{\mathrm{T}}\overline{\boldsymbol{E}}_i < 0 \quad (4.98)$$

由 Schur 补定理可知,式(4.98)与(4.96)等价,定理证毕.

注解 4.4 将含有三重积分的增广 Lyapunov 泛函引入到具有时变时滞的 T-S 模糊系统的鲁棒稳定性问题的分析中,与已有文献相比,本章所选取的 Lyapunov 泛函更具有普遍性. 当令式(4.87)中$\boldsymbol{P}_{12}=0,\boldsymbol{P}_{13}=0,\boldsymbol{P}_{22}=0,\boldsymbol{P}_{23}=0,\boldsymbol{P}_{33}=0,\boldsymbol{R}=0$时,此时本章中 Lyapunov 泛函转化为文献[85]中所选取的 Lyapunov 函数,此外三重积分的引进同时减少了自由权矩阵的数量,从而降低了计算的复杂度,对比文献[84,136],本章方法具有更少的决策变量.

4.3.3 数值算例

例4.5 考虑下面标称的T-S模糊时滞系统(文献[85])(隶属度函数同例2.1)

$$\dot{\boldsymbol{x}}(t)=\sum_{i=1}^{2}w_i(\boldsymbol{x}(t))(\boldsymbol{A}_{1i}\boldsymbol{x}(t)+\boldsymbol{A}_{2i}\boldsymbol{x}(t-d(t)))\tag{4.99}$$

且系统矩阵参数为

$$\boldsymbol{A}_{11}=\begin{bmatrix}-2.1 & 0.1\\ -0.2 & -0.9\end{bmatrix},\boldsymbol{A}_{21}=\begin{bmatrix}-1.1 & 0.1\\ -0.8 & -0.9\end{bmatrix}$$

$$\boldsymbol{A}_{12}=\begin{bmatrix}-1.9 & 0\\ -0.2 & -1.1\end{bmatrix},\boldsymbol{A}_{22}=\begin{bmatrix}-0.9 & 0\\ -1.1 & -1.2\end{bmatrix}$$

应用文献[85]的方法以及定理4.5,对于不同的μ值,分别求得保证系统渐近稳定的最大时滞,所得结果见表4.6. 特别地,当$\mu=0$时,由定理4.5,我们求得此时系统渐近稳定所允许的最大时滞为3.82,对比文献[60,84-85]的结果分别为1.25,3.15,3.30,因此可以看出本章方法与已有文献方法相比具有更小的保守性.

表4.6 不同时滞变化率下的时滞上限比较

来源	$\mu=0.1$	$\mu=0.5$
文献[85]	2.65	1.5
定理4.5	3.09	1.95

例4.6 考虑下面不确定T-S模糊模型(文献[76])(隶属度函数同上)

$$\begin{aligned}\dot{\boldsymbol{x}}(t)=\sum_{i=1}^{2}w_i(\boldsymbol{x}(t))[&(\boldsymbol{A}_{1i}+\Delta\boldsymbol{A}_{1i}(t))\boldsymbol{x}(t)+\\ &(\boldsymbol{A}_{2i}+\Delta\boldsymbol{A}_{2i}(t))\boldsymbol{x}(t-d(t))]\end{aligned}\tag{4.100}$$

其中系统矩阵为

$$\boldsymbol{A}_{11}=\begin{bmatrix}-2 & 1\\ 0.5 & -1\end{bmatrix},\boldsymbol{A}_{21}=\begin{bmatrix}-1 & 0\\ -1 & -1\end{bmatrix},\boldsymbol{A}_{12}=\begin{bmatrix}-2 & 0\\ 0 & -1\end{bmatrix}$$

$$\boldsymbol{A}_{22}=\begin{bmatrix}-1.6 & 0\\ 0 & -1\end{bmatrix},\boldsymbol{E}_{11}=\begin{bmatrix}1.6 & 0\\ 0 & 0.05\end{bmatrix},\boldsymbol{E}_{12}=\begin{bmatrix}1.6 & 0\\ 0 & -0.05\end{bmatrix}$$

$$\boldsymbol{E}_{21}=\boldsymbol{E}_{22}=\begin{bmatrix}0.1 & 0\\ 0 & 0.3\end{bmatrix},\boldsymbol{D}=\begin{bmatrix}0.03 & 0\\ 0 & 0.03\end{bmatrix},\boldsymbol{I}=\begin{bmatrix}1 & 0\\ 0 & 1\end{bmatrix}$$

$$\Delta A_{1i} = DK_i(t)E_{1i}, \Delta A_{2i} = DK_i(t)E_{2i}, i = 1,2$$

应用文献[62,76,85]的方法以及定理4.6的方法，当μ取不同值时求得保证系统鲁棒稳定的最大时滞，对比结果见表4.7.

表4.7　不同时滞变化率下的时滞上限比较

来源	$\mu=0$	$\mu=0.01$	$\mu=0.1$	$\mu=0.5$
文献[62]	1.158	1.155	1.113	0.929
文献[76]	1.168	1.163	1.122	0.934
文献[85]	1.353	1.348	1.303	1.147
定理4.6	1.586	1.545	1.512	1.324

显然，在相同的条件下，由定理4.6所得到的结果与文献[62,76,85]的方法相比，能够得到更大的时滞，因此可以说明本章的方法降低了已有文献的保守性.

4.4　本章小结

本章主要在前两章的基础上，进一步给出前提不匹配的T-S模糊时滞系统的时滞相关鲁棒稳定性及其镇定问题的研究. 与以往研究方法不同的是，我们在分析过程中提出了包含三重积分的增广的Lyapunov泛函. 首先，针对具有常时滞的T-S模糊系统，利用积分不等式，并且结合带有自由权矩阵的参数化模型变换，得到了新的时滞相关鲁棒稳定性准则. 其次，将问题延伸到鲁棒镇定问题上，给出了前提不匹配的鲁棒控制器的设计方法. 最后，将上述分析方法推广到具有变时滞的T-S模糊系统的鲁棒稳定性问题，得到了新的保守性较小的鲁棒稳定性判据. 由于三重积分和增广Lyapunov泛函的引进，使得我们所得到的鲁棒稳定性准则可以获得更大的时滞上界，因此具有较广泛的应用范围，同时也避免了引进过多的额外矩阵变量，进而减少了计算的复杂度. 通过数值算例与仿真实例进一步验证本章所提出的方法在减少保守性方面的有效性以及鲁棒镇定方法的优越性.

第5章 前提不匹配条件下具有输入时滞和状态时滞的 T-S 模糊控制系统的鲁棒稳定性分析

5.1 引　　言

在前四章,我们对于前提不匹配的 T-S 模糊时滞系统,针对连续或离散的情况,得到与时滞无关、时滞相关的稳定性,鲁棒稳定性及其控制器设计的一些结果. 然而上述所考虑的时滞系统只包含状态时滞,而没有考虑输入时滞的情况. 事实上,大多数的工业生产过程中都存在输入时滞,比如在现代工业系统中的传感器,控制器多数都用网络作为媒介连接起来,此时的采样数据与控制信号通过网络进行传递,因此在通过网络传输过程中不可避免地产生时滞. 如果此时在控制器设计时忽略了输入时滞的因素,那么很可能会导致闭环控制系统不稳定或者系统性能严重退化,从而影响系统的正常工作. 鉴于此,对于含有输入时滞的系统的稳定性与控制器设计问题的研究是非常重要的. 因此对于含有输入时滞系统的研究引起了学者广泛的关注(文献[121-134]). 然而,文献[124-125] 所考虑的系统只有输入信号中含有时滞,而状态变量中不含有时滞,并且该时滞为常数时滞,从而使得结果具有较大的保守性. 文献[135] 改进了上述结果,首次考虑既含有状态时滞又含有输入时滞的系统稳定性问题,然而此时的状态时滞是等于输入时滞的,同时也没有考虑鲁棒稳定性问题,同样所得到的分析结果具有很大的保守性与缺陷性. 因此,文献[125]针对文献[135]的系统,进一步研究了当系统中含有不确定参数时系统的稳定性问题. 然而,此时系统中的状态时滞也是等于输入时滞的. 我们发现上述文献[128-130]在分析过程中所选取的 Lyapunov 泛函通常都包含一重积分 $\int_{t-\tau}^{t}\boldsymbol{x}^{\mathrm{T}}(s)\boldsymbol{Q}\boldsymbol{x}(s)\mathrm{d}s$,二重积分 $\int_{-\tau}^{0}\int_{t+\theta}^{t}\dot{\boldsymbol{x}}^{\mathrm{T}}(s)\boldsymbol{Q}\dot{\boldsymbol{x}}(s)\mathrm{d}s\mathrm{d}\theta$,然而基于含有三重积分的 Lyapunov 泛函的分析结果却未见报道. 在上述文献中,在控制器设计方面都是基于传统的并行分布补偿控制器的设计方法,因此如何将前提不匹配的控制器设计方法应用到该系统的控制器设计问题的研究中,也是值得进一步考虑的问题.

本章将前提不匹配条件引入含有输入时滞的 T-S 模糊时滞控制系统的鲁棒稳定性问题的研究中,并且假设此时系统中的输入时滞与状态时滞均为时变时滞,并且二者互不相等. 在具体分析过程中提出含有三重积分的增广 Lyapunov-Krasovskii 泛函,得到了具有较小保守性的鲁棒稳定性条件,同时给出前提不匹配的鲁棒控制器增益的求解方法.

5.2 系统描述

考虑由含有输入时滞及状态时滞的不确定 T-S 模糊模型所描述的非线性系统,其中第 i 个规则如下.

模糊规则 i:如果 $f_1(\boldsymbol{x}(t))$ 属于 M_1^i,……,$f_p(\boldsymbol{x}(t))$ 属于 M_p^i,那么

$$\begin{aligned}\dot{\boldsymbol{x}}(t)=&(\boldsymbol{A}_{1i}+\Delta\boldsymbol{A}_{1i}(t))\boldsymbol{x}(t)+(\boldsymbol{A}_{2i}+\Delta\boldsymbol{A}_{2i}(t))\boldsymbol{x}(t-d_1(t))+\\&(\boldsymbol{B}_i+\Delta\boldsymbol{B}_i(t))\boldsymbol{u}(t-d_2(t))\\ \boldsymbol{x}(t)=&\boldsymbol{\varphi}(t),t\in[-\max\{h_1,h_2\},0]\end{aligned}\tag{5.1}$$

其中 $\boldsymbol{\varphi}(t)$ 是定义在 $t\in[-\max\{h_1,h_2\},0]$ 上的初始函数;$d_1(t)$ 和 $d_2(t)$ 分别表示状态和输入时变时滞,并且满足

$$0\leqslant d_1(t)\leqslant h_1,\dot{d}_1(t)\leqslant\mu_1\tag{5.2}$$

$$0 \leqslant d_2(t) \leqslant h_2, \dot{d}_2(t) \leqslant \mu_2 \tag{5.3}$$

式中,h_i 和 $\mu_i(i=1,2)$ 都为正常数;$\Delta \boldsymbol{A}_{1i}(t)$,$\Delta \boldsymbol{A}_{2i}(t)$ 和 $\Delta \boldsymbol{B}_i(t)$ 是实值的未知矩阵代表时变的参数不确定性,并且满足如下形式

$$[\Delta \boldsymbol{A}_{1i} \quad \Delta \boldsymbol{A}_{2i} \quad \Delta \boldsymbol{B}_i] = \boldsymbol{D}_i \boldsymbol{K}_i(t)[\boldsymbol{E}_{1i} \quad \boldsymbol{E}_{2i} \quad \boldsymbol{E}_{bi}], i = 1,2,\cdots,r \tag{5.4}$$

$\boldsymbol{D}_i$,$\boldsymbol{E}_{1i}$,$\boldsymbol{E}_{2i}$ 和 $\boldsymbol{E}_{bi}$ 表示具有适当维数的常数矩阵;$\boldsymbol{K}_i(t)$ 是未知的矩阵函数,并且满足 $\boldsymbol{K}_i^{\mathrm{T}}(t)\boldsymbol{K}_i(t) \leqslant \boldsymbol{I}$,其中 $\boldsymbol{I}$ 表示具有适当维数的单位矩阵.

那么整个动态模糊模型(5.1)可以表示为

$$\begin{aligned}\dot{\boldsymbol{x}}(t) = \sum_{i=1}^{r} w_i(\boldsymbol{x}(t))[&(\boldsymbol{A}_{1i} + \Delta \boldsymbol{A}_{1i}(t))\boldsymbol{x}(t) + \\ &(\boldsymbol{A}_{2i} + \Delta \boldsymbol{A}_{2i}(t))\boldsymbol{x}(t - d_1(t)) + \\ &(\boldsymbol{B}_i + \Delta \boldsymbol{B}_i(t))\boldsymbol{u}(t - d_2(t))]\end{aligned} \tag{5.5}$$

不同于并行分布补偿控制器的设计方法,我们将采用前提不匹配的控制器设计方法,具体描述如下.

模糊规则 j:如果 $g_1(\boldsymbol{x}(t))$ 属于 N_1^j,……,$g_q(\boldsymbol{x}(t))$ 属于 N_q^j,那么

$$\boldsymbol{u}(t) = \boldsymbol{F}_j \boldsymbol{x}(t), j = 1,2,\cdots,r \tag{5.6}$$

其中,$\boldsymbol{F}_j \in \mathbf{R}^{m\times n}$ 为局部反馈增益矩阵. 经过解模糊化,得到形如式(1.17)的全局模糊控制器. 值得一提的是,本章中由于引入的输入向量中含有时变时滞,因此对于 $\forall t \in [-h_2, 0]$,有下面等式成立,即

$$\boldsymbol{u}(t - d_2(t)) = \sum_{j=1}^{r} m_j(\boldsymbol{x}(t - d_2(t)))\boldsymbol{F}_j \boldsymbol{x}(t - d_2(t)) \tag{5.7}$$

其中

$$\sum_{j=1}^{r} m_j(\boldsymbol{x}(t - d_2(t))) = 1, m_j(\boldsymbol{x}(t - d_2(t))) \geqslant 0 \tag{5.8}$$

因此结合式(5.5)与(5.7),得到如下闭环控制系统

$$\begin{aligned}\dot{\boldsymbol{x}}(t) = \sum_{i=1}^{r}\sum_{j=1}^{r} & w_i(\boldsymbol{x}(t)) m_j(\boldsymbol{x}(t - d_2(t))) \times \\ &[(\boldsymbol{A}_{1i} + \Delta \boldsymbol{A}_{1i}(t))\boldsymbol{x}(t) + (\boldsymbol{A}_{2i} + \Delta \boldsymbol{A}_{2i}(t))\boldsymbol{x}(t - d_1(t)) + \\ &(\boldsymbol{B}_i \boldsymbol{F}_j + \Delta \boldsymbol{B}_i(t)\boldsymbol{F}_j)\boldsymbol{x}(t - d_2(t))] \\ \boldsymbol{x}(t) = \boldsymbol{\varphi}(t)&, t \in [-\max\{h_1, h_2\}, 0]\end{aligned} \tag{5.9}$$

5.3 鲁棒稳定性分析

考虑标称系统的稳定性问题,即令式(5.9)中 $\Delta\boldsymbol{A}_{1i}(t)=0,\Delta\boldsymbol{A}_{2i}(t)=0$, $\Delta\boldsymbol{B}_i=0$,得到如下标称的T-S模糊时滞闭环控制系统

$$\begin{aligned}\dot{\boldsymbol{x}}(t)=\sum_{i=1}^{r}\sum_{j=1}^{r}w_i(\boldsymbol{x}(t))m_j(\boldsymbol{x}(t-d_2(t)))(\boldsymbol{A}_{1i}\boldsymbol{x}(t)+\\ \boldsymbol{A}_{2i}\boldsymbol{x}(t-d_1(t))+\boldsymbol{B}_i\boldsymbol{F}_j\boldsymbol{x}(t-d_2(t)))\\ \boldsymbol{x}(t)=\boldsymbol{\varphi}(t),t\in[-\max\{h_1,h_2\},0]\end{aligned}\tag{5.10}$$

下面的定理给出了上述闭环控制系统渐近稳定的判定准则,同时也给出了相应控制器增益的求解方法.

定理5.1 给定标量 $h_1\geqslant0,h_2\geqslant0,\mu_1,\mu_2$ 以及常数 $t_i(i=2,\cdots,8)$,对于任何 $0\leqslant d_i(t)\leqslant h_i(i=1,2)$,标称闭环控制系统(5.10)是渐近稳定的,如果对于所有 $j,\boldsymbol{x}(t)$ 和 $\boldsymbol{x}(t-d_2(t))$,有

$$m_j(\boldsymbol{x}(t-d_2(t)))-\rho_jw_j(\boldsymbol{x}(t))\geqslant0$$

其中,$0<\rho_j<1$,并且存在矩阵

$$\bar{\boldsymbol{P}}_{11}>0,\bar{\boldsymbol{P}}_{22}>0$$

$$\bar{\boldsymbol{W}}_{11}>0,\bar{\boldsymbol{W}}_{22}>0$$

$$\bar{\boldsymbol{Z}}_{11}>0,\bar{\boldsymbol{Z}}_{22}>0$$

$$\bar{\boldsymbol{N}}_{11}>0,\bar{\boldsymbol{N}}_{22}>0$$

$$\bar{\boldsymbol{Q}}_i>0,\bar{\boldsymbol{M}}_i>0,\bar{\boldsymbol{R}}_i>0,i=1,2$$

$$\boldsymbol{\Lambda}_i=\boldsymbol{\Lambda}_i^{\mathrm{T}}\in\mathbf{R}^{8n\times8n}>0,i=1,2,\cdots,r$$

以及正定矩阵

$$\bar{\boldsymbol{P}}=\begin{bmatrix}\bar{\boldsymbol{P}}_{11}&\bar{\boldsymbol{P}}_{12}\\ *&\bar{\boldsymbol{P}}_{22}\end{bmatrix},\bar{\boldsymbol{W}}=\begin{bmatrix}\bar{\boldsymbol{W}}_{11}&\bar{\boldsymbol{W}}_{12}\\ *&\bar{\boldsymbol{W}}_{22}\end{bmatrix},\bar{\boldsymbol{Z}}=\begin{bmatrix}\bar{\boldsymbol{Z}}_{11}&\bar{\boldsymbol{Z}}_{12}\\ *&\bar{\boldsymbol{Z}}_{22}\end{bmatrix},\bar{\boldsymbol{N}}=\begin{bmatrix}\bar{\boldsymbol{N}}_{11}&\bar{\boldsymbol{N}}_{12}\\ *&\bar{\boldsymbol{N}}_{22}\end{bmatrix}\tag{5.11}$$

实向量 $\boldsymbol{Y}_j(j=1,2,\cdots,r)$ 以及矩阵 $\bar{\boldsymbol{P}}_{12},\bar{\boldsymbol{W}}_{12},\bar{\boldsymbol{Z}}_{12},\bar{\boldsymbol{N}}_{12}$ 和 $\boldsymbol{X}$ 使得式(5.31)~(5.33)成立. 此时,镇定控制器形如式(5.7),且相应的控制器增益为

$$\boldsymbol{F}_j=\boldsymbol{Y}_j\boldsymbol{X}^{-\mathrm{T}}\tag{5.12}$$

证明 我们选取如下 Lyapunov-Krasovskii 函数

$$\boldsymbol{V}(\boldsymbol{x}(t)) = \boldsymbol{V}_1(\boldsymbol{x}(t)) + \boldsymbol{V}_2(\boldsymbol{x}(t)) + \boldsymbol{V}_3(\boldsymbol{x}(t)) + \boldsymbol{V}_4(\boldsymbol{x}(t)) + \boldsymbol{V}_5(\boldsymbol{x}(t)) \tag{5.13}$$

其中

$$\boldsymbol{V}_1(\boldsymbol{x}(t)) = \boldsymbol{\xi}_1^{\mathrm{T}}(t)\boldsymbol{P}\boldsymbol{\xi}_1(t) + \boldsymbol{\xi}_2^{\mathrm{T}}(t)\boldsymbol{W}\boldsymbol{\xi}_2(t)$$

$$\boldsymbol{V}_2(\boldsymbol{x}(t)) = \int_{-h_1}^{0}\int_{t+\theta}^{t}\boldsymbol{\xi}^{\mathrm{T}}(s)\boldsymbol{Z}\boldsymbol{\xi}(s)\,\mathrm{d}s\mathrm{d}\theta + \int_{-h_2}^{0}\int_{t+\theta}^{t}\boldsymbol{\xi}^{\mathrm{T}}(s)\boldsymbol{N}\boldsymbol{\xi}(s)\,\mathrm{d}s\mathrm{d}\theta$$

$$\boldsymbol{V}_3(\boldsymbol{x}(t)) = \int_{t-d_1(t)}^{t}\boldsymbol{x}^{\mathrm{T}}(s)\boldsymbol{Q}_1\boldsymbol{x}(s)\,\mathrm{d}s + \int_{t-d_2(t)}^{t}\boldsymbol{x}^{\mathrm{T}}(s)\boldsymbol{Q}_2\boldsymbol{x}(s)\,\mathrm{d}s$$

$$\boldsymbol{V}_4(\boldsymbol{x}(t)) = \int_{t-h_1}^{t}\boldsymbol{x}^{\mathrm{T}}(s)\boldsymbol{M}_1\boldsymbol{x}(s)\,\mathrm{d}s + \int_{t-h_2}^{t}\boldsymbol{x}^{\mathrm{T}}(s)\boldsymbol{M}_2\boldsymbol{x}(s)\,\mathrm{d}s$$

$$\begin{aligned}\boldsymbol{V}_5(\boldsymbol{x}(t)) = &\int_{-h_1}^{0}\int_{\theta}^{0}\int_{t+\lambda}^{t}\dot{\boldsymbol{x}}^{\mathrm{T}}(s)\boldsymbol{R}_1\dot{\boldsymbol{x}}(s)\,\mathrm{d}s\mathrm{d}\lambda\,\mathrm{d}\theta + \\ &\int_{-h_2}^{0}\int_{\theta}^{0}\int_{t+\lambda}^{t}\dot{\boldsymbol{x}}^{\mathrm{T}}(s)\boldsymbol{R}_2\dot{\boldsymbol{x}}(s)\,\mathrm{d}s\mathrm{d}\lambda\,\mathrm{d}\theta\end{aligned}$$

且

$$\boldsymbol{\xi}_1^{\mathrm{T}}(t) = \left[\boldsymbol{x}^{\mathrm{T}}(t) \quad \left(\int_{t-h_1}^{t}\boldsymbol{x}(s)\,\mathrm{d}s\right)^{\mathrm{T}}\right]$$

$$\boldsymbol{\xi}_2^{\mathrm{T}}(t) = \left[\boldsymbol{x}^{\mathrm{T}}(t) \quad \left(\int_{t-h_2}^{t}\boldsymbol{x}(s)\,\mathrm{d}s\right)^{\mathrm{T}}\right]$$

$$\boldsymbol{\xi}^{\mathrm{T}}(t) = [\boldsymbol{x}^{\mathrm{T}}(t) \quad \dot{\boldsymbol{x}}^{\mathrm{T}}(t)]$$

$$\boldsymbol{P} = \begin{bmatrix}\boldsymbol{P}_{11} & \boldsymbol{P}_{12}\\ * & \boldsymbol{P}_{22}\end{bmatrix} > 0, \boldsymbol{W} = \begin{bmatrix}\boldsymbol{W}_{11} & \boldsymbol{W}_{12}\\ * & \boldsymbol{W}_{22}\end{bmatrix} > 0$$

$$\boldsymbol{Z} = \begin{bmatrix}\boldsymbol{Z}_{11} & \boldsymbol{Z}_{12}\\ * & \boldsymbol{Z}_{22}\end{bmatrix} > 0, \boldsymbol{N} = \begin{bmatrix}\boldsymbol{N}_{11} & \boldsymbol{N}_{12}\\ * & \boldsymbol{N}_{22}\end{bmatrix} > 0$$

并且 $\boldsymbol{Q}_i, \boldsymbol{M}_i$ 和 $\boldsymbol{R}_i(i = 1,2)$ 都为未知的正定矩阵.

那么可以求得 $\boldsymbol{V}(\boldsymbol{x}(t))$ 沿系统(5.10) 的时间导数为

$$\begin{aligned}\dot{\boldsymbol{V}}_1(\boldsymbol{x}(t)) &= 2\boldsymbol{\xi}_1^{\mathrm{T}}(t)\boldsymbol{P}\dot{\boldsymbol{\xi}}_1(t) + 2\boldsymbol{\xi}_2^{\mathrm{T}}(t)\boldsymbol{W}\dot{\boldsymbol{\xi}}_2(t)\\ &= 2\left[\boldsymbol{x}^{\mathrm{T}}(t) \quad \left(\int_{t-h_1}^{t}\boldsymbol{x}(s)\,\mathrm{d}s\right)^{\mathrm{T}}\right]\begin{bmatrix}\boldsymbol{P}_{11} & \boldsymbol{P}_{12}\\ * & \boldsymbol{P}_{22}\end{bmatrix}\begin{bmatrix}\dot{\boldsymbol{x}}(t)\\ \boldsymbol{x}(t) - \boldsymbol{x}(t-h_1)\end{bmatrix} + \\ &\quad 2\left[\boldsymbol{x}^{\mathrm{T}}(t) \quad \left(\int_{t-h_2}^{t}\boldsymbol{x}(s)\,\mathrm{d}s\right)^{\mathrm{T}}\right]\begin{bmatrix}\boldsymbol{W}_{11} & \boldsymbol{W}_{12}\\ * & \boldsymbol{W}_{22}\end{bmatrix}\begin{bmatrix}\dot{\boldsymbol{x}}(t)\\ \boldsymbol{x}(t) - \boldsymbol{x}(t-h_2)\end{bmatrix}\end{aligned} \tag{5.14}$$

$$\dot{V}_2(x(t)) = h_1[x^T(t) \quad \dot{x}^T(t)]\begin{bmatrix} Z_{11} & Z_{12} \\ * & Z_{22} \end{bmatrix}\begin{bmatrix} x(t) \\ \dot{x}(t) \end{bmatrix} +$$

$$h_2[x^T(t) \quad \dot{x}^T(t)]\begin{bmatrix} N_{11} & N_{12} \\ * & N_{22} \end{bmatrix}\begin{bmatrix} x(t) \\ \dot{x}(t) \end{bmatrix} -$$

$$\int_{t-h_1}^{t}[x^T(s) \quad \dot{x}^T(s)]\begin{bmatrix} Z_{11} & Z_{12} \\ * & Z_{22} \end{bmatrix}\begin{bmatrix} x(s) \\ \dot{x}(s) \end{bmatrix} ds -$$

$$\int_{t-h_2}^{t}[x^T(s) \quad \dot{x}^T(s)]\begin{bmatrix} N_{11} & N_{12} \\ * & N_{22} \end{bmatrix}\begin{bmatrix} x(s) \\ \dot{x}(s) \end{bmatrix} ds \tag{5.15}$$

$$\begin{aligned} \dot{V}_3(x(t)) &= x^T(t)Q_1x(t) - (1 - \dot{d}_1(t))x^T(t - d_1(t))Q_1x(t - d_1(t)) + \\ &\quad x^T(t)Q_2x(t) - (1 - \dot{d}_2(t))x^T(t - d_2(t))Q_2x(t - d_2(t)) \\ &\leqslant x^T(t)Q_1x(t) - (1 - \mu_1)x^T(t - d_1(t))Q_1x(t - d_1(t)) + \\ &\quad x^T(t)Q_2x(t) - (1 - \mu_2)x^T(t - d_2(t))Q_2x(t - d_2(t)) \end{aligned} \tag{5.16}$$

$$\begin{aligned} \dot{V}_4(x(t)) &= x^T(t)M_1x(t) - x^T(t - h_1)M_1x(t - h_1) + \\ &\quad x^T(t)M_2x(t) - x^T(t - h_2)M_2x(t - h_2) \end{aligned} \tag{5.17}$$

$$\begin{aligned} \dot{V}_5(x(t)) &= \frac{1}{2}h_1^2\dot{x}^T(t)R_1\dot{x}(t) - \int_{-h}^{0}\int_{t+\theta}^{t}\dot{x}^T(s)R_1\dot{x}(s)dsd\theta + \\ &\quad \frac{1}{2}h_2^2\dot{x}^T(t)R_2\dot{x}(t) - \int_{-h}^{0}\int_{t+\theta}^{t}\dot{x}^T(s)R_2\dot{x}(s)dsd\theta \end{aligned} \tag{5.18}$$

由方程(5.10),对于任何矩阵 $T_i, i = 1,2,\cdots,8$,有下面的方程成立

$$\begin{aligned} &2\sum_{i=1}^{r}\sum_{j=1}^{r}w_i(x(t))m_j(x(t - d_2(t))) \times \\ &\Big[x^T(t)T_1 + x^T(t - d_1(t))T_2 + x^T(t - h_1)T_3 + \left(\int_{t-h_1}^{t}x(s)ds\right)^T T_4 + \\ &x^T(t - d_2(t))T_5 + x^T(t - h_2)T_6 + \left(\int_{t-h_2}^{t}x(s)ds\right)^T T_7 + \dot{x}^T(t)T_8\Big] \times \\ &(A_{1i}x(t) - A_{2i}x(t - d_1(t)) - B_iF_jx(t - d_2(t)) - \dot{x}(t)) = 0 \end{aligned} \tag{5.19}$$

由引理 4. 1,有下面不等式成立,即

$$-\int_{t-h_1}^{t}[x^T(s) \quad \dot{x}^T(s)]\begin{bmatrix} Z_{11} & Z_{12} \\ * & Z_{22} \end{bmatrix}\begin{bmatrix} x(s) \\ \dot{x}(s) \end{bmatrix} ds$$

$$\leqslant -\frac{1}{h_1}\left[\left(\int_{t-h_1}^{t}\boldsymbol{x}(s)\,\mathrm{d}s\right)^{\mathrm{T}} \quad \boldsymbol{x}^{\mathrm{T}}(t)-\boldsymbol{x}^{\mathrm{T}}(t-h_1)\right]\times$$

$$\begin{bmatrix}\boldsymbol{Z}_{11} & \boldsymbol{Z}_{12}\\ * & \boldsymbol{Z}_{22}\end{bmatrix}\begin{bmatrix}\int_{t-h_1}^{t}\boldsymbol{x}(s)\,\mathrm{d}s\\ \boldsymbol{x}(t)-\boldsymbol{x}(t-h_1)\end{bmatrix} \tag{5.20}$$

$$-\int_{t-h_2}^{t}[\boldsymbol{x}^{\mathrm{T}}(s) \quad \dot{\boldsymbol{x}}^{\mathrm{T}}(s)]\begin{bmatrix}\boldsymbol{N}_{11} & \boldsymbol{N}_{12}\\ * & \boldsymbol{N}_{22}\end{bmatrix}\begin{bmatrix}\boldsymbol{x}(s)\\ \dot{\boldsymbol{x}}(s)\end{bmatrix}\mathrm{d}s$$

$$\leqslant -\frac{1}{h_2}\left[\left(\int_{t-h_2}^{t}\boldsymbol{x}(s)\,\mathrm{d}s\right)^{\mathrm{T}} \quad \boldsymbol{x}^{\mathrm{T}}(t)-\boldsymbol{x}^{\mathrm{T}}(t-h_1)\right]\times$$

$$\begin{bmatrix}\boldsymbol{N}_{11} & \boldsymbol{N}_{12}\\ * & \boldsymbol{N}_{22}\end{bmatrix}\begin{bmatrix}\int_{t-h_2}^{t}\boldsymbol{x}(s)\,\mathrm{d}s\\ \boldsymbol{x}(t)-\boldsymbol{x}(t-h_2)\end{bmatrix} \tag{5.21}$$

以及

$$-\int_{-h_i}^{0}\int_{t+\theta}^{t}\dot{\boldsymbol{x}}^{\mathrm{T}}(s)\boldsymbol{R}_i\dot{\boldsymbol{x}}(s)\,\mathrm{d}s\mathrm{d}\theta$$

$$\leqslant -\frac{2}{h_i^2}\left(\int_{-h_i}^{0}\int_{t+\theta}^{t}\dot{\boldsymbol{x}}(s)\,\mathrm{d}s\mathrm{d}\theta\right)^{\mathrm{T}}\boldsymbol{R}_i\left(\int_{-h_i}^{0}\int_{t+\theta}^{t}\dot{\boldsymbol{x}}(s)\,\mathrm{d}s\mathrm{d}\theta\right)$$

$$=-\frac{2}{h_i^2}\left(h_i\boldsymbol{x}(t)-\int_{t-h_i}^{t}\boldsymbol{x}(s)\,\mathrm{d}s\right)^{\mathrm{T}}\boldsymbol{R}_i\left(h_i\boldsymbol{x}(t)-\int_{t-h_i}^{t}\boldsymbol{x}(s)\,\mathrm{d}s\right),i=1,2 \tag{5.22}$$

利用上面的不等式并且结合式(5.19),我们得到如下不等式

$$\dot{V}(\boldsymbol{x}_t)\leqslant 2\left[\boldsymbol{x}^{\mathrm{T}}(t) \quad \left(\int_{t-h_1}^{t}\boldsymbol{x}(s)\,\mathrm{d}s\right)^{\mathrm{T}}\right]\begin{bmatrix}\boldsymbol{P}_{11} & \boldsymbol{P}_{12}\\ * & \boldsymbol{P}_{22}\end{bmatrix}\begin{bmatrix}\dot{\boldsymbol{x}}(t)\\ \boldsymbol{x}(t)-\boldsymbol{x}(t-h_1)\end{bmatrix}+$$

$$h_1[\boldsymbol{x}^{\mathrm{T}}(t) \quad \dot{\boldsymbol{x}}^{\mathrm{T}}(t)]\begin{bmatrix}\boldsymbol{Z}_{11} & \boldsymbol{Z}_{12}\\ * & \boldsymbol{Z}_{22}\end{bmatrix}\begin{bmatrix}\boldsymbol{x}(t)\\ \dot{\boldsymbol{x}}(t)\end{bmatrix}+$$

$$h_2[\boldsymbol{x}^{\mathrm{T}}(t) \quad \dot{\boldsymbol{x}}^{\mathrm{T}}(t)]\begin{bmatrix}\boldsymbol{N}_{11} & \boldsymbol{N}_{12}\\ * & \boldsymbol{N}_{22}\end{bmatrix}\begin{bmatrix}\boldsymbol{x}(t)\\ \dot{\boldsymbol{x}}(t)\end{bmatrix}-$$

$$\frac{1}{h_1}\left[\left(\int_{t-h_1}^{t}\boldsymbol{x}(s)\,\mathrm{d}s\right)^{\mathrm{T}} \quad \boldsymbol{x}^{\mathrm{T}}(t)-\boldsymbol{x}^{\mathrm{T}}(t-h_1)\right]\times$$

$$\begin{bmatrix}\boldsymbol{Z}_{11} & \boldsymbol{Z}_{12}\\ * & \boldsymbol{Z}_{22}\end{bmatrix}\begin{bmatrix}\int_{t-h_1}^{t}\boldsymbol{x}(s)\,\mathrm{d}s\\ \boldsymbol{x}(t)-\boldsymbol{x}(t-h_1)\end{bmatrix}-$$

$$
\begin{aligned}
&\frac{1}{h_2}\left[\left(\int_{t-h_2}^{t}\boldsymbol{x}(s)\,\mathrm{d}s\right)^{\mathrm{T}} \quad \boldsymbol{x}^{\mathrm{T}}(t)-\boldsymbol{x}^{\mathrm{T}}(t-h_2)\right]\times\\
&\begin{bmatrix}\boldsymbol{N}_{11} & \boldsymbol{N}_{12}\\ * & \boldsymbol{N}_{22}\end{bmatrix}\begin{bmatrix}\int_{t-h_2}^{t}\boldsymbol{x}(s)\,\mathrm{d}s\\ \boldsymbol{x}(t)-\boldsymbol{x}(t-h_2)\end{bmatrix}+\\
&\boldsymbol{x}^{\mathrm{T}}(t)\boldsymbol{Q}_1\boldsymbol{x}(t)+\boldsymbol{x}^{\mathrm{T}}(t)\boldsymbol{Q}_2\boldsymbol{x}(t)-\\
&(1-\mu_1)\boldsymbol{x}^{\mathrm{T}}(t-d_1(t))\boldsymbol{Q}_1\boldsymbol{x}(t-d_1(t))-\\
&(1-\mu_2)\boldsymbol{x}^{\mathrm{T}}(t-d_2(t))\boldsymbol{Q}_2\boldsymbol{x}(t-d_2(t))+\boldsymbol{x}^{\mathrm{T}}(t)\boldsymbol{M}_1\boldsymbol{x}(t)-\\
&\boldsymbol{x}^{\mathrm{T}}(t-h_1)\boldsymbol{M}_1\boldsymbol{x}(t-h_1)+\boldsymbol{x}^{\mathrm{T}}(t)\boldsymbol{M}_2\boldsymbol{x}(t)-\boldsymbol{x}^{\mathrm{T}}(t-h_2)\boldsymbol{M}_2\boldsymbol{x}(t-h_2)+\\
&\frac{1}{2}h_1^2\,\dot{\boldsymbol{x}}^{\mathrm{T}}(t)\boldsymbol{R}_1\dot{\boldsymbol{x}}(t)-\frac{2}{h_1^2}\left(h_1\boldsymbol{x}(t)-\int_{t-h_1}^{t}\boldsymbol{x}(s)\,\mathrm{d}s\right)^{\mathrm{T}}\times\\
&\boldsymbol{R}_1\left(h_1\boldsymbol{x}(t)-\int_{t-h_1}^{t}\boldsymbol{x}(s)\,\mathrm{d}s\right)+\\
&\frac{1}{2}h_2^2\,\dot{\boldsymbol{x}}^{\mathrm{T}}(t)\boldsymbol{R}_2\dot{\boldsymbol{x}}(t)-\frac{2}{h_2^2}\left(h_2\boldsymbol{x}(t)-\int_{t-h_2}^{t}\boldsymbol{x}(s)\,\mathrm{d}s\right)^{\mathrm{T}}\times\\
&\boldsymbol{R}_2\left(h_2\boldsymbol{x}(t)-\int_{t-h_2}^{t}\boldsymbol{x}(s)\,\mathrm{d}s\right)+\\
&2\left[\boldsymbol{x}^{\mathrm{T}}(t)\quad\left(\int_{t-h_2}^{t}\boldsymbol{x}(s)\,\mathrm{d}s\right)^{\mathrm{T}}\right]\begin{bmatrix}\boldsymbol{W}_{11} & \boldsymbol{W}_{12}\\ * & \boldsymbol{W}_{22}\end{bmatrix}\begin{bmatrix}\dot{\boldsymbol{x}}(t)\\ \boldsymbol{x}(t)-\boldsymbol{x}(t-h_2)\end{bmatrix}+\\
&2\sum_{i=1}^{r}\sum_{j=1}^{r}w_i(\boldsymbol{x}(t))m_j(\boldsymbol{x}(t-d_2(t)))\times\\
&\left[\boldsymbol{x}^{\mathrm{T}}(t)\boldsymbol{T}_1+\boldsymbol{x}^{\mathrm{T}}(t-d_1(t))\boldsymbol{T}_2+\boldsymbol{x}^{\mathrm{T}}(t-h_1)\boldsymbol{T}_3+\left(\int_{t-h_1}^{t}\boldsymbol{x}(s)\,\mathrm{d}s\right)^{\mathrm{T}}\boldsymbol{T}_4+\right.\\
&\left.\boldsymbol{x}^{\mathrm{T}}(t-d_2(t))\boldsymbol{T}_5+\boldsymbol{x}^{\mathrm{T}}(t-h_2)\boldsymbol{T}_6+\left(\int_{t-h_2}^{t}\boldsymbol{x}(s)\,\mathrm{d}s\right)^{\mathrm{T}}\boldsymbol{T}_7+\dot{\boldsymbol{x}}^{\mathrm{T}}(t)\boldsymbol{T}_8\right]\times\\
&(\boldsymbol{A}_{1i}\boldsymbol{x}(t)-\boldsymbol{A}_{2i}\boldsymbol{x}(t-d_1(t))-\boldsymbol{B}_i\boldsymbol{F}_j\boldsymbol{x}(t-d_2(t))-\dot{\boldsymbol{x}}(t))\\
=&\boldsymbol{\zeta}^{\mathrm{T}}(t)\left(\sum_{i=1}^{r}\sum_{j=1}^{r}w_i(\boldsymbol{x}(t))m_j(\boldsymbol{x}(t-d_2(t)))\boldsymbol{\Phi}_{ij}\right)\boldsymbol{\zeta}(t)
\end{aligned}
\tag{5.23}
$$

其中

$$
\begin{aligned}
\boldsymbol{\zeta}^{\mathrm{T}}(t)=\Big[&\boldsymbol{x}^{\mathrm{T}}(t)\quad \boldsymbol{x}^{\mathrm{T}}(t-d_1(t))\quad \boldsymbol{x}^{\mathrm{T}}(t-h_1)\quad \left(\int_{t-h_1}^{t}\boldsymbol{x}(s)\,\mathrm{d}s\right)^{\mathrm{T}}\\
&\boldsymbol{x}^{\mathrm{T}}(t-d_2(t))\quad \boldsymbol{x}^{\mathrm{T}}(t-h_2)\quad \left(\int_{t-h_2}^{t}\boldsymbol{x}(s)\,\mathrm{d}s\right)^{\mathrm{T}}\quad \dot{\boldsymbol{x}}^{\mathrm{T}}(t)\Big]
\end{aligned}
\tag{5.24}
$$

$$\boldsymbol{\Phi}_{ij}=\begin{bmatrix} \boldsymbol{\Phi}_{11i} & \boldsymbol{\Phi}_{12i} & \boldsymbol{\Phi}_{13} & \boldsymbol{\Phi}_{14} & \boldsymbol{\Phi}_{15ij} & \boldsymbol{\Phi}_{16} & \boldsymbol{\Phi}_{17} & \boldsymbol{\Phi}_{18} \\ * & \boldsymbol{\Phi}_{22i} & \boldsymbol{A}_{2i}^{\mathrm{T}}\boldsymbol{T}_3^{\mathrm{T}} & \boldsymbol{A}_{2i}^{\mathrm{T}}\boldsymbol{T}_4^{\mathrm{T}} & \boldsymbol{\Phi}_{25ij} & \boldsymbol{A}_{2i}^{\mathrm{T}}\boldsymbol{T}_6^{\mathrm{T}} & \boldsymbol{A}_{2i}^{\mathrm{T}}\boldsymbol{T}_7^{\mathrm{T}} & \boldsymbol{\Phi}_{28i} \\ * & * & \boldsymbol{\Phi}_{33i} & -\boldsymbol{P}_{22} & \boldsymbol{T}_3\boldsymbol{B}_i\boldsymbol{F}_j & \boldsymbol{O} & \boldsymbol{O} & -\boldsymbol{T}_3 \\ * & * & * & \boldsymbol{\Phi}_{44} & \boldsymbol{T}_4\boldsymbol{B}_i\boldsymbol{F}_j & \boldsymbol{O} & \boldsymbol{O} & \boldsymbol{\Phi}_{48} \\ * & * & * & * & \boldsymbol{\Phi}_{55ij} & \boldsymbol{F}_j^{\mathrm{T}}\boldsymbol{B}_i^{\mathrm{T}}\boldsymbol{T}_6^{\mathrm{T}} & \boldsymbol{F}_j^{\mathrm{T}}\boldsymbol{B}_i^{\mathrm{T}}\boldsymbol{T}_7^{\mathrm{T}} & \boldsymbol{\Phi}_{58i} \\ * & * & * & * & * & \boldsymbol{\Phi}_{66} & \boldsymbol{\Phi}_{67} & -\boldsymbol{T}_6 \\ * & * & * & * & * & * & \boldsymbol{\Phi}_{77} & \boldsymbol{\Phi}_{78} \\ * & * & * & * & * & * & * & \boldsymbol{\Phi}_{88} \end{bmatrix} \tag{5.25}$$

并且

$$\boldsymbol{\Phi}_{11i}=\boldsymbol{P}_{12}+\boldsymbol{P}_{12}^{\mathrm{T}}+\boldsymbol{W}_{12}+\boldsymbol{W}_{12}^{\mathrm{T}}+h_1\boldsymbol{Z}_{11}+h_2\boldsymbol{N}_{11}-\frac{1}{h_1}\boldsymbol{Z}_{22}-\frac{1}{h_2}\boldsymbol{N}_{22}+$$
$$\boldsymbol{Q}_1+\boldsymbol{Q}_2+\boldsymbol{M}_1+\boldsymbol{M}_2-2\boldsymbol{R}_1-2\boldsymbol{R}_2+\boldsymbol{T}_1\boldsymbol{A}_{1i}+\boldsymbol{A}_{1i}^{\mathrm{T}}\boldsymbol{T}_1^{\mathrm{T}}$$

$$\boldsymbol{\Phi}_{12i}=\boldsymbol{T}_1\boldsymbol{A}_{2i}+\boldsymbol{A}_{1i}^{\mathrm{T}}\boldsymbol{T}_2^{\mathrm{T}}$$

$$\boldsymbol{\Phi}_{13}=-\boldsymbol{P}_{12}-\frac{1}{h_1}\boldsymbol{Z}_{22}+\boldsymbol{A}_{1i}^{\mathrm{T}}\boldsymbol{T}_3^{\mathrm{T}}$$

$$\boldsymbol{\Phi}_{14}=\boldsymbol{P}_{22}-\frac{1}{h_2}\boldsymbol{Z}_{12}^{\mathrm{T}}+\frac{1}{h_1}\boldsymbol{R}_1+\boldsymbol{A}_{1i}^{\mathrm{T}}\boldsymbol{T}_4^{\mathrm{T}}$$

$$\boldsymbol{\Phi}_{15ij}=\boldsymbol{T}_1\boldsymbol{B}_i\boldsymbol{F}_j+\boldsymbol{A}_{1i}^{\mathrm{T}}\boldsymbol{T}_5^{\mathrm{T}}$$

$$\boldsymbol{\Phi}_{16}=-\boldsymbol{W}_{12}-\frac{1}{h_2}\boldsymbol{N}_{22}+\boldsymbol{A}_{1i}^{\mathrm{T}}\boldsymbol{T}_6^{\mathrm{T}}$$

$$\boldsymbol{\Phi}_{17}=\boldsymbol{W}_{22}-\frac{1}{h_2}\boldsymbol{N}_{12}^{\mathrm{T}}+\frac{2}{h_2^2}\boldsymbol{R}_2+\boldsymbol{A}_{1i}^{\mathrm{T}}\boldsymbol{T}_7^{\mathrm{T}}$$

$$\boldsymbol{\Phi}_{18}=\boldsymbol{P}_{11}+\boldsymbol{W}_{11}+h_1\boldsymbol{Z}_{12}+h_2\boldsymbol{N}_{12}-\boldsymbol{T}_1+\boldsymbol{A}_{1i}^{\mathrm{T}}\boldsymbol{T}_8^{\mathrm{T}}$$

$$\boldsymbol{\Phi}_{22i}=-(1-\mu_1)\boldsymbol{Q}_1+\boldsymbol{T}_2\boldsymbol{A}_{2i}+\boldsymbol{A}_{2i}^{\mathrm{T}}\boldsymbol{T}_2^{\mathrm{T}}$$

$$\boldsymbol{\Phi}_{25ij}=\boldsymbol{T}_2\boldsymbol{B}_i\boldsymbol{F}_j+\boldsymbol{A}_{2i}^{\mathrm{T}}\boldsymbol{T}_5^{\mathrm{T}}$$

$$\boldsymbol{\Phi}_{28i}=-\boldsymbol{T}_2+\boldsymbol{A}_{2i}^{\mathrm{T}}\boldsymbol{T}_8^{\mathrm{T}}$$

$$\boldsymbol{\Phi}_{33}=-\frac{1}{h}\boldsymbol{Z}_{22}-\boldsymbol{M}_1$$

$$\boldsymbol{\Phi}_{44}=-\frac{1}{h_1}\boldsymbol{Z}_{11}-\frac{2}{h_1^2}\boldsymbol{R}_1$$

$$\boldsymbol{\Phi}_{48}=\boldsymbol{P}_{12}^{\mathrm{T}}-\boldsymbol{T}_4$$

$$\boldsymbol{\Phi}_{55i}=-(1-\mu_2)\boldsymbol{Q}_2+\boldsymbol{T}_5\boldsymbol{B}_i\boldsymbol{F}_j+\boldsymbol{F}_j^{\mathrm{T}}\boldsymbol{B}_i^{\mathrm{T}}\boldsymbol{T}_5^{\mathrm{T}}$$

$$\boldsymbol{\Phi}_{58i}=-\boldsymbol{T}_5+\boldsymbol{F}_j^{\mathrm{T}}\boldsymbol{B}_i^{\mathrm{T}}\boldsymbol{T}_8^{\mathrm{T}}$$

$$\boldsymbol{\Phi}_{66}=-\frac{1}{h_2}\boldsymbol{N}_{22}-\boldsymbol{M}_2$$

$$\boldsymbol{\Phi}_{67}=-\frac{1}{h_2}\boldsymbol{N}_{12}^{\mathrm{T}}-\boldsymbol{W}_{22}$$

$$\boldsymbol{\Phi}_{77}=-\frac{1}{h_2}\boldsymbol{N}_{11}-\frac{2}{h_2^2}\boldsymbol{R}_2$$

$$\boldsymbol{\Phi}_{78}=\boldsymbol{W}_{12}^{\mathrm{T}}-\boldsymbol{T}_7$$

$$\boldsymbol{\Phi}_{88}=h_1\boldsymbol{Z}_{22}+h_2\boldsymbol{N}_{22}+\frac{1}{2}h_1^2\boldsymbol{R}_1+\frac{1}{2}h_2^2\boldsymbol{R}_2-\boldsymbol{T}_8$$

由式(5.23),如果

$$\sum_{i=1}^{r}\sum_{j=1}^{r}w_i(\boldsymbol{x}(t))m_j(\boldsymbol{x}(t-d_2(t)))\boldsymbol{\Phi}_{ij}<0 \tag{5.26}$$

那么一定存在足够小的$\delta>0$,使得

$$\dot{V}(\boldsymbol{x}(t))\leqslant-\delta\ \|\boldsymbol{x}(t)\|^2$$

然而在式(5.25)中反馈增益矩阵是预先给定的,下面进一步给出如何求解该控制器增益矩阵. 首先我们将式(5.25)的左右两边分别乘以矩阵 $\mathrm{diag}[\boldsymbol{X}\quad\boldsymbol{X}\quad\boldsymbol{X}\quad\boldsymbol{X}\quad\boldsymbol{X}\quad\boldsymbol{X}\quad\boldsymbol{X}\quad\boldsymbol{X}]$ 及其转置. 矩阵$\boldsymbol{P}$,$\boldsymbol{W}$,$\boldsymbol{Z}$和$\boldsymbol{N}$的左右两边分别乘以矩阵 $\mathrm{diag}[\boldsymbol{X}\quad\boldsymbol{X}]$ 及其转置. 矩阵$\boldsymbol{Q}_i$,$\boldsymbol{M}_i$,$\boldsymbol{R}_i$,$i=1,2$ 用矩阵$\boldsymbol{X}$进行合同变换. 令$\boldsymbol{T}_i=t_i\boldsymbol{T}_1(i=2,\cdots,8)$,定义新的变量

$$\boldsymbol{X}=\boldsymbol{T}_1^{-1},\overline{\boldsymbol{R}}_1=\boldsymbol{X}\boldsymbol{R}_1\boldsymbol{X}^{\mathrm{T}},\overline{\boldsymbol{Q}}_1=\boldsymbol{X}\boldsymbol{Q}_1\boldsymbol{X}^{\mathrm{T}},\overline{\boldsymbol{Q}}_2=\boldsymbol{X}\boldsymbol{Q}_2\boldsymbol{X}^{\mathrm{T}},\overline{\boldsymbol{M}}_1=\boldsymbol{X}\boldsymbol{M}_1\boldsymbol{X}^{\mathrm{T}}$$

$$\overline{\boldsymbol{R}}_2=\boldsymbol{X}\boldsymbol{R}_2\boldsymbol{X}^{\mathrm{T}},\overline{\boldsymbol{M}}_2=\boldsymbol{X}\boldsymbol{M}_2\boldsymbol{X}^{\mathrm{T}}$$

$$\overline{\boldsymbol{\Lambda}}_i=\boldsymbol{X}\boldsymbol{\Lambda}_i\boldsymbol{X}^{\mathrm{T}},i=1,2,\cdots,r$$

$$\overline{\boldsymbol{\Lambda}}_j=\boldsymbol{X}\boldsymbol{\Lambda}_j\boldsymbol{X}^{\mathrm{T}},j=1,2,\cdots,r$$

$$\overline{\boldsymbol{P}}_{11}=\boldsymbol{X}\boldsymbol{P}_{11}\boldsymbol{X}^{\mathrm{T}},\overline{\boldsymbol{P}}_{12}=\boldsymbol{X}\boldsymbol{P}_{12}\boldsymbol{X}^{\mathrm{T}},\overline{\boldsymbol{P}}_{22}=\boldsymbol{X}\boldsymbol{P}_{22}\boldsymbol{X}^{\mathrm{T}}$$

$$\overline{\boldsymbol{W}}_{11}=\boldsymbol{X}\boldsymbol{W}_{11}\boldsymbol{X}^{\mathrm{T}},\overline{\boldsymbol{W}}_{12}=\boldsymbol{X}\boldsymbol{W}_{12}\boldsymbol{X}^{\mathrm{T}},\overline{\boldsymbol{W}}_{22}=\boldsymbol{X}\boldsymbol{W}_{22}\boldsymbol{X}^{\mathrm{T}}$$

$$\overline{\boldsymbol{Z}}_{11}=\boldsymbol{X}\boldsymbol{Z}_{11}\boldsymbol{X}^{\mathrm{T}},\overline{\boldsymbol{Z}}_{12}=\boldsymbol{X}\boldsymbol{Z}_{12}\boldsymbol{X}^{\mathrm{T}},\overline{\boldsymbol{Z}}_{22}=\boldsymbol{X}\boldsymbol{Z}_{22}\boldsymbol{X}^{\mathrm{T}}$$

$$\overline{\boldsymbol{N}}_{11}=\boldsymbol{X}\boldsymbol{N}_{11}\boldsymbol{X}^{\mathrm{T}},\overline{\boldsymbol{N}}_{12}=\boldsymbol{X}\boldsymbol{N}_{12}\boldsymbol{X}^{\mathrm{T}},\overline{\boldsymbol{N}}_{22}=\boldsymbol{X}\boldsymbol{N}_{22}\boldsymbol{X}^{\mathrm{T}}$$

我们令$\boldsymbol{F}_i=\boldsymbol{Y}_i\boldsymbol{X}^{-\mathrm{T}}$,$i=1,2,\cdots,r$,从而得到下面的不等式,即

$$\sum_{i=1}^{r}\sum_{j=1}^{r}w_i(\boldsymbol{x}(t))m_j(\boldsymbol{x}(t-d_2(t)))\overline{\boldsymbol{\Phi}}_{ij}<0 \tag{5.27}$$

其中

$$\bar{\boldsymbol{\Phi}}_{ij}=\begin{bmatrix}\bar{\boldsymbol{\Phi}}_{11i} & \bar{\boldsymbol{\Phi}}_{12i} & \bar{\boldsymbol{\Phi}}_{13} & \bar{\boldsymbol{\Phi}}_{14} & \bar{\boldsymbol{\Phi}}_{15ij} & \bar{\boldsymbol{\Phi}}_{16} & \bar{\boldsymbol{\Phi}}_{17} & \bar{\boldsymbol{\Phi}}_{18}\\ * & \bar{\boldsymbol{\Phi}}_{22i} & t_3\boldsymbol{X}\boldsymbol{A}_{2i}^{\mathrm{T}} & t_4\boldsymbol{X}\boldsymbol{A}_{2i}^{\mathrm{T}} & \bar{\boldsymbol{\Phi}}_{25ij} & t_6\boldsymbol{X}\boldsymbol{A}_{2i}^{\mathrm{T}} & t_7\boldsymbol{X}\boldsymbol{A}_{2i}^{\mathrm{T}} & \bar{\boldsymbol{\Phi}}_{28i}\\ * & * & \bar{\boldsymbol{\Phi}}_{33i} & -\bar{\boldsymbol{P}}_{22} & t_3\boldsymbol{B}_i\boldsymbol{Y}_j & \boldsymbol{O} & \boldsymbol{O} & -t_3\boldsymbol{X}^{\mathrm{T}}\\ * & * & * & \bar{\boldsymbol{\Phi}}_{44} & t_4\boldsymbol{B}_i\boldsymbol{Y}_j & \boldsymbol{O} & \boldsymbol{O} & \bar{\boldsymbol{\Phi}}_{48}\\ * & * & * & * & \bar{\boldsymbol{\Phi}}_{55ij} & t_6\boldsymbol{Y}_j^{\mathrm{T}}\boldsymbol{B}_i^{\mathrm{T}} & t_7\boldsymbol{Y}_j^{\mathrm{T}}\boldsymbol{B}_i^{\mathrm{T}} & \bar{\boldsymbol{\Phi}}_{58i}\\ * & * & * & * & * & \bar{\boldsymbol{\Phi}}_{66} & \bar{\boldsymbol{\Phi}}_{67} & -t_6\boldsymbol{X}^{\mathrm{T}}\\ * & * & * & * & * & * & \bar{\boldsymbol{\Phi}}_{77} & \bar{\boldsymbol{\Phi}}_{78}\\ * & * & * & * & * & * & * & \bar{\boldsymbol{\Phi}}_{88}\end{bmatrix} \tag{5.28}$$

并且

$$\bar{\boldsymbol{\Phi}}_{11i}=\bar{\boldsymbol{P}}_{12}+\bar{\boldsymbol{P}}_{12}^{\mathrm{T}}+\bar{\boldsymbol{W}}_{12}+\bar{\boldsymbol{W}}_{12}^{\mathrm{T}}+h_1\bar{\boldsymbol{Z}}_{11}+h_2\bar{\boldsymbol{N}}_{11}-\frac{1}{h_1}\bar{\boldsymbol{Z}}_{22}-\frac{1}{h_2}\bar{\boldsymbol{N}}_{22}+$$

$$\bar{\boldsymbol{Q}}_1+\bar{\boldsymbol{Q}}_2+\bar{\boldsymbol{M}}_1+\bar{\boldsymbol{M}}_2-2\bar{\boldsymbol{R}}_1-2\bar{\boldsymbol{R}}_2+\boldsymbol{A}_{1i}\boldsymbol{X}^{\mathrm{T}}+\boldsymbol{X}\boldsymbol{A}_{1i}^{\mathrm{T}}$$

$$\bar{\boldsymbol{\Phi}}_{12i}=\boldsymbol{A}_{2i}\boldsymbol{X}^{\mathrm{T}}+t_2\boldsymbol{X}\boldsymbol{A}_{1i}^{\mathrm{T}}$$

$$\bar{\boldsymbol{\Phi}}_{13}=-\bar{\boldsymbol{P}}_{12}-\frac{1}{h_1}\bar{\boldsymbol{Z}}_{22}+t_3\boldsymbol{X}\boldsymbol{A}_{1i}^{\mathrm{T}}$$

$$\bar{\boldsymbol{\Phi}}_{14}=\bar{\boldsymbol{P}}_{22}-\frac{1}{h_1}\bar{\boldsymbol{Z}}_{12}^{\mathrm{T}}+\frac{1}{h_1}\bar{\boldsymbol{R}}_1+t_4\boldsymbol{X}\boldsymbol{A}_{1i}^{\mathrm{T}}$$

$$\bar{\boldsymbol{\Phi}}_{15ij}=\boldsymbol{B}_i\boldsymbol{Y}_j+t_5\boldsymbol{X}\boldsymbol{A}_{1i}^{\mathrm{T}}$$

$$\bar{\boldsymbol{\Phi}}_{16}=-\bar{\boldsymbol{W}}_{12}-\frac{1}{h_2}\bar{\boldsymbol{N}}_{22}+t_6\boldsymbol{X}\boldsymbol{A}_{1i}^{\mathrm{T}}$$

$$\bar{\boldsymbol{\Phi}}_{17}=\bar{\boldsymbol{W}}_{22}-\frac{1}{h_2}\bar{\boldsymbol{N}}_{12}^{\mathrm{T}}+\frac{2}{h_2^2}\bar{\boldsymbol{R}}_2+t_7\boldsymbol{X}\boldsymbol{A}_{1i}^{\mathrm{T}}$$

$$\bar{\boldsymbol{\Phi}}_{18}=\bar{\boldsymbol{P}}_{11}+\bar{\boldsymbol{W}}_{11}+h_1\bar{\boldsymbol{Z}}_{12}+h_2\bar{\boldsymbol{N}}_{12}-\boldsymbol{X}^{\mathrm{T}}+t_8\boldsymbol{X}\boldsymbol{A}_{1i}^{\mathrm{T}}$$

$$\bar{\boldsymbol{\Phi}}_{22i}=-(1-\mu_1)\bar{\boldsymbol{Q}}_1+t_2\boldsymbol{A}_{2i}\boldsymbol{X}^{\mathrm{T}}+t_2\boldsymbol{X}\boldsymbol{A}_{2i}^{\mathrm{T}}$$

$$\bar{\boldsymbol{\Phi}}_{25ij}=t_2\boldsymbol{B}_i\boldsymbol{Y}_j+t_5\boldsymbol{X}\boldsymbol{A}_{2i}^{\mathrm{T}}$$

$$\boldsymbol{\Phi}_{28i}=-t_2\boldsymbol{X}^{\mathrm{T}}+t_8\boldsymbol{X}\boldsymbol{A}_{2i}^{\mathrm{T}}$$

$$\overline{\boldsymbol{\Phi}}_{33} = -\frac{1}{h_1}\overline{\boldsymbol{Z}}_{22} - \overline{\boldsymbol{M}}_1$$

$$\overline{\boldsymbol{\Phi}}_{44} = -\frac{1}{h_1}\overline{\boldsymbol{Z}}_{11} - \frac{2}{h_1^2}\overline{\boldsymbol{R}}_1$$

$$\overline{\boldsymbol{\Phi}}_{48} = \overline{\boldsymbol{P}}_{12}^{\mathrm{T}} - t_4\boldsymbol{X}^{\mathrm{T}}$$

$$\overline{\boldsymbol{\Phi}}_{55i} = -(1-\mu_2)\overline{\boldsymbol{Q}}_2 + t_5\boldsymbol{B}_i\boldsymbol{Y}_j + t_5\boldsymbol{Y}_j^{\mathrm{T}}\boldsymbol{B}_i^{\mathrm{T}}$$

$$\overline{\boldsymbol{\Phi}}_{58i} = -t_5\boldsymbol{X}^{\mathrm{T}} + t_8\boldsymbol{Y}_j^{\mathrm{T}}\boldsymbol{B}_i^{\mathrm{T}}$$

$$\overline{\boldsymbol{\Phi}}_{66} = -\frac{1}{h_2}\overline{\boldsymbol{N}}_{22} - \overline{\boldsymbol{M}}_2$$

$$\overline{\boldsymbol{\Phi}}_{67} = -\frac{1}{h_2}\overline{\boldsymbol{N}}_{12}^{\mathrm{T}} - \overline{\boldsymbol{W}}_{22}$$

$$\overline{\boldsymbol{\Phi}}_{77} = -\frac{1}{h_2}\overline{\boldsymbol{N}}_{11} - \frac{2}{h_2^2}\overline{\boldsymbol{R}}_2$$

$$\overline{\boldsymbol{\Phi}}_{78} = \overline{\boldsymbol{W}}_{12}^{\mathrm{T}} - t_7\boldsymbol{X}^{\mathrm{T}}$$

$$\overline{\boldsymbol{\Phi}}_{88} = h_1\overline{\boldsymbol{Z}}_{22} + h_2\overline{\boldsymbol{N}}_{22} + \frac{1}{2}h_1^2\overline{\boldsymbol{R}}_1 + \frac{1}{2}h_2^2\overline{\boldsymbol{R}}_2 - t_8\boldsymbol{X}^{\mathrm{T}}$$

因此进一步如果式(5.27)成立,那么对于足够小的$\delta > 0$,有

$$\dot{V}(\boldsymbol{x}(t)) \leqslant -\delta \|\boldsymbol{x}(t)\|^2$$

而为了更进一步降低保守性,这里进一步考虑下面等式,即

$$\sum_{i=1}^{r}\sum_{j=1}^{r} w_i(\boldsymbol{x}(t))(w_j(\boldsymbol{x}(t)) - m_j(\boldsymbol{x}(t-d_2(t))))\boldsymbol{\Lambda}_i = 0 \tag{5.29}$$

其中,$0 < \boldsymbol{\Lambda}_i = \boldsymbol{\Lambda}_i^{\mathrm{T}} \in \mathbf{R}^{8n\times 8n}$,$i = 1,2,\cdots,r$ 为任意矩阵. 将上式引入到式(5.27)得到

$$\begin{aligned}
\overline{\boldsymbol{\Phi}} &= \sum_{i=1}^{r}\sum_{j=1}^{r} w_i(\boldsymbol{x}(t))m_j(\boldsymbol{x}(t-d_2(t)))\overline{\boldsymbol{\Phi}}_{ij} \\
&= \sum_{i=1}^{r}\sum_{j=1}^{r} w_i(\boldsymbol{x}(t))(w_j(\boldsymbol{x}(t)) - m_j(\boldsymbol{x}(t-d_2(t))) + \rho_j w_j(\boldsymbol{x}(t)) - \\
&\quad \rho_j w_j(\boldsymbol{x}(t)))\boldsymbol{\Lambda}_i + \sum_{i=1}^{r}\sum_{j=1}^{r} w_i(\boldsymbol{x}(t))m_j(\boldsymbol{x}(t-d_2(t)))\overline{\boldsymbol{\Phi}}_{ij} \\
&= \sum_{i=1}^{r}\sum_{j=1}^{r} w_i(\boldsymbol{x}(t))w_j(\boldsymbol{x}(t))(\rho_j\boldsymbol{\Phi}_{ij} - \rho_j\boldsymbol{\Lambda}_i + \boldsymbol{\Lambda}_i) + \\
&\quad \sum_{i=1}^{r}\sum_{j=1}^{r} w_i(\boldsymbol{x}(t))(m_j(\boldsymbol{x}(t-d_2(t))) - \rho_j w_j(\boldsymbol{x}(t)))(\overline{\boldsymbol{\Phi}}_{ij} - \boldsymbol{\Lambda}_i)
\end{aligned}$$

$$\leqslant \sum_{i=1}^{r} w_i^2(\rho_i \overline{\boldsymbol{\Phi}}_{ii} - \rho_i \boldsymbol{\Lambda}_i + \boldsymbol{\Lambda}_i) + \sum_{i=1}^{r}\sum_{j=1}^{r} w_i(m_j - \rho_j w_j)(\overline{\boldsymbol{\Phi}}_{ij} - \boldsymbol{\Lambda}_i) +$$

$$\sum_{i=1}^{r}\sum_{i<j} w_i w_j(\rho_j \overline{\boldsymbol{\Phi}}_{ij} + \rho_i \overline{\boldsymbol{\Phi}}_{ji} - \rho_j \boldsymbol{\Lambda}_i - \rho_i \boldsymbol{\Lambda}_j + \boldsymbol{\Lambda}_i + \boldsymbol{\Lambda}_j) \tag{5.30}$$

由于对于所有的j,$\boldsymbol{x}(t)$ 和$\boldsymbol{x}(t-d_2(t))$,$m_j(\boldsymbol{x}(t-d_2(t)))-\rho_j w_j(\boldsymbol{x}(t))\geqslant 0$,那么对于$i,j=1,2,\cdots,r$,若令

$$\overline{\boldsymbol{\Phi}}_{ij} - \boldsymbol{\Lambda}_i < 0 \tag{5.31}$$

$$\rho_i \overline{\boldsymbol{\Phi}}_{ii} - \rho_i \boldsymbol{\Lambda}_i + \boldsymbol{\Lambda}_i < 0 \tag{5.32}$$

$$\rho_j \overline{\boldsymbol{\Phi}}_{ij} + \rho_i \overline{\boldsymbol{\Phi}}_{ji} - \rho_j \boldsymbol{\Lambda}_i - \rho_i \boldsymbol{\Lambda}_j + \boldsymbol{\Lambda}_i + \boldsymbol{\Lambda}_j \leqslant 0, i<j \tag{5.33}$$

则式(5.27)一定成立,所以$\dot{V}(\boldsymbol{x}(t))<0$. 因此,具有输入时变时滞的模糊控制系统(5.10)是渐近稳定的,并且相应地具有输入时滞的模糊控制器可以设计为

$$\boldsymbol{u}(t-d_2(t)) = \sum_{j=1}^{r} m_j(\boldsymbol{x}(t-d_2(t)))\boldsymbol{Y}_j \boldsymbol{X}^{-\mathrm{T}}\boldsymbol{x}(t) \tag{5.34}$$

定理证毕.

基于上述分析方法,下面我们重点研究当系统(5.10)中含有不确定项时系统(5.9)的时滞相关稳定性问题,得到下面的稳定条件.

定理 5.2 给定标量$h_1\geqslant 0$,$h_2\geqslant 0$,μ_1,μ_2 和$t_i(i=2,\cdots,8)$,对于任何$0\leqslant d_i(t)\leqslant h_i(i=1,2)$,不确定模糊控制系统(5.9)在前提不匹配的状态反馈器的作用下是鲁棒稳定的. 如果对于所有的$j=1,2,\cdots,r$,$\boldsymbol{x}(t)$ 和$\boldsymbol{x}(t-d_2(t))$有

$$m_j(\boldsymbol{x}(t-d_2(t))) - \rho_j w_j(\boldsymbol{x}(t)) \geqslant 0$$

其中,$0<\rho_j<1$,并且存在矩阵

$$\overline{\boldsymbol{P}}_{11}>0, \overline{\boldsymbol{P}}_{22}>0, \overline{\boldsymbol{W}}_{11}>0, \overline{\boldsymbol{W}}_{22}>0$$

$$\overline{\boldsymbol{Z}}_{11}>0, \overline{\boldsymbol{Z}}_{22}>0, \overline{\boldsymbol{N}}_{11}>0, \overline{\boldsymbol{N}}_{22}>0$$

$$\overline{\boldsymbol{Q}}_i>0, \overline{\boldsymbol{M}}_i>0, \overline{\boldsymbol{R}}_i>0, i=1,2$$

以及

$$0<\boldsymbol{\Lambda}_i=\boldsymbol{\Lambda}_i^{\mathrm{T}}\in \mathbf{R}^{8n\times 8n}, i=1,2,\cdots,r$$

$$\overline{\boldsymbol{P}}>0, \overline{\boldsymbol{W}}>0, \overline{\boldsymbol{Z}}>0, \overline{\boldsymbol{N}}>0$$

$\boldsymbol{Y}_j$,$\boldsymbol{X}$以及标量参数$\varepsilon_{1i}>0$,$\varepsilon_{2i}>0$,$\varepsilon_{bij}>0$,有下面的线性矩阵不等式成立,

即

$$\boldsymbol{\Psi}_{ij} - \overline{\boldsymbol{\Lambda}}_i < 0 \tag{5.35}$$

$$\rho_i \boldsymbol{\Psi}_{ii} - \rho_i \overline{\boldsymbol{\Lambda}}_i + \overline{\boldsymbol{\Lambda}}_i < 0 \tag{5.36}$$

$$\rho_j \boldsymbol{\Psi}_{ij} + \rho_i \boldsymbol{\Psi}_{ji} - \rho_j \overline{\boldsymbol{\Lambda}}_i - \rho_i \overline{\boldsymbol{\Lambda}}_j + \overline{\boldsymbol{\Lambda}}_i + \overline{\boldsymbol{\Lambda}}_j \leqslant 0, i < j \tag{5.37}$$

其中 $\boldsymbol{\Psi}_{ij}$ 形如式(5.40)定义. 在这种情况下,相应的控制器增益为 $\boldsymbol{F}_i = \boldsymbol{Y}_i \boldsymbol{X}^{-\mathrm{T}}$.

证明　证明过程与定理5.1类似,这里我们将式(5.28)中 $\overline{\boldsymbol{\Phi}}_{ij}$ 的 $\boldsymbol{A}_{1i}, \boldsymbol{A}_{2i}$ 和 $\boldsymbol{B}_i$ 分别用 $\boldsymbol{A}_{1i} + \boldsymbol{D}_i \boldsymbol{K}_i(t) \boldsymbol{E}_{1i}, \boldsymbol{A}_{2i} + \boldsymbol{D}_i \boldsymbol{K}_i(t) \boldsymbol{E}_{2i}$ 和 $\boldsymbol{B}_i + \boldsymbol{D}_i \boldsymbol{K}_i(t) \boldsymbol{E}_{bi}$ 代替,那么式(5.27)相对于系统(5.9)可以表示为

$$\sum_{i=1}^{r} \sum_{j=1}^{r} w_i(\boldsymbol{x}(t)) m_j(\boldsymbol{x}(t - d_2(t))) \boldsymbol{\Omega}_{ij} < 0 \tag{5.38}$$

其中

$$\begin{aligned}
\boldsymbol{\Omega}_{ij} = \overline{\boldsymbol{\Phi}}_{ij} &+ \hat{\boldsymbol{D}}_{1i}^{\mathrm{T}} \boldsymbol{K}_i(t) \hat{\boldsymbol{E}}_i + \hat{\boldsymbol{E}}_i^{\mathrm{T}} \boldsymbol{K}_i^{\mathrm{T}}(t) \hat{\boldsymbol{D}}_{1i} + \hat{\boldsymbol{D}}_{2i}^{\mathrm{T}} \boldsymbol{K}_i(t) \hat{\boldsymbol{E}}_{2ij} + \\
&\hat{\boldsymbol{E}}_{2ij}^{\mathrm{T}} \boldsymbol{K}_i^{\mathrm{T}}(t) \hat{\boldsymbol{D}}_{2i} + \hat{\boldsymbol{D}}_{bi}^{\mathrm{T}} \boldsymbol{K}_i(t) \hat{\boldsymbol{E}}_{bij} + \hat{\boldsymbol{E}}_{bij}^{\mathrm{T}} \boldsymbol{K}_i^{\mathrm{T}}(t) \hat{\boldsymbol{D}}_{bi}
\end{aligned}$$

$$\hat{\boldsymbol{D}}_{1i} = [\boldsymbol{D}_i^{\mathrm{T}} \quad \boldsymbol{O} \quad \boldsymbol{O} \quad \boldsymbol{O} \quad \boldsymbol{O} \quad \boldsymbol{O} \quad \boldsymbol{O} \quad \boldsymbol{O}]$$

$$\hat{\boldsymbol{D}}_{2i} = [\boldsymbol{O} \quad \boldsymbol{D}_i^{\mathrm{T}} \quad \boldsymbol{O} \quad \boldsymbol{O} \quad \boldsymbol{O} \quad \boldsymbol{O} \quad \boldsymbol{O} \quad \boldsymbol{O}]$$

$$\hat{\boldsymbol{D}}_{bi} = [\boldsymbol{O} \quad \boldsymbol{O} \quad \boldsymbol{O} \quad \boldsymbol{O} \quad \boldsymbol{D}_i^{\mathrm{T}} \quad \boldsymbol{O} \quad \boldsymbol{O} \quad \boldsymbol{O}]$$

$$\begin{aligned}
\hat{\boldsymbol{E}}_{1i} = [&\boldsymbol{E}_{1i}\boldsymbol{X}^{\mathrm{T}} \quad t_2\boldsymbol{E}_{1i}\boldsymbol{X}^{\mathrm{T}} \quad t_3\boldsymbol{E}_{1i}\boldsymbol{X}^{\mathrm{T}} \quad t_4\boldsymbol{E}_{1i}\boldsymbol{X}^{\mathrm{T}} \quad t_5\boldsymbol{E}_{1i}\boldsymbol{X}^{\mathrm{T}} \\
&t_6\boldsymbol{E}_{1i}\boldsymbol{X}^{\mathrm{T}} \quad t_7\boldsymbol{E}_{1i}\boldsymbol{X}^{\mathrm{T}} \quad t_8\boldsymbol{E}_{1i}\boldsymbol{X}^{\mathrm{T}}]
\end{aligned}$$

$$\begin{aligned}
\hat{\boldsymbol{E}}_{2i} = [&\boldsymbol{E}_{2i}\boldsymbol{X}^{\mathrm{T}} \quad t_2\boldsymbol{E}_{2i}\boldsymbol{X}^{\mathrm{T}} \quad t_3\boldsymbol{E}_{2i}\boldsymbol{X}^{\mathrm{T}} \quad t_4\boldsymbol{E}_{2i}\boldsymbol{X}^{\mathrm{T}} \quad t_5\boldsymbol{E}_{2i}\boldsymbol{X}^{\mathrm{T}} \\
&t_6\boldsymbol{E}_{2i}\boldsymbol{X}^{\mathrm{T}} \quad t_7\boldsymbol{E}_{2i}\boldsymbol{X}^{\mathrm{T}} \quad t_8\boldsymbol{E}_{2i}\boldsymbol{X}^{\mathrm{T}}]
\end{aligned}$$

$$\hat{\boldsymbol{E}}_{bij} = [\boldsymbol{E}_{bi}\boldsymbol{Y}_j \quad t_2\boldsymbol{E}_{bi}\boldsymbol{Y}_j \quad t_3\boldsymbol{E}_{bi}\boldsymbol{Y}_j \quad t_4\boldsymbol{E}_{bi}\boldsymbol{Y}_j \quad t_5\boldsymbol{E}_{bi}\boldsymbol{Y}_j \quad t_6\boldsymbol{E}_{bi}\boldsymbol{Y}_j \quad t_7\boldsymbol{E}_{bi}\boldsymbol{Y}_j \quad t_8\boldsymbol{E}_{bi}\boldsymbol{Y}_j]$$

如果 $\boldsymbol{\Omega}_{ij} < 0$,那么式(5.38)成立. 由引理3.2,我们知道如果存在标量 $\varepsilon_{1i} > 0, \varepsilon_{2i} > 0$ 和 $\varepsilon_{bij} > 0$,使得下面的不等式成立,即

$$\begin{aligned}
&\overline{\boldsymbol{\Phi}}_{ij} + \varepsilon_{1i} \hat{\boldsymbol{D}}_{1i}^{\mathrm{T}} \hat{\boldsymbol{D}}_{1i} + \varepsilon_{1i}^{-1} \hat{\boldsymbol{E}}_{1i}^{\mathrm{T}} \hat{\boldsymbol{E}}_{1i} + \varepsilon_{2i} \hat{\boldsymbol{D}}_{2i}^{\mathrm{T}} \hat{\boldsymbol{D}}_{2i} + \varepsilon_{2i}^{-1} \hat{\boldsymbol{E}}_{2i}^{\mathrm{T}} \hat{\boldsymbol{E}}_{2i} + \\
&\varepsilon_{bij} \hat{\boldsymbol{D}}_{bi}^{\mathrm{T}} \hat{\boldsymbol{D}}_{bi} + \varepsilon_{bij}^{-1} \hat{\boldsymbol{E}}_{bij}^{\mathrm{T}} \hat{\boldsymbol{E}}_{bij} < 0
\end{aligned} \tag{5.39}$$

那么对于每个 i, j,有 $\boldsymbol{\Omega}_{ij} < 0$.

由 Schur 补定理,式(5.39)成立等价于下面的不等式成立,即

$$\boldsymbol{\Psi}_{ij}=\begin{bmatrix}\hat{\boldsymbol{\Phi}}_{ij} & \hat{\boldsymbol{E}}_{1i}^{\mathrm{T}} & \hat{\boldsymbol{E}}_{2i}^{\mathrm{T}} & \hat{\boldsymbol{E}}_{bij}^{\mathrm{T}}\\ * & -\varepsilon_{1i}\boldsymbol{I} & \boldsymbol{O} & \boldsymbol{O}\\ * & * & -\varepsilon_{2i}\boldsymbol{I} & \boldsymbol{O}\\ * & * & * & -\varepsilon_{bij}\boldsymbol{I}\end{bmatrix}<0 \tag{5.40}$$

其中

$$\hat{\boldsymbol{\Phi}}_{ij}=\begin{bmatrix}\hat{\boldsymbol{\Phi}}_{11i} & \overline{\boldsymbol{\Phi}}_{12i} & \overline{\boldsymbol{\Phi}}_{13} & \overline{\boldsymbol{\Phi}}_{14} & \overline{\boldsymbol{\Phi}}_{15ij} & \overline{\boldsymbol{\Phi}}_{16} & \overline{\boldsymbol{\Phi}}_{17} & \overline{\boldsymbol{\Phi}}_{18}\\ * & \hat{\boldsymbol{\Phi}}_{22i} & t_3\boldsymbol{X}\boldsymbol{A}_{2i}^{\mathrm{T}} & t_4\boldsymbol{X}\boldsymbol{A}_{2i}^{\mathrm{T}} & \overline{\boldsymbol{\Phi}}_{25ij} & t_6\boldsymbol{X}\boldsymbol{A}_{2i}^{\mathrm{T}} & t_7\boldsymbol{X}\boldsymbol{A}_{2i}^{\mathrm{T}} & \overline{\boldsymbol{\Phi}}_{28i}\\ * & * & \overline{\boldsymbol{\Phi}}_{33i} & -\overline{\boldsymbol{P}}_{22} & t_3\boldsymbol{B}_i\boldsymbol{Y}_j & \boldsymbol{O} & \boldsymbol{O} & -t_3\boldsymbol{X}^{\mathrm{T}}\\ * & * & * & \overline{\boldsymbol{\Phi}}_{44} & t_4\boldsymbol{B}_i\boldsymbol{Y}_j & \boldsymbol{O} & \boldsymbol{O} & \overline{\boldsymbol{\Phi}}_{48}\\ * & * & * & * & \hat{\boldsymbol{\Phi}}_{55ij} & t_6\boldsymbol{Y}_j^{\mathrm{T}}\boldsymbol{B}_i^{\mathrm{T}} & t_7\boldsymbol{Y}_j^{\mathrm{T}}\boldsymbol{B}_i^{\mathrm{T}} & \overline{\boldsymbol{\Phi}}_{58i}\\ * & * & * & * & * & \overline{\boldsymbol{\Phi}}_{66} & \overline{\boldsymbol{\Phi}}_{67} & -t_6\boldsymbol{X}^{\mathrm{T}}\\ * & * & * & * & * & * & \overline{\boldsymbol{\Phi}}_{77} & \overline{\boldsymbol{\Phi}}_{78}\\ * & * & * & * & * & * & * & \overline{\boldsymbol{\Phi}}_{88}\end{bmatrix}<0 \tag{5.41}$$

并且

$$\hat{\boldsymbol{\Phi}}_{11i}=\overline{\boldsymbol{\Phi}}_{11i}+\varepsilon_{1i}\boldsymbol{D}_i\boldsymbol{D}_i^{\mathrm{T}}$$

$$\hat{\boldsymbol{\Phi}}_{22i}=\overline{\boldsymbol{\Phi}}_{22i}+\varepsilon_{2i}\boldsymbol{D}_i\boldsymbol{D}_i^{\mathrm{T}}$$

$$\hat{\boldsymbol{\Phi}}_{55ij}=\overline{\boldsymbol{\Phi}}_{55ij}+\varepsilon_{bi}\boldsymbol{D}_i\boldsymbol{D}_i^{\mathrm{T}}$$

以及 $\overline{\boldsymbol{\Phi}}$ 如定理 5.1 中的定义. 如果式(5.41) 成立,当且仅当下面不等式成立,即

$$\sum_{i=1}^{r}\sum_{j=1}^{r}w_i(\boldsymbol{x}(t))m_j(\boldsymbol{x}(t-d(t)))\boldsymbol{\Psi}_{ij}<0 \tag{5.42}$$

将上式结合等式 $\sum_{i=1}^{r}\sum_{j=1}^{r}w_i(w_j-m_j)\overline{\boldsymbol{\Lambda}}_i=0$,那么接下来的证明过程与定理 5.1 相同. 由此我们可以得到定理 5.2 的条件以及式(5.35)(5.37). 因此在上述条件成立下,具有输入时变时滞的模糊控制系统是鲁棒稳定的,且相应的控制器可以设计形如式(5.34),定理证毕.

注解 5.1 如果令本节所考虑的系统中 $w_i(\boldsymbol{x}(t)) = m_j(\boldsymbol{x}(t))$,$d_1(t) = d_2(t)$,那么本章中的闭环系统与文献[128]中的系统含有相同的结构. 另外,如果令 $w_i(\boldsymbol{x}(t)) = m_j(\boldsymbol{x}(t))$ 和 $d_1(t) = d_2(t) = d$,那么此时本章中所研究的闭环控制系统与文献[81,127]的系统结构是相同的,因此本章所考虑的控制系统更具有一般性. 此外,由于稳定性分析过程中引入了隶属度函数的性质,从而大大降低了稳定性条件的保守性. 另外,当控制器与被控对象拥有相同的隶属度函数时,即 $w_i(\boldsymbol{x}(t)) = m_j(\boldsymbol{x}(t))$,那么此时本章所得的稳定性条件将退化为文献[129-131]中的情况. 因此本章所得到的时滞相关稳定条件是已有文献结果的一种推广.

注解 5.2 首次引进含有三重积分的增广 Lyapunov 泛函研究同时具有输入时滞和状态时滞的不确定 T-S 模糊系统的稳定性问题. 由于三重积分的引入,使得本章所选取的 Lyapunov 泛函更具有普遍意义. 同时,两个积分不等式以及少量权矩阵的引进使得本章所得的结果不仅具有更小的保守性,而且降低了计算的复杂度. 不难发现,一些文献的结果是本章在特殊条件下得到的结果. 比如令式(5.13)中

$$\boldsymbol{P}_{12} = \boldsymbol{O},\boldsymbol{P}_{22} = \boldsymbol{O},\boldsymbol{Z}_{12} = \boldsymbol{Z}_{22} = \boldsymbol{O},\boldsymbol{N}_{12} = \boldsymbol{N}_{22} = \boldsymbol{O},\boldsymbol{R}_1 = \boldsymbol{R}_2 = \boldsymbol{O}$$

以及

$$w_i(\boldsymbol{x}(t)) = m_j(\boldsymbol{x}(t))$$

那么本章结果将退化为文献[129]的结果. 再比如,如果令式(5.13)中

$$\boldsymbol{M}_2 = \boldsymbol{O},\boldsymbol{Z}_{12} = \boldsymbol{Z}_{22} = \boldsymbol{O},\boldsymbol{Q}_1 = \boldsymbol{Q}_2 = \boldsymbol{O},\boldsymbol{R}_1 = \boldsymbol{R}_2 = \boldsymbol{O}$$

以及系统中

$$w_i(\boldsymbol{x}(t)) = m_j(\boldsymbol{x}(t)) \text{ 和 } d_2(t) = 0$$

那么也将得到文献[124]的结果.

注解 5.3 本章采取了前提不匹配的控制器设计方法,该方法克服了已有的并行分布补偿设计方法的缺点,从而使得更多的含有输入时滞的系统可以被考虑,同时降低了控制器执行的难度,因此对于既含有输入时滞又含有状态时滞的系统来说,本章的设计方法是已有设计方法的重要补充.

综上所述,可以看出利用传统的 Lyapunov-Krasovskii 泛函方法以及基于并行分布补偿控制器设计方法得到的结果皆为本章结果的特例,因此本章的分析方法是已有文献[125-134]方法的重要推广和补充.

5.4 数值算例

下面的数值例子用来验证本章所提出的方法在减少保守性方面的有效性.

例 5.1 考虑下面具有状态以及输入时滞的标称 T-S 模糊系统(隶属度函数同例 2.1)

$$\dot{\boldsymbol{x}}(t)=\sum_{i=1}^{2} w_i(\boldsymbol{x}(t))(\boldsymbol{A}_{1i}\boldsymbol{x}(t)+\boldsymbol{A}_{2i}\boldsymbol{x}(t-d_1(t))+\boldsymbol{B}_i\boldsymbol{u}(t-d_2(t))) \tag{5.43}$$

其中系统矩阵参数为

$$\boldsymbol{A}_{11}=\begin{bmatrix}0 & 0.6\\ 0 & 1\end{bmatrix},\boldsymbol{A}_{21}=\begin{bmatrix}0.5 & 0.9\\ 0 & 2\end{bmatrix}$$

$$\boldsymbol{A}_{12}=\begin{bmatrix}1 & 0\\ 1 & 0\end{bmatrix},\boldsymbol{A}_{22}=\begin{bmatrix}0.9 & 0\\ 1 & 1.6\end{bmatrix}$$

$$\boldsymbol{B}_1=\boldsymbol{B}_2=\begin{bmatrix}1\\ 1\end{bmatrix}$$

下面主要验证定理 5.1 在减少保守性方面的有效性. 令系统(5.43) 中 $d_1(t)=d_2(t)$,此时系统退化为文献[128] 所考虑的时滞系统. 当 $\mu_1=0,\mu_2=0$ 时,利用定理 5.1,其中 $\rho_1=0.75,\rho_2=0.95,t_2=0.1,t_3=0.2,t_4=0.7,t_5=0.1,t_6=0.4,t_7=0.1,t_8=1.3$ 以及文献[128] 的方法求得系统在稳定条件下所允许的最大状态时滞,输入时滞以及相应的状态反馈控制器增益. 对比结果可见表 5.1. 由表 5.1 的结果可以看出在相同条件下本章方法与文献[128] 的方法相比更有优势.

表 5.1 $\boldsymbol{\mu}_1=\boldsymbol{\mu}_2=0$ 时,最大时滞上限 $\boldsymbol{h}_1,\boldsymbol{h}_2$ 和反馈增益矩阵比较

来源	h_1	h_2	反馈增益矩阵
文献[128]	0.312 0	0.312 0	$\boldsymbol{F}_1=[1.0598 \quad -5.6598]$,$\boldsymbol{F}_2=[-1.3068 \quad -4.1167]$
定理 5.1	0.33	0.57	$\boldsymbol{F}_1=[-0.0042 \quad -0.0449]$,$\boldsymbol{F}_2=[0.0048 \quad 0.0717]$

5.5 仿真实例

例 5.2 在此例中，我们继续考虑例 2.2 中具有时滞的非线性模型(2.59)～(2.61)，针对该系统更为复杂的情况进行仿真分析以进一步验证本章的方法在减少保守性方面的有效性以及控制器设计方法的优越性. 此时假设该系统的输入信号中也存在时滞项，并且假设在测量拖车以及牵引车长度的过程中存在一些误差. 我们将这些误差归结为一些不确定参数. 当我们考虑以上因素时，此时系统(2.59)～(2.61)实质上为一个同时具有状态时滞以及输入时滞的不确定系统，具体可以用下述动态方程表示，即

$$\dot{x}_1(t) = -a\frac{v\bar{t}}{(L+\Delta L(t))t_0}\sin(x_1(t)) + (1-a)\frac{v\bar{t}}{(L+\Delta L(t))t_0}\sin(\boldsymbol{x}(t-d_1(t))) + \frac{v\bar{t}}{(l+\Delta l)t_0}\tan(u(t-d_2(t))) \tag{5.44}$$

$$\dot{x}_2(t) = a\frac{v\bar{t}}{(L+\Delta L(t))t_0}\sin(x_1(t)) + (1-a)\frac{v\bar{t}}{(L+\Delta L(t))t_0}\sin(x_1(t-d_1(t))) \tag{5.45}$$

$$\dot{x}_3(t) = v\bar{t}\cos[x_1(t)]\sin\left(\frac{x_2(t)}{t_0}+\frac{1}{2}\dot{x}_2(t)\right) \tag{5.46}$$

其中

$$-0.2619 \leqslant \Delta L \leqslant 0.2895,\ -0.1333 \leqslant \Delta l \leqslant 0.1474$$

即

$$0.95\frac{1}{L} \leqslant \frac{1}{L+\Delta L} \leqslant 1.05\frac{1}{L},0.95\frac{1}{l} \leqslant \frac{1}{l+\Delta l} \leqslant 1.05\frac{1}{l}$$

$d_1(t)$ 与 $d_2(t)$ 代表时变时滞.

当 $x_1(t)$，$u(t)$ 取值不大的时候，上述方程可以进一步简化为

$$\dot{x}_1(t) = -a\frac{v\bar{t}}{(L+\Delta L(t))t_0}x_1(t) - (1-a)\frac{v\bar{t}}{(L+\Delta L(t))t_0}x_1(t-d_1(t)) +$$

$$\frac{v\bar{t}}{(l+\Delta l)t_0}u(t-d_2(t)) \tag{5.47}$$

$$\dot{x}_2(t)=a\frac{v\bar{t}}{(L+\Delta L(t))t_0}x_1(t)+(1-a)\frac{v\bar{t}}{(L+\Delta L(t))t_0}x_1(t-d_1(t)) \tag{5.48}$$

$$\begin{aligned}\dot{x}_3(t)=&\frac{v\bar{t}}{t_0}\sin(x_2(t)+a\frac{v\bar{t}}{2(L+\Delta L(t))}x_1(t)+\\&(1-a)\frac{v\bar{t}}{2(L+\Delta L(t))}x_1(t-d_1(t)))\end{aligned} \tag{5.49}$$

类似例 2.2 的线性模糊化方法,采用如下具有两条模糊逻辑规则的模糊模型进行近似描述.

模糊规则 1:如果 $\bar{\theta}(t)$ 属于 0,那么

$$\begin{aligned}\dot{\boldsymbol{x}}(t)=&(\boldsymbol{A}_{11}+\Delta\boldsymbol{A}_{11})\boldsymbol{x}(t)+(\boldsymbol{A}_{21}+\Delta\boldsymbol{A}_{21})\boldsymbol{x}(t-d_1(t))+\\&(\boldsymbol{B}_1+\Delta\boldsymbol{B}_1)\boldsymbol{u}(t-d_2(t))\end{aligned} \tag{5.50}$$

模糊规则 2:如果 $\bar{\theta}(t)$ 属于 π 或 $-\pi$,那么

$$\begin{aligned}\dot{\boldsymbol{x}}(t)=&(\boldsymbol{A}_{12}+\Delta\boldsymbol{A}_{12})\boldsymbol{x}(t)+(\boldsymbol{A}_{22}+\Delta\boldsymbol{A}_{22})\boldsymbol{x}(t-d_1(t))+\\&(\boldsymbol{B}_2+\Delta\boldsymbol{B}_2)\boldsymbol{u}(t-d_2(t))\end{aligned} \tag{5.51}$$

其中隶属度函数选取同例 2.2,且 $a,\boldsymbol{A}_{11},\boldsymbol{A}_{12},\boldsymbol{A}_{21},\boldsymbol{A}_{22},\boldsymbol{B}_1,\boldsymbol{B}_2$ 的取值与例 2.2 中相同,这里

$$\boldsymbol{D}_i=[0.255\quad 0.255\quad 0.255]^{\mathrm{T}},\boldsymbol{E}_{1i}=\boldsymbol{E}_{2i}=[0.1\quad 0\quad 0]$$

$$\boldsymbol{E}_{bi}=[0.15\quad 0\quad 0],\boldsymbol{K}_i(t)=\sin(t),i=1,2$$

基于上述 T-S 模糊时滞模型,构造形如例 2.2 中的模糊控制器(2.57). 由于本例中输入信号含有时滞,因此模糊控制器表示如下

$$\boldsymbol{u}(t-d_2(t))=\sum_{j=1}^{2}m_j(\bar{\theta}(t-d_2(t)))\boldsymbol{F}_j\boldsymbol{x}(t-d_2(t)) \tag{5.52}$$

其中隶属度函数的结构如图 2.7 所示,且具体可以描述如下

$$m_1(\bar{\theta}(t-d_2(t)))=0.99\mathrm{e}^{\frac{-\bar{\theta}(t-d_2(t))^2}{2\times1.5^2}}$$

$$m_2(\bar{\theta}(t-d_2(t)))=1-m_1(\bar{\theta}(t-d_2(t))) \tag{5.53}$$

(1) 当 $a=1$ 时,此时系统的状态滞后项系数矩阵 $\boldsymbol{A}_{21}=\boldsymbol{A}_{22}=0$,那么此时系统退变为只含有输入时滞的模糊系统,同文献[124]. 当 $\mu_2=0$ 时,利用定理

5.2，其中，$\rho_1=0.75$，$\rho_2=0.95$，$t_2=0.1$，$t_3=0.2$，$t_4=0.7$，$t_5=0.1$，$t_6=0.4$，$t_7=0.8$，$t_8=2$ 以及文献[124]和[131]的方法求得系统渐近稳定下所允许的最大输入时滞 h_2 以及系统的状态反馈增益矩阵. 对比结果可见表 5.2. 显然，利用本章方法可以得到更大的时滞上界，同时可以获得更小的反馈增益矩阵，由此可以说明本章所提出的方法具有更小的保守性.

表 5.2 $\boldsymbol{\mu}_2=0$ 时，最大时滞上限和反馈增益矩阵比较

来源	h_2	反馈增益矩阵
文献[124]	0.75	$\boldsymbol{F}_1=[3.4227\quad -0.3535\quad 0.0045]$，$\boldsymbol{F}_2=[3.5215\quad -0.3617\quad 0.0056]$
文献[131]	0.86	$\boldsymbol{F}_1=[3.3219\quad -0.2406\quad 0.0025]$，$\boldsymbol{F}_2=[3.3272\quad -0.2494\quad 0.0026]$
定理 5.2	1.2	$\boldsymbol{F}_1=[-0.0212\quad 0.0093\quad -0.0024]$，$\boldsymbol{F}_2=[-0.0250\quad 0.0044\quad 0.0014]$

（2）当 $a\neq 1$ 时，此时系统中状态滞后项系数矩阵 $\boldsymbol{A}_{21}\neq 0$，$\boldsymbol{A}_{22}\neq 0$，即此时系统中状态时滞与输入时滞并存. 由于文献[124]只考虑了输入时滞，因此文献[124]的方法将会失效. 而文献[131]以及定理 5.2 的方法可用. 表 5.3 列出了当 $\mu_1=\mu_2=0$ 时，基于文献[131]的稳定条件以及定理 5.2，其中 $a=0.7$，$\rho_1=0.75$，$\rho_2=0.95$，$t_2=0.1$，$t_3=0.2$，$t_4=0.7$，$t_5=0.1$，$t_6=0.4$，$t_7=0.8$，$t_8=3$ 下，求得系统渐近稳定下所允许的最大状态时滞 h_1，最大输入时滞 h_2 以及相应的状态反馈控制器增益矩阵，可以看出本章方法在降低鲁棒稳定性的保守性方面同样是有效的.

表 5.3 $\boldsymbol{\mu}_1=\boldsymbol{\mu}_2=0$ 时，最大时滞上限 h_1，h_2 和反馈增益矩阵比较

来源	h_1	h_2	反馈增益矩阵
文献[131]	0.1	0.55	$\boldsymbol{F}_1=[4.4456\quad -1.0809\quad 0.0347]$，$\boldsymbol{F}_2=[4.5117\quad -1.1684\quad 0.0374]$
定理 5.2	0.4	1.7	$\boldsymbol{F}_1=[-0.0128\quad 0.0090\quad -0.0017]$，$\boldsymbol{F}_2=[-0.0194\quad 0.0012\quad 0.0009]$

下面通过仿真结果验证我们所设计的模糊控制器对于含有输入时滞以及不确定参数的牵引车拖车自动倒车系统(5.44) ~ (5.46)的稳定性问题同样适用. 令 $\rho_1=0.75$，$\rho_2=0.95$，使得对于 $j=1,2$ 以及 $\theta(t-1.7)$，有

$$m_j(\theta(t-1.7))-\rho_j w_j(\theta(t))>0$$

结合表 5.3 中所求得的控制器增益，那么相应的含有输入时滞的模糊控制器可以表示为

$$\boldsymbol{u}(t-1.7)=m_1[-0.0128\quad 0.0090\quad -0.0017]\boldsymbol{x}(t-1.7)+$$

$$m_2[-0.0194 \quad 0.0012 \quad 0.0009]\boldsymbol{x}(t-1.7)$$

把该控制器作用于系统(5.44) ~ (5.46),选取初值

$$\boldsymbol{x}(0)=[0.05\pi \quad 0.075\pi \quad -0.5]^{\mathrm{T}}$$

图5.1描绘出倒车系统的闭环响应曲线.可以看出我们所设计的控制器能够保证含有不确定的非线性系统(5.44) ~ (5.46)是渐近稳定的.进而验证了本章方法的有效性.此外对比文献[124-134]的控制器设计方法,在同样能保证系统渐近稳定的条件下,本章所设计模糊控制器具有更大的灵活性.

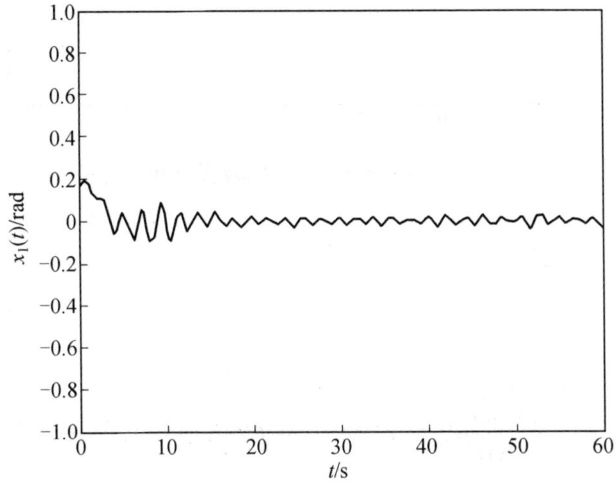

(a) 拖车与连轴之间角度的响应曲线

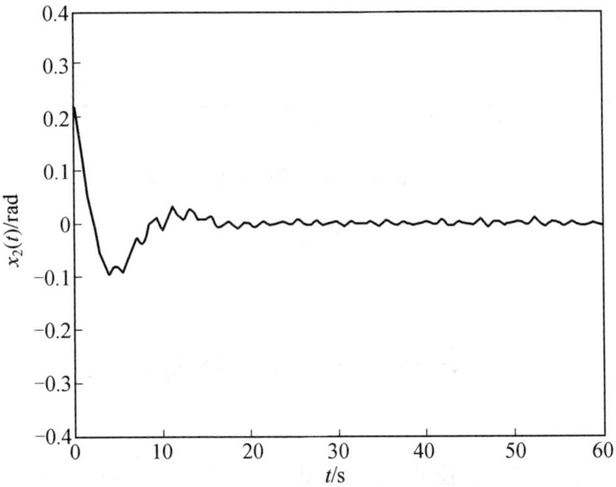

(b) 拖车相对于水平位置的角度的响应曲线

图5.1 当$h_1=0.4$,$h_2=1.7$时,牵引车拖车倒车系统的响应曲线

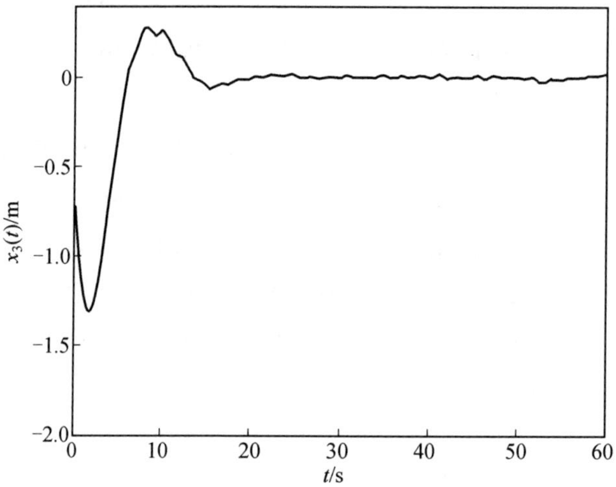

(c) 拖车尾部相对水平轴距离的相应曲线

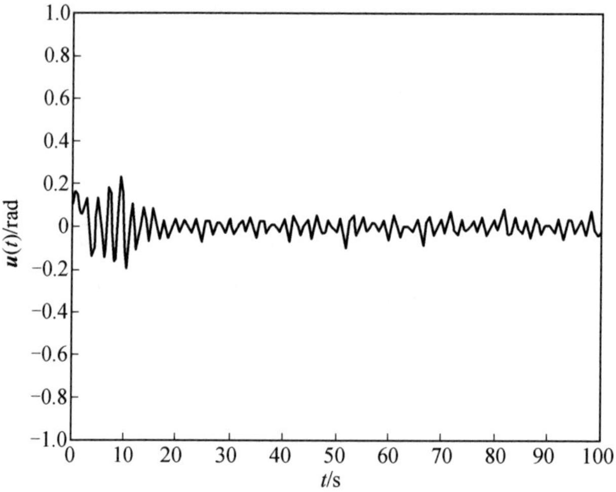

(d) 牵引导向角度的响应曲线

续图 5.1

5.6 本章小结

本章主要讨论了具有输入时变时滞和状态时变时滞的前提不匹配的 T-S 模糊系统的鲁棒稳定性以及鲁棒镇定性的问题. 在分析过程中引进了含有三重积分的增广 Lyapunov 泛函,得到了保守性较小的鲁棒稳定性准则,同时给出前提不匹配的控制器增益的求解方法. 由于前提不匹配条件的引入,使得此时控制器的隶属度函数可以任意地选取,因此大大地提高了控制器设计的灵活性,同时也降低了由于隶属度函数结构复杂而导致控制器执行的复杂度. 最后通过数值算例与仿真实例验证了本章方法的有效性与优越性.

第6章 结论

本书就 T-S 模糊时滞系统的稳定性与镇定问题的研究现状以及存在的一些问题，提出了前提不匹配的 T-S 模糊时滞模型，该模型是已有 T-S 模糊时滞模型的重要推广. 所谓前提不匹配条件是指被控对象与模糊控制器拥有不同的隶属度函数. 本书主要针对这类 T-S 模糊时滞系统的稳定性，鲁棒稳定性，控制器设计以及鲁棒镇定问题展开逐步深入的研究，并且做出了如下创新性成果.

（1）提出了改进的时滞无关的稳定性分析方法以及前提不匹配的控制器设计方法. 该稳定性分析方法主要在分析过程中考虑了模糊被控对象与模糊控制器隶属度函数的信息，从而降低了稳定条件的保守性. 同时在控制器设计方面，与已有的并行分布补偿设计方法不同的是，前提不匹配的设计方法可以允许模糊控制器的隶属度函数选取不同于模糊被控对象的隶属度函数，从而使得模糊控制器的隶属度函数的选取有了更大的自由度，因此极大地提高了控制器设计的灵活性. 更重要的是该方法能够避免当模糊被控对象的隶属度函数的结构非常复杂或者含有不确定参数时而导致模糊控制器很难执行或者无法执行的情况发生，从而保留了模糊控制器内在的鲁棒性. 通过一些数值算例和牵引车拖车自动倒车系统的仿真分析进一步验证了本书方法的有效性与优越性.

（2）提出了改进的时滞相关的稳定性分析方法及镇定的方法. 首先，通过构造新的Lyapunov泛函，研究了常时滞的前提不匹配的T-S模糊系统的稳定性及镇定问题. 利用积分不等式并结合自由权矩阵得到了保守性较小的稳定性条件，并且给出新的前提不匹配的镇定条件. 与已有文献相比，本书结果不仅降低了保守性而且减少了数值计算的复杂度. 新的镇定条件的提出，使得模糊控制器的设计方法有了更大的灵活性，是已有文献中时滞相关镇定方法的重要补充. 其次，针对区间变时滞的T-S模糊系统的鲁棒稳定性问题，引进了包含时滞上下界信息的新的Lyapunov泛函，改进了原有的自由权矩阵方法. 该方法在整个分析过程中没有进行任何不等式放缩，从而包含了全部有意义的信息量，因此能够获得更大的时滞上界. 对比已有文献的结果，降低了鲁棒稳定性条件的保守性. 最后，通过数值算例及仿真实例进一步验证了本书方法的正确性及有效性.

（3）对于时滞相关的稳定性分析方法，提出了含有三重积分的增广的Lyapunov泛函. 首先，针对具有常时滞的T-S模糊系统的鲁棒稳定性及鲁棒镇定问题，利用积分不等式，并且结合带有自由权矩阵的参数化模型变换，得到了保守性较小的新的时滞相关鲁棒稳定性准则，并且给出了前提不匹配的鲁棒控制器的设计方法，有效地提高了控制器设计的灵活性. 其次，进一步研究了区间变时滞的T-S模糊系统的鲁棒稳定性问题. 与已有文献的方法相比，本书所提出的Lyapunov泛函具有更普遍的意义，因此扩大了保证系统稳定的区域. 同时积分不等式的引入，使得引入的额外矩阵变量少于已有文献的结果. 因此本书方法在减少保守性的同时提高了数值计算的效率. 最后，通过一些数值算例进一步验证本书方法在减少保守性方面的高效性，并且通过对实际CE150直升机系统的仿真分析验证了本书的设计方法与已有文献的设计方法相比具有广泛的适用范围.

（4）对于具有输入时滞的T-S模糊控制系统的时滞相关鲁棒稳定性问题，提出了一个新的具有三重积分型Lyapunov泛函的分析方法和前提不匹配的鲁棒控制器设计方法. 在分析过程中假定系统的输入时滞与状态时滞均为时变时滞，并且二者相互独立. 由于新提出的Lyapunov泛函同时包含了输入时滞和状态时滞的信息，从而使得所得到的鲁棒稳定性准则具有更小的保守性. 同时给出前提不匹配的鲁棒控制器的设计方法. 该方法不仅提高了设计的灵活性，同时适用于隶属度函数中含有不确定参数的模糊模型,从而保留了模糊控制器内在的鲁棒性. 上述分析方法是已有文献分析方法的不可或缺的补充. 最后通过仿真算例进一步验证了本书方法的正确性和有效性.

综上所述,本书主要针对前提不匹配的 T-S 模糊时滞系统的稳定性问题以及控制器设计问题进行了比较全面的研究. 改进并完善了已有的对于时滞系统稳定性分析所采用的时滞无关和时滞相关的分析方法. 然而,由于时间仓促,加之所研究问题本身的复杂性,仍然还有一些问题有待于在后续的研究中做出进一步深入的探讨:

(1) 本书主要围绕在前提不匹配条件下 T-S 模糊时滞系统的稳定性问题以及控制器设计问题展开研究,在反馈控制器的设计方面,目前只考虑了静态状态反馈的情况,对于输出反馈以及动态输出反馈的问题有待进一步研究.

(2) 目前本书只进行到对于鲁棒镇定问题的研究,对于前提不匹配的鲁棒 H_∞ 控制问题仍有待于进一步深入的研究.

(3) 本书中利用含有三重积分的增广 Lyapunov 泛函方法给出了连续型 T-S 型模糊系统的稳定性判定准则以及鲁棒镇定条件,如何将这种思想及方法应用到离散型 T-S 模糊时滞系统中并进行相应的研究将具有重要的研究价值.

参考文献

[1] TAKAGI T, SUGENO M. Fuzzy identification of systems and its applications to modeling and control[J]. IEEE Transactions on Systems, Man, and Cybernetics, 1985, 5(1): 116-132.

[2] TANAKA K, IKEDA T, WANG H O. Fuzzy regulators and fuzzy observers: relaxed stability conditions and LMI-based designs[J]. IEEE Transactions on Fuzzy Systems, 1998,6(2): 250-265.

[3] TANAKA K, SUGENO M. Stability analysis and design of fuzzy control systems[J]. Fuzzy Sets and Systems, 1992,45(2): 135-156.

[4] TANAKA K, WANG H O. Fuzzy Control Systems Design and Anaysis: A Linear Matrix Inequality Approach[M]. Hoboken: Wiley Interscience, 2001: 10-25,277-286.

[5] KAU S W, LEE H J, YANG C M, et al. Robust H_∞ fuzzy static output feedback control of T-S fuzzy systems with parametric uncertainties[J]. Fuzzy Sets and Systems, 2007,158(2): 135-146.

[6] LIU X D, ZHANG Q L. Approaches to quadratic stability conditions and H_∞ control designs for T-S fuzzy systems[J]. IEEE Transactions on Fuzzy Systems, 2003,11(6): 830-839.

[7] CAO Y Y, FRANK P M. Robust H_∞ disturbance attenuation for a class of uncertain discrete-time fuzzy systems[J]. IEEE Transactions on Fuzzy Systems, 2000,8(4):406-415.

[8] LAM H K, NARIMANI M. Quadratic-Stability analysis of fuzzy-model-based control systems using staircase membership functions[J]. IEEE Transactions on Fuzzy Systems, 2010,18(1): 125-137.

[9] TANAK K, SANO M. A robust stabilization problem of fuzzy control systems and its application to backing up control of a truck-trailer[J]. IEEE Transacitons on Fuzzy Systems, 1994,2(2): 119-134.

[10] SUGENO M, KANG G T. Structure identification of fuzzy model[J]. Fuzzy Sets and Systems, 1988,28(1): 15-33.

[11] LAM H K, NARIMANI M. Stability analysis and performance design for fuzzy-model-based control system under imperfect premise matching[J]. IEEE Transactions on Fuzzy Systems, 2009,17(4): 949-961.

[12] ZADEH L A. Fuzzy Sets[J]. Information and Control, 1965,8(3): 338-353.

[13] ZADEH L A. Outline of a new approach to the analysis of complex systems and decision processes[J]. IEEE Transactions on Systems, Man, and Cybernetics, 1973,3(1): 28-44.

[14] MAMDANI E H. Application of fuzzy algorithms for Control of simple dynamic plant[J]. Proceedings of the Institution of Electrical Engineers, 1974,121(12): 1585-1588.

[15] MAMDANI E H, ASSILIAN S. An experiment in linguistic synthesis with a fuzzy logic controller[J]. International Journal of Man-Machine Studies, 1975 ,7(1): 1-13.

[16] KING P J,MAMDANI E H. The application of fuzzy control systems to industrial processes[J]. Automatica, 1977,13(3): 235-242.

[17] TONG R M. Analysis of fuzzy control algorithms using the relation matrix[J]. International Journal of Man-Machine Studies, 1976,8(6): 679-686.

[18] PROCYK T J, MAMDANI E H. A linguistic self-organizing process controller [J]. Automatica, 1979,15(1): 15-30.

[19] SUGENO M, NISHIDA M. Fuzzy control of model car[J]. Fuzzy Sets and Systems, 1985,16(2): 103-113.

[20] SUGENO M,MURAKAMI K. Fuzzy parking control of model car[C]. IEEE International Conference on Decision and Control, Las Vegas: 1984: 902-903.

[21] BELLMAN R E, ZADEH L A. Decision-making in a fuzzy environment[J]. Management Sinence, 1970,17(4): 141-164.

[22] BONISSONE P P, BADAMI V, CHIANG K H, et al. Industrial applications

of fuzzy logic at general electrical[J]. Proceedings of the IEEE, 1995,83(3): 450-465.

[23] DUTTA S. Fuzzy logic applications: technological and strategic issues[J]. IEEE Transactions on Engineering Management, 1993,40(3): 237-254.

[24] KOSKOB, BURGESS J C. Neural networks and fuzzy systems[J]. Journal of the Acoustical Society of America, 1998,103(6): 3131.

[25] MENDEL J M. Fuzzy logic systems for engineering: a tutorial[J]. Proceedings of the IEEE, 1995,83(2): 345-377.

[26] SEKER H, ODETAYO M O, PETROVIC D, et al. A fuzzy logic based-method for prognostic decision making in breast and prostate cancers[J]. IEEE Transactions on Information Technology in Biomedicine, 2003,7(2): 114-122.

[27] SUGENO M. Industrial applications of fuzzy control[M]. New York: Elsevier, 1985: 28-47.

[28] SUGENO M, YASUKAWA T. A fuzzy-logic-based approach to qualitative modeling[J]. IEEE Transactions on Fuzzy Systems, 1993,1(1): 7-31.

[29] TEODORESCU H N, JAIN L C, KANDEL A. Fuzzy and Neuro-Fuzzy Systems in Medicine[M]. Boca Raton: CRC, 1998: 45-51.

[30] URAGAMI M, MIZUMOTO M, TANAKA K. Fuzzy robot controls[J]. Journal of Cybernetics, 1976,6(1): 39-64.

[31] 诸静,等. 模糊控制原理与应用[M]. 北京: 机械工业出版社, 1995: 34-64.

[32] WANG L X. Adaptive fuzzy systems and control: design and stability analysis[M]. Englewood Cliffs: Prentice-Hall, 1994.

[33] CALLENDER A, HARTREE D R, PORTER A. Time-lag in a control system[J]. Philosophical Transactions of the Royal Society of London, 1936,235(756): 415-444.

[34] BOYD S. Linear Matrix Inequalities in System and Control Theory[M]. Philadelphia:SIAM, 1994: 7-24.

[35] KHALIL I S, DOYLE J C, GLOVER K. Robust and Optimal Control[M].

New York: Prentice Hall, 1996: 173-210.

[36] SU H J. Further results on the robust stability of linear system with a single time-delay[J]. Systems and Control Letters, 1994,23(5): 375-379.

[37] SUN J, LIU G P, CHEN J, et al. Improved delay-range-dependent stability criteria for linear systems with time-varying delays[J]. Automatica, 2010,46(2): 466-470.

[38] CAO Y Y, FRANK P M. Analysis and synthesis of nonlinear time-delay systems via fuzzy control approach[J]. IEEE Transactions on Fuzzy Systems, 2000,8(2): 200-211.

[39] CAO Y Y,FRANK P M. Stability analysis and synthesis of nonlinear time-delay systems via linear Takagi-Sugeno fuzzy models[J]. Fuzzy Sets and Systems, 2001,124(2): 213-229.

[40] MORI T, KOKAME H. Stability of $\dot{\boldsymbol{x}}(t)=\boldsymbol{A}\boldsymbol{x}(t)+\boldsymbol{B}\boldsymbol{x}(t-\tau)$ [J]. IEEE Transactions on Automatic Control, 1989,34(4): 460-462.

[41] REPIN I M. Quadratic Liapunov functionals for systems with delay[J]. Journal of Mathematical Analysis and Applications, 1965,29(3): 669-672.

[42] AGATHOKLIS P, FODA S. Stability and the matrix Lyapunov equation for delay differential systems[J]. International Journal of Control, 1989,49(2): 417-432.

[43] HALE J K. Theory of Functional Differential Equations[M]. New York: Springer-Verlag, 1977: 45-78.

[44] PETERSEN I R, HOLLOT C V. A riccati equation approach to the stabilization of uncertain linear systems[J]. Automatica, 1986,22(4): 397-441.

[45] TEIXEIRA M C M, ASSUNCAO E, AVELLAR R G. On relaxed LMI-based designs for fuzzy regulators and fuzzy observers [J]. IEEE Transactions on Fuzzy Systems, 2003,11(5): 613-623.

[46] YONEYAMA J. Output stabilization of fuzzy time-delay systems[C]// Asian Fuzzy Systerms Symposiun. Proceedings of 2000 Asian Fuzzy Systems Symposium. Tsukuba: Asian Fuzzy Systerms Symposiun, 2000: 1057-1061.

[47] TSENG C S. Model reference output feedback fuzzy tracking control design for

nonlinear discrete-time systems with time-delay[J]. IEEE Transactions on Fuzzy Systems, 2006,14(1): 58-70.

[48] TEIXEIRA M C M, ZAK S H. Stabilizing controller design for uncertain nonlinear systems using fuzzy models[J]. IEEE Transactions on Fuzzy Systems, 1999,7(2): 133-142.

[49] WANG R J, LIN W W, WANG W J. Stabilizability of linear quadratic state feedback for uncertain fuzzy time-delay systems[J]. IEEE Transactions on Systems, Man, and Cybernetics, 2004,34(2): 1288-1292.

[50] AKAR M, OZGUNER U. Decentralized techniques for the analysis and control of Takagi-Sugeno fuzzy systems[J]. IEEE Transactions on Fuzzy Systems, 2000, 8(6): 691-704.

[51] LEE K R, KIM J H, JEUNG E T, et al. Output feedback robust H_∞ control of uncertain fuzzy dynamic systems with time-varying delay[J]. IEEE Transactions on Fuzzy Systems, 2000,8(6): 657-664.

[52] HU S S, LIU Y. Robust H_∞ control of multiple time-delay uncertain system using fuzzy model and adaptive netrual network[J]. Fuzzy Sets and Systems, 2004,146(3): 403-420.

[53] 关新平，陈彩莲，刘奕昌，等. 不确定时滞系统的模糊保成本控制[J]. 控制与决策，2002,17(2): 178-182.

[54] 韩安太，王树青. 基于 LMI 的一类非线性时滞关联大系统的分散控制[J]. 控制与决策，2004,19(4): 416-419.

[55] ZHANG Y, PHENG A H. Stability of fuzzy control systems with bounded uncertain delays[J]. IEEE Transactions on Fuzzy Systems, 2002,10(1): 92-97.

[56] LAM H K, LEUNG F H F. Stability analysis of discrete-time fuzzy-model-based control systems with time delay: time delay-independent approach[J]. Fuzzy Sets and Systems, 2008,159(8): 990-1000.

[57] CHEN C W. Delay independent criterion for multiple time-delay systems and its application in building structure control systems[J]. Journal of Vibration and Control, 2013,19(3): 395-414.

[58] YONEYAMA J. Generalized stability conditions for Takagi-Sugeno fuzzy time-delay systems[C]// IEEE. Proceedings of 2004 IEEE Conference on Intelligent Systems, Singapore: IEEE, 2004: 491-496.

[59] YONEYAMA J. New generalized condition for Takagi-Sugeno fuzzy time-delay systems[C]// IEEE. Proceedings of 2005 IEEE Conference on Fuzzy Systems, Reno: IEEE, 2005: 957-962.

[60] GUAN X P, CHEN C L. Delay-dependent guaranteed cost control for T-S fuzzy systems with time delays[J]. IEEE Transactions on Fuzzy Systems, 2004,12(2): 236-249.

[61] CHEN B, LIU X P, TONG S C. New delay-dependent stability criteria for T-S fuzzy systems with constant delay[J]. Fuzzy Sets and Systems, 2007,158(20): 2209-2224.

[62] LIEN C H. Further results on delay-dependent robust stability of uncertain fuzzy systems with time-varying delay[J]. Chaos, Solitons and Fracxtals, 2006, 28(2): 422-427.

[63] CHEN B, LIU X P. Delay-dependent robust H_∞ control for T-S systems with time delay[J]. IEEE Transactions on Fuzzy Systems, 2005,13(4): 544-556.

[64] 李森林，温立志. 泛函微分方程[M]. 长沙：湖南科学技术出版社，1987.

[65] WATANABE K, NOBUYAMA E, KOJIMA A. Recent advances in control of time delay systems: a tutorial review[C]// IEEE. Proceedings of 1996 IEEE Decision and Control, Kobe: IEEE, 1996: 2083-2089.

[66] KOLMANOVKSII V B, NICULESU S I, GU K. Delay effect on stability: a survey[C]// IEEE. Proceedings of 1999 IEEE Decision and Control, Phoenix: IEEE, 1999: 1993-1998.

[67] MOON Y S, PARK P, KWON W H, et al. Delay-dependent robust stabilization of uncertain state-delay systems[J]. International Journal of Control, 2001,74(14): 1447-1455.

[68] FRIDMAN E, SHAKE U A. New bounded real lemma representations for

time-delay systems and their applications[J]. IEEE Transactions on Automatic Control, 2001 ,46(12): 1973-1979.

[69] FRIDMAN E,SHAKE U A. An improved stabilization method for linear time-delay systems[J]. IEEE Transactions on Automatic Control, 2002,47(11): 1931-1937.

[70] HAN Q L. Absolute stability of time-delay systems with sector-bounded nonlinearty[J]. Automatica, 2005,41(12): 2171-2176.

[71] ZHANG X M, WU M, SHE H J, et al. Delay-dependent stabilization of linear systems with time-varying state and input delays[J]. Automatica, 2005,41(8): 1405-1412.

[72] 张冬梅. 时滞系统稳定性分析及其在网络控制中的应用[D]. 杭州: 浙江工业大学, 2008: 18-30.

[73] LI C G, WANG H J, LIAO X F. Delay-dependent robust stability of uncertain fuzzy systems with time-varying delays[J]. IEEE Proceedings: Control Theory and Applications, 2004,151(4): 417-421.

[74] GU K. An integral inequality in the stability problem of time-delay systems [C]// IEEE. Proceedings of the 39th IEEE Conference on Decision and Control, Sydney: IEEE, 2000: 2805-2810.

[75] GU K, NICULESU S I. Additional dynamic in transformed time delay[J]. IEEE Transactions on Automatic Control, 2000,45(3): 572-575.

[76] LIEN C H,YU K W,CHEN W D, et al. Stability criteria for uncertain Takagi-Sugeno fuzzy systems with interval time-varying delay[J]. IET Control Theory and Applications, 2007,1(3): 764-769.

[77] WU M, HE Y, SHE J H, et al. Delay-dependent criteria for robust stability of time-varying delay systems[J]. Automatica, 2004,40(8): 1435-1439.

[78] HE Y, WU M, SHE J H, et al. Parameter-dependent Lyapunov functional for stability of time-delay systems with polytopic type uncertainties[J]. IEEE Transactions on Automatic Control, 2004,49(5): 828-832.

[79] 何勇. 基于自由权矩阵的时滞相关鲁棒稳定与镇定[D]. 长沙: 中南大学, 2004.

[80] WANG R J, LIN W W, WANG W J. Stability of linear quadratic state feedback for uncertain fuzzy time-delay systems[J]. IEEE Transactions on Systems, Man Cybernetics, Part B, 2004,34(2): 1288-1292.

[81] YONEYAMA J. Robust stability and stabilization for uncertain Takagi-Sugeno fuzzy time-delay systems[J]. Fuzzy Sets and Systems, 2007,158(2): 115-134.

[82] ZHAO Y, GAO H J, LAM J, et al. Stability and stabilization of delayed T-S fuzzy systems: A delay partitioning approach[J]. IEEE Transactions on Fuzzy Systems, 2009,17(4): 750-762.

[83] WU H N, LI H X. New approach to delay-dependent stability analysis and stabilization for continuous-time fuzzy systems with time-varying delay[J]. IEEE Transactions on Fuzzy Systems, 2007,15(3): 482-493.

[84] YONEYAMA J. Robust control analysis and synthesis for uncertain fuzzy systems with time-delay[C]// IEEE. Proceedings of IEEE International Conference on Fuzzy Systems, St. Louis: IEEE, 2003: 396-401.

[85] LIU F, WU M, HE Y, et al. New delay-dependent stability criteria for T-S fuzzy systems with time-varying delay[J]. Fuzzy Sets and Systems, 2010,161(15): 2033-2042.

[86] HE Y, WANG Q G, XIE L, et al. Further improvement of free-weighting matrices technique for systems with time-varying delay[J]. IEEE Transactions on Automatic Control, 2007,52(2): 293-299.

[87] CHIANG T S, LIU P. Robust output tracking control for discrete-time nonlinear systems with time-varying delay: virtual fuzzy model LMI-based approach[J]. Expert Systems with Applications, 2012,39(3): 8239-8247.

[88] PARLAKCI M N A. Robust stability of uncertain time-varying state-delayed systems[J]. Control Theory and Applications, 2006,153(4): 469-477.

[89] PENG C, TIAN Y C, TIAN E G. Improved delay-dependent robust stabilization conditions of uncertain T-S fuzzy systems with time-varying delay[J]. Fuzzy Sets and Systems, 2008, 159(20): 2713-2729.

[90] KIM S H, PARK P. Relaxed H_∞ stabilization conditions for discrete-time

fuzzy systems with time-varying delays[J]. IEEE Transactions on Fuzzy Systems, 2009,17(6): 1441-1449.

[91] AN J Y, LI T, WEN G L, et al. New stability conditions for uncertain T-S fuzzy systems with interval time-varying delay[J]. International Journal of Control, Automation and Systems, 2012,10(3): 490-497.

[92] SONG K M, PARK J B, JOO Y H. New delay-dependent stability criteria for T-S fuzzy systems with interval delay[C]// IEEE. Proceedings of 2012 International Conference on Control, Automation and Systems, Jeju Island: IEEE, 2012: 370-373.

[93] PENG C, WEN L Y, YANG J Q. On delay-dependent robust stability criteria for uncertain T-S fuzzy systems with interval time-varying delay[J]. International Journal of Fuzzy Systems, 2011,13(1): 35-44.

[94] LI L, LIU X D, CHAI T Y. New approach on H_∞ control of T-S fuzzy systems with interval time-varying delay[J]. Fuzzy Sets and Systems, 2009,160(12): 1669-1688.

[95] JIANG X F, HAN Q L. Robust H_∞ control for uncertain Takagi-Sugeno fuzzy systems with interval time-varying delay[J]. IEEE Transactions on Fuzzy Systems, 2007,15(2): 321-331.

[96] KWON O M, PARK M J, PARK H J, et al. Improved robust stability criteria for uncertain discrete-time systems with interval time-varying delays via new zero equalities[J]. IET Control Theory and Applications, 2012,6(16): 2567-2575.

[97] YANG X X, JIANG X, ZHANG X X. A new stability criterion of fuzzy systems with interval time-varying delay[C]// IEEE. Proceedings of 2009 International Conference on Computer Technology and Development, Kota Kinabalu: IEEE, 2009: 20-23.

[98] XU S Y. On equivalence and efficiency of certain stability criteria for time-delay systems[J]. IEEE Transactions on Automation Control, 2007,52(1): 95-101.

[99] PENG C, TIAN Y C. Delay-dependent robust stability criteria for uncertain

systems with interval time varying delaly[J]. Journal of Computational and Applied Mathematics, 2008,214(2): 480-494.

[100] LIU Z X, LYU S, ZHONG S M, et al. Stabilization analysis for discrete-time systems with time delay[J]. Applied Mathematics and Computation, 2010, 216(7): 2024-2035.

[101] JING X J, TAN D L, WANG Y C. An LMI approach to stability of systems with severe time-delay[J]. IEEE Transactions on Automatic Control, 2004, 49(7): 1192-1195.

[102] 张先明. 基于积分不等式方法的时滞相关鲁棒控制研究[D]. 长沙: 中南大学, 2006.

[103] 吴忠强, 高美静. 离散模糊系统的新型模糊控制器与观测器设计[J]. 系统仿真学报, 2002,14(7): 955-960.

[104] HADDAD W M, BERNSTEIN D S. Parameter-dependent Lyapunov functions and the Popov criteria in robust analysis and synthesis[J]. IEEE Transactions on Automatica Control, 1995,40(3): 536-543.

[105] GAHINET P, APKARIAN P, CHILAI M. Affine parameter-dependent Lyapunov functions and real parametric uncertainty[J]. IEEE Transactions on Automatic Control, 1996,41(3): 436-442.

[106] FERON E, APKARIAN P, GAHINET P. Analysis and synthesis of robust control system via parameteric uncertainty[J]. IEEE Transactions on Automatic Control, 1996,41(7): 1041-1046.

[107] 陈国洋, 李柠, 李少远. 一类 T-S 模糊控制系统的稳定性分析及设计[J]. 控制理论与应用, 2010,27(3): 310-316.

[108] SONG M K, PARK J B, JOO Y H. A delay partitioning approach to delay-range-dependent stability analysis of fuzzy systems[J]. International Journal of Control, Automation and Systems, 2012,10(1): 143-149.

[109] 赵燕. 非线性系统中时滞及丢包问题的模糊控制研究[D]. 哈尔滨: 哈尔滨工业大学, 2010.

[110] AN J Y, WEN G L. Improved stability criteria for time-varying delayed T-S fuzzy systems via delay partitioning approach[J]. Fuzzy Sets and Systems,

2011,185(1): 83-94.

[111] LI T,SONG A G,XUE M X, et al. Stability analysis on delayed neural networks based on an improved delay-partitioning approach[J]. Journal of Computational and Applied Mathematics, 2011,235(9): 3086-3095.

[112] ZHANG Z M, HAN Q L. A delay decomposition approach to delay-dependnet stability for linear systems with time-varying delays[J]. International Journal of Robust Nonlinear Control, 2009,19(17): 1922-1930.

[113] KWON W H, PEARSON A E. Feedback stabilization of linear systems with delayed control[J]. IEEE Transactions on Automatic Control, 1980,25(2): 266-269.

[114] LUO R C,CHUNG L Y. Stabilization for linear uncertain system with time latency[J]. IEEE Transactions on Industrial Electronics, 2002,49(4): 905-910.

[115] ZHANG X M, WU M, SHE J H, et al. Delay-dependent stabilization of linear systems with time-varying state and input delay[J]. Automatica, 2005,41(8): 1405-1412.

[116] FRIDMAN E,SEURET A,RICHARD J P. Robust sampled-data stabilization of linear systems: an input delay approach[J]. Automatica,2004,40(8): 1441-1446.

[117] YUE D, HAN Q L. Delay feedback control of uncertain systems with time-varying input delay[J]. Automatica, 2005,41(2): 233-240.

[118] GAO J,HUANG B. Delay-dependent robust guaranteed cost control of an uncertain linear system with state and input delay[J]. International Journal of Systems Science, 2005,36(1): 19-26.

[119] DU B Z,LAM J,SHU Z. Stabilization for state/input delay systems via static and integral output feedback[J]. Automatica, 2010,46(12): 2000-2007.

[120] CHERES E,PALMOR Z J,GUTMAN S. Min-max predictor control for uncertain systems with input delays[J]. IEEE Transactions on Automatic Control, 1990,35(2): 210-214.

[121] KIM J H,JEUNG E T,PARK H B. Robust control for parameter uncertain

delay systems with state and control input[J]. Automatica,1996,32(9): 1337-1339.

[122] 陈学敏，张国山. 具有输入与状态时滞的非线性系统的模糊保性能控制[J]. 辽宁工学院学报(自然科学报)，2006,26(1)：34-39.

[123] CHEN B, LIN C, LIU X P, et al. Guaranteed cost control of T-S fuzzy systems with input delay[J]. International Journal of Robust and Nonlinear Control, 2008,18(2): 1230-1256.

[124] CHEN B, LIU X P, TONG S C. Robust fuzzy control of nonlinear systems with input delay[J]. Chaos, Solitons and Fractal,2008,37(3): 894-901.

[125] LEE H J, PARK J B, JOO Y H. Robust control for uncertain Takagi-Sugeno fuzzy systems with time-varying input delay[J]. Journal of Dynamic Systems Measurement and Control,2005,127(2): 302-306.

[126] LUO Y B, CAO Y Y, SUN Y X. Robust stability of uncertain Takagi-Sugeno Fuzzy Systems with time-varying input-delay[J]. Acta Automatica Sinica, 2008 ,34(1): 87-92.

[127] YONEYAMA J. Robust stability and stabilization of uncertain Takagi-Sugeno fuzzy time-delay systems[J]. Fuzzy Sets and Systems,2007,158(2): 115-134.

[128] 苏亚坤，陈兵，张嗣瀛，等. T-S 模糊时滞系统的时滞相关镇定[J]. 控制与决策，2009,24(6)：921-927.

[129] LIEN C H, YU K W. Robust control for Takagi-Sugeno fuzzy systems with time-varying state and input delays[J]. Chaos, Solitons and Fractal, 2008, 35(5): 1003-1008.

[130] LI L, LIU X D. New results on delay-dependent robust stability criteria of uncertain fuzzy systems with state and input delays[J]. Information Sciences, 2009,179(8): 1134-1148.

[131] CHEN B, LIU X P, LIN C, et al. Robust H_∞ control of Takagi-Sugeno fuzzy systems with state and input delays[J]. Fuzzy Sets and Systems, 2009,160(4): 403-422.

[132] TONG S C, ZHANG W, WANG T. Robust stabilization conditions and

observer-based controller for fuzzy systems with input delay[J]. International Journal of Innovative Computing, Information and Control, 2010, 6(12): 5473-5484.

[133] CHEN B, LIU X P, TONG S C, et al. Observer-based stabilization of T-S fuzzy systems with input delay[J]. IEEE Transactions on Fuzzy Systems, 2008, 16(3): 652-663.

[134] TSAI S H. Delay-dependent robust stabilization for a class of fuzzy bilinear systems with time-varying delays in state and control input[J]. International Journal of Systems Science, 2014, 45(3): 187-201.

[135] LIN C, WANG Q G, LEE T H. Delay-dependent LMI conditions for stability and stabilization for T-S fuzzy systems with bounded time-delay[J]. Fuzzy Sets and Systems, 2006, 157(9): 1229-1247.

[136] TIAN E G, PENG C. Delay-dependent stability analysis and synthesis of uncertain T-S fuzzy systems with time-varying delay[J]. Fuzzy Sets and Systems, 2006, 157(4): 544-559.

[137] SUN J, LIU G P, CHEN J. Delay-dependent stability and stabilization of neutral time-delay systems[J]. International Journal Robust and Nonlinear Control, 2009, 19(12): 1364-1375.

附录 1　前提不匹配的模糊时滞系统镇定条件的改进

一、引　言

目前，针对 T-S 模糊时滞系统，如何降低稳定性的保守性仍然是一个热门的课题[1-6]. 一般而言，从两个角度出发去降低保守性：一方面，如何选取合适的 Lyapunov-Krasovskii 泛函（文献[7-12]）；另一方面采用合适的积分不等式去处理 Lyapunov-Krasovskii 泛函的导数. 在处理积分不等式边界技术的问题时，为了避免引入过多的矩阵，文献[13] 提出了 Jensen 不等式，利用该不等式给出积分项的下界. 为了得到更小的下界，文献[14-15] 又提出了 Wirtinger 不等式. 进一步，文献[16] 提出了改进的积分不等式，并且将其应用于线性时滞系统的稳定性分析中，降低了稳定条件的保守性. 针对多重积分，文献[17-18] 提出了一系列估计下界的方法. 例如，文献[19] 提出了 Wirtinger 二重积分不等式的放缩方法. 为了找到该不等式更小的下界，文献[20] 提出了新型的二重积分不等式，并且证明了该方法的引入降低了保守性. 结合上述不等式，文献[21] 又提出交叉凸矩阵不等式的方法. 值得注意的是，上述的新型积分不等式，二重积分不等式均应用于线性时滞系统，而如果将此新型积分不等式，二重积分不等式推广至 T-S 模糊时滞系统的镇定性问题分析中，会产生怎样的结果，是一个值得深入研究的问题.

另外，上述关于 T-S 模糊时滞系统稳定性的研究中，所得的结果均是基于传统的并行分布补偿控制器的设计方案（文献[22-24]）. 该方案要求模糊模型与模糊控制器必须拥有相同的模糊规则数与相同的隶属度函数，从而导致模糊控制器的隶属度函数的内在鲁棒性被忽略. 此外，如果模糊模型的隶属度函数中含有不确定项，将会导致模糊控制器无法执行，因此限制了模糊控制器的设计灵活性. 为了克服并行分布补偿控制器设计的缺点，提高控制器设计的灵活性，Lam 首次提出了“前提不匹配”的概念[25]，即模糊模型与模糊控制器可以拥有不同的隶属度函数，从而使得模糊控制器的隶属度函数可以任意选取，因此提高了控制器设计的灵活性；同时，由于在分析过程中引入了隶属度函数的信息，因此降低了保守性. 然而文献[25]仅仅局限于T-S模糊系统，而没有考虑时滞的因素. 因此文献[26-27]将其推广至含有时滞的T-S模糊模型的研究领域中，提出了前提不匹配的T-S模糊时滞模型，得到了更有意义的研究结果，同时该模型是T-S模糊时滞系统在控制理论方面的一个重要的推广. 因此对于前提不匹配的T-S模糊时滞系统的稳定性及镇定问题的研究具有很重要的意义. 然而如何利用新型积分不等式去降低该系统的保守性是一个值得更深入研究的问题.

附录1针对前提不匹配的T-S模糊时滞系统，通过引入新型积分和二重积分不等式，提出了依赖隶属度函数信息的新的镇定分析准则. 该镇定条件降低了这类系统的保守性，同时提高了模糊控制器设计的灵活性. 特别当模糊模型的隶属度函数存在不确定变量时，附录1的方法同样适用. 最后，通过仿真验证了附录1的方法的有效性及优越性.

附录1的具体结构安排如下：首先对附录1所考虑的模型进行描述，并且引出前提不匹配的模糊控制器；其次给出该闭环控制系统的镇定条件；最后结合仿真示例验证镇定条件的有效性.

二、系统描述与预备知识

附录1的主要数学符号定义如下：diag{⋯}表示分块对角矩阵；$\boldsymbol{O}$表示零矩阵

$$\mathrm{sym}\{\boldsymbol{X}\}=\boldsymbol{X}+\boldsymbol{X}^{\mathrm{T}}$$

$$\boldsymbol{e}_i=[\boldsymbol{O}\quad \boldsymbol{O}\quad \cdots\quad \boldsymbol{I}_{(i)}\quad \cdots\quad \boldsymbol{O}]\in\mathbf{R}^{n\times 6n},i=1,2,\cdots,6$$

1. 模糊时滞模型

考虑如下具有状态时滞与分布时滞的T-S模糊系统，r为模糊规则数，那么第i条模糊规则如下.

规则i：如果$f_1(\boldsymbol{x}(t))$属于M_1^i，……，$f_p(\boldsymbol{x}(t))$属于M_p^i，那么

$$\dot{\boldsymbol{x}}(t)=\boldsymbol{A}_{1i}\boldsymbol{x}(t)+\boldsymbol{A}_{2i}\boldsymbol{x}(t-\tau)+\boldsymbol{A}_{3i}\int_{t-\tau}^{t}\boldsymbol{x}(s)\mathrm{d}s+\boldsymbol{B}_i\boldsymbol{u}(t)$$

$$\boldsymbol{x}(t)=\boldsymbol{x}_0(t),t\in[-\bar{\tau},\quad 0]\tag{1}$$

其中，$M_\alpha^i(\alpha=1,2,\cdots,p;i=1,2,\cdots,r)$表示相应函数$f_\alpha(\boldsymbol{x}(t))$的模糊语言值；

$\boldsymbol{x}(t) \in \mathbf{R}^n$ 表示状态变量;$\boldsymbol{x}_0(t)$ 表示初值;τ 为常数时滞,并且满足 $0 \leqslant \tau \leqslant \bar{\tau}$;$\boldsymbol{u}(t) \in \mathbf{R}^m$ 表示控制输入;$\boldsymbol{A}_{1i}, \boldsymbol{A}_{2i}, \boldsymbol{A}_{3i}, \boldsymbol{B}_i$ 为具有适当维数的常数矩阵. 通过单点模糊化,乘积推理,中心加权平均解模糊器,T-S 模糊系统(1) 的动态模型表示如下

$$\dot{\boldsymbol{x}}(t) = \sum_{i=1}^{r} w_i(\boldsymbol{x}(t))\left(\boldsymbol{A}_{1i}\boldsymbol{x}(t) + \boldsymbol{A}_{2i}\boldsymbol{x}(t-\tau) + \boldsymbol{A}_{3i}\int_{t-\tau}^{t}\boldsymbol{x}(s)\mathrm{d}s + \boldsymbol{B}_i\boldsymbol{u}(t)\right) \tag{2}$$

其中

$$w_i(\boldsymbol{x}(t)) = \frac{\mu_i(\boldsymbol{x}(t))}{\sum_{i=1}^{r}\mu_i(\boldsymbol{x}(t))}, \mu_i(\boldsymbol{x}(t)) = \prod_{\alpha=1}^{p}\mu_{M_\alpha^i}(f_\alpha(\boldsymbol{x}(t))) \tag{3}$$

式中,$\mu_{M_\alpha^i}(f_\alpha(\boldsymbol{x}(t)))$ 表示 $f_\alpha(\boldsymbol{x}(t))$ 对应 M_α^i 的隶属度. 由式(3),对于所有的 $i \in \{1,2,\cdots,r\}$,我们有

$$\sum_{i=1}^{r} w_i(\boldsymbol{x}(t)) = 1, w_i(\boldsymbol{x}(t)) \geqslant 0 \tag{4}$$

2. 前提不匹配的模糊控制器

不同于传统的并行分布补偿控制器的设计方法,附录 1 采用如下前提不匹配的模糊控制器.

规则 j:如果 $g_1(\boldsymbol{x}(t))$ 属于 N_1^j,……,$g_q(\boldsymbol{x}(t))$ 属于 N_q^j,那么

$$\boldsymbol{u}(t) = \boldsymbol{F}_j\boldsymbol{x}(t), j = 1,2,\cdots,c \tag{5}$$

其中,$N_\beta^j(\beta = 1,2,\cdots,q;j = 1,2,\cdots,c)$ 表示模糊集;$\boldsymbol{F}_j \in \mathbf{R}^{m\times n}$ 表示状态反馈增益. 于是全局模糊控制律为

$$\boldsymbol{u}(t) = \sum_{j=1}^{c} m_j(\boldsymbol{x}(t))\boldsymbol{F}_j\boldsymbol{x}(t) \tag{6}$$

其中

$$m_j(\boldsymbol{x}(t)) = \frac{v_j(\boldsymbol{x}(t))}{\sum_{j=1}^{r}v_j(\boldsymbol{x}(t))}, v_j(\boldsymbol{x}(t)) = \prod_{\beta=1}^{q}v_{N_\beta^j}(g_\beta(\boldsymbol{x}(t))) \tag{7}$$

式中,$v_{N_\beta^j}(g_\beta(\boldsymbol{x}(t)))$ 表示 $g_\beta(\boldsymbol{x}(t))$ 对应 N_β^j 的隶属度. 由式(7),对于所有的 $j \in \{1,2,\cdots,c\}$,则有

$$\sum_{j=1}^{c} m_j(\boldsymbol{x}(t)) = 1, m_j(\boldsymbol{x}(t)) \geqslant 0 \tag{8}$$

3. 闭环模糊控制系统

结合式(2) 和(6),得到如下闭环模糊控制系统

$$\dot{\boldsymbol{x}}(t)=\sum_{i=1}^{r}\sum_{j=1}^{c}h_{ij}(\boldsymbol{x}(t))[(\boldsymbol{A}_{1i}+\boldsymbol{B}_i\boldsymbol{F}_j)\boldsymbol{x}(t)+\boldsymbol{A}_{2i}\boldsymbol{x}(t-\tau)+\boldsymbol{A}_{3i}\int_{t-\tau}^{t}\boldsymbol{x}(s)\mathrm{d}s] \tag{9}$$

其中

$$h_{ij}(\boldsymbol{x}(t))\triangleq w_i(\boldsymbol{x}(t))m_j(\boldsymbol{x}(t)) \tag{10}$$

注 1 由系统(9) 可以看出模糊时滞模型与模糊控制器拥有不同的隶属度函数(前提不匹配). 如果我们令系统(9) 中的 $\boldsymbol{A}_{3i}=0$,那么此时系统将退化为文献[25-27] 的系统. 另一方面,如果令模糊规则数 $r\equiv c$,可以得到文献[25-26] 中所考虑的系统. 更进一步,如果令 $w_i(\boldsymbol{x}(t))=m_j(\boldsymbol{x}(t)),i,j=1,2,\cdots,r$,那么此时系统(9) 退化为并行分布补偿意义下的闭环控制系统(文献[1-24]). 由此可以看出附录 1 所考虑的系统具有更一般性.

为了得到附录 1 的主要结果,首先给出推导需要的引理 1,引理 2 以及引理 3.

引理 1 对于给定的正定矩阵 $\boldsymbol{Q}>0$ 以及任意连续微分函数 $\boldsymbol{x}:[a,b]\to\mathbf{R}^n$,有下述不等式成立

$$\int_a^b\dot{\boldsymbol{x}}^{\mathrm{T}}(s)\boldsymbol{Q}\dot{\boldsymbol{x}}(s)\mathrm{d}s\geqslant\frac{1}{b-a}\boldsymbol{\Omega}_1^{\mathrm{T}}\boldsymbol{Q}\boldsymbol{\Omega}_1+\frac{3}{b-a}\boldsymbol{\Omega}_2^{\mathrm{T}}\boldsymbol{Q}\boldsymbol{\Omega}_2+\frac{5}{b-a}\boldsymbol{\Omega}_3^{\mathrm{T}}\boldsymbol{Q}\boldsymbol{\Omega}_3+\frac{7}{b-a}\boldsymbol{\Omega}_4^{\mathrm{T}}\boldsymbol{Q}\boldsymbol{\Omega}_4 \tag{11}$$

其中

$$\boldsymbol{\Omega}_1=\boldsymbol{x}(b)-\boldsymbol{x}(a)$$

$$\boldsymbol{\Omega}_2=\boldsymbol{x}(b)+\boldsymbol{x}(a)-\frac{2}{b-a}\int_a^b\boldsymbol{x}(s)\mathrm{d}s$$

$$\boldsymbol{\Omega}_3=\boldsymbol{x}(b)-\boldsymbol{x}(a)+\frac{6}{b-a}\int_a^b\boldsymbol{x}(s)\mathrm{d}s-\frac{12}{(b-a)^2}\int_a^b\int_u^b\boldsymbol{x}(s)\mathrm{d}s\mathrm{d}u$$

$$\boldsymbol{\Omega}_4=\boldsymbol{x}(b)+\boldsymbol{x}(a)-\frac{12}{b-a}\int_a^b\boldsymbol{x}(s)\mathrm{d}s+\frac{60}{(b-a)^2}\int_a^b\int_u^b\boldsymbol{x}(s)\mathrm{d}s\mathrm{d}u-\frac{120}{(b-a)^3}\int_a^b\int_u^b\int_v^b\boldsymbol{x}(s)\mathrm{d}s\mathrm{d}u\mathrm{d}v$$

引理 2 对于给定正定矩阵 $\boldsymbol{Q}>0$ 以及连续微分函数 $\boldsymbol{x}:[a,b]\to\mathbf{R}^n$,下面

不等式成立

$$\int_a^b\int_u^b \dot{\boldsymbol{x}}^{\mathrm{T}}(s)\boldsymbol{Q}\dot{\boldsymbol{x}}(s)\mathrm{d}s\mathrm{d}u \geqslant 2\boldsymbol{\Omega}_5^{\mathrm{T}}\boldsymbol{Q}\boldsymbol{\Omega}_5 + 4\boldsymbol{\Omega}_6^{\mathrm{T}}\boldsymbol{Q}\boldsymbol{\Omega}_6 + 6\boldsymbol{\Omega}_7^{\mathrm{T}}\boldsymbol{Q}\boldsymbol{\Omega}_7 \tag{12}$$

其中

$$\boldsymbol{\Omega}_5 = \boldsymbol{x}(b) - \frac{1}{b-a}\int_a^b \boldsymbol{x}(s)\mathrm{d}s$$

$$\boldsymbol{\Omega}_6 = \boldsymbol{x}(b) + \frac{2}{b-a}\int_a^b \boldsymbol{x}(s)\mathrm{d}s - \frac{6}{(b-a)^2}\int_a^b\int_u^b \boldsymbol{x}(s)\mathrm{d}s\mathrm{d}u$$

$$\boldsymbol{\Omega}_7 = \boldsymbol{x}(b) - \frac{3}{b-a}\int_a^b \boldsymbol{x}(s)\mathrm{d}s + \frac{24}{(b-a)^2}\int_a^b\int_u^b \boldsymbol{x}(s)\mathrm{d}s\mathrm{d}u - \frac{60}{(b-a)^3}\int_a^b\int_u^b\int_v^b \boldsymbol{x}(s)\mathrm{d}s\mathrm{d}u\mathrm{d}v$$

引理 3(Finsler(芬斯勒)引理)　给定矩阵 $\boldsymbol{V} \in \mathbf{R}^n, \boldsymbol{\Phi} = \boldsymbol{\Phi}^{\mathrm{T}} \in \mathbf{R}^{n\times n}, \boldsymbol{N} \in \mathbf{R}^{m\times n}$,如果秩($\boldsymbol{N}$) $< n$,下面三种情况等价:

①$\boldsymbol{V}^{\mathrm{T}}\boldsymbol{\Phi}\boldsymbol{V} < 0, \forall \boldsymbol{N}\boldsymbol{V} = \boldsymbol{0}, \boldsymbol{V} \neq \boldsymbol{0}$.

②$\boldsymbol{N}^{\perp\mathrm{T}}\boldsymbol{\Phi}\boldsymbol{N}^{\perp} < 0$,其中 $\boldsymbol{N}^{\perp}$ 表示矩阵 $\boldsymbol{N}$ 的补.

③$\exists \boldsymbol{L} \in \mathbf{R}^{n\times n}: \boldsymbol{\Phi} + \boldsymbol{L}\boldsymbol{N} + \boldsymbol{N}^{\mathrm{T}}\boldsymbol{L}^{\mathrm{T}} < 0$.

基于以上引理,下面给出系统(9)的镇定条件.

三、主要结果及证明

定理 1　对于给定的标量 $\bar{h}_{ij} > 0 (i = 1,2,\cdots,r; j = 1,2,\cdots,c), t_i (i = 1,2)$,如果存在正定矩阵 $\hat{\boldsymbol{P}} \in \mathbf{R}^{4n\times 4n}, \hat{\boldsymbol{Q}} \in \mathbf{R}^{n\times n}, \hat{\boldsymbol{R}} \in \mathbf{R}^{n\times n}, \hat{\boldsymbol{S}} \in \mathbf{R}^{n\times n}, \hat{\boldsymbol{M}}_{ij} \in \mathbf{R}^{n\times n}$ 和任意矩阵 $\boldsymbol{L} \in \mathbf{R}^{n\times n}$ 以及 $\boldsymbol{Y}_j \in \mathbf{R}^{n\times n} (j = 1,2,\cdots,c)$ 满足如下线性矩阵不等式

$$\hat{\boldsymbol{\Omega}}_1 + \hat{\boldsymbol{\Omega}}_2 + \hat{\boldsymbol{\Omega}}_3 + \mathrm{sym}\{\hat{\boldsymbol{\Theta}}_{ij}\} + \tilde{\boldsymbol{L}}\hat{\boldsymbol{W}}_{ij} + \hat{\boldsymbol{W}}_{ij}^{\mathrm{T}}\tilde{\boldsymbol{L}}^{\mathrm{T}} - \hat{\boldsymbol{M}}_{ij} + \sum_{i=1}^{r}\sum_{j=1}^{c}\bar{h}_{ij}(\boldsymbol{x}(t))\hat{\boldsymbol{M}}_{ij} < 0 \tag{13}$$

其中

$$\hat{\boldsymbol{\Omega}}_1 = \mathrm{sym}(\boldsymbol{E}_1^{\mathrm{T}}\hat{\boldsymbol{P}}\boldsymbol{E}_2) + \boldsymbol{e}_1^{\mathrm{T}}\hat{\boldsymbol{Q}}\boldsymbol{e}_1 - \boldsymbol{e}_2^{\mathrm{T}}\hat{\boldsymbol{Q}}\boldsymbol{e}_2 + \tau^2\boldsymbol{e}_3^{\mathrm{T}}\hat{\boldsymbol{R}}\boldsymbol{e}_3 + \frac{\tau^2}{2}\boldsymbol{e}_3^{\mathrm{T}}\hat{\boldsymbol{S}}\boldsymbol{e}_3$$

$$\hat{\boldsymbol{\Omega}}_2 = -\boldsymbol{E}_3^{\mathrm{T}}\hat{\boldsymbol{R}}\boldsymbol{E}_3 - 3\boldsymbol{E}_4^{\mathrm{T}}\hat{\boldsymbol{R}}\boldsymbol{E}_4 - 5\boldsymbol{E}_5^{\mathrm{T}}\hat{\boldsymbol{R}}\boldsymbol{E}_5 - 7\boldsymbol{E}_6^{\mathrm{T}}\hat{\boldsymbol{R}}\boldsymbol{E}_6$$

$$\hat{\boldsymbol{\Omega}}_3 = -2\boldsymbol{E}_7^{\mathrm{T}}\hat{\boldsymbol{R}}\boldsymbol{E}_7 - 4\boldsymbol{E}_8^{\mathrm{T}}\hat{\boldsymbol{R}}\boldsymbol{E}_8 - 6\boldsymbol{E}_9^{\mathrm{T}}\hat{\boldsymbol{R}}\boldsymbol{E}_9$$

$$\hat{\boldsymbol{\Theta}}_{ij} = (\boldsymbol{e}_1 t_1 + \boldsymbol{e}_3 t_2)[\boldsymbol{A}_{1i}\boldsymbol{L}^{\mathrm{T}}\boldsymbol{e}_1^{\mathrm{T}} + \boldsymbol{B}_i\boldsymbol{Y}_j\boldsymbol{e}_1^{\mathrm{T}} + \boldsymbol{A}_{2i}\boldsymbol{L}^{\mathrm{T}}\boldsymbol{e}_2^{\mathrm{T}} - \boldsymbol{L}^{\mathrm{T}}\boldsymbol{e}_3^{\mathrm{T}} + \boldsymbol{A}_{3i}\boldsymbol{L}^{\mathrm{T}}\boldsymbol{e}_4^{\mathrm{T}}]$$

$$\tilde{L} = [L \quad L \quad L \quad L \quad L \quad L]$$

$$\hat{W}_{ij} = [A_{1i}L^{\mathrm{T}}e_1^{\mathrm{T}} + B_iY_je_1^{\mathrm{T}} + A_{2i}L^{\mathrm{T}}e_2^{\mathrm{T}} - L^{\mathrm{T}}e_3^{\mathrm{T}} + A_{3i}L^{\mathrm{T}}e_4^{\mathrm{T}}]$$

$$E_1 = [e_1^{\mathrm{T}} \quad e_2^{\mathrm{T}} \quad e_3^{\mathrm{T}} \quad e_4^{\mathrm{T}}]^{\mathrm{T}}$$

$$E_2 = \left[e_3^{\mathrm{T}} \quad e_1^{\mathrm{T}} - e_2^{\mathrm{T}} \quad \tau e_1^{\mathrm{T}} - e_4^{\mathrm{T}} \quad \frac{\tau^2}{2}e_1^{\mathrm{T}} - e_5^{\mathrm{T}}\right]^{\mathrm{T}}$$

$$E_3 = e_1 - e_2$$

$$E_4 = e_1 + e_2 - \frac{2}{\tau}e_4$$

$$E_5 = e_1 - e_2 + \frac{6}{\tau}e_4 - \frac{12}{\tau^2}e_5$$

$$E_6 = e_1 + e_2 - \frac{12}{\tau}e_4 + \frac{60}{\tau^2}e_5 - \frac{120}{\tau^3}e_6$$

$$E_7 = e_1 - \frac{1}{\tau}e_4$$

$$E_8 = e_1 + \frac{2}{\tau}e_4 - \frac{4}{\tau^2}e_5$$

$$E_9 = e_1 - \frac{3}{\tau}e_4 + \frac{24}{\tau^2}e_5 - \frac{60}{\tau^3}e_6$$

那么系统(9)是渐近稳定的,并且控制器增益可以表示为

$$F_j = Y_jL^{-\mathrm{T}}, j = 1,2,\cdots,c \tag{14}$$

证明 构造 Lyapunov-Krasovskii 函数如下

$$V(x(t)) = \eta^{\mathrm{T}}(t)P\eta(t) + \int_{t-\tau}^{t} x^{\mathrm{T}}(s)Qx(s)\,\mathrm{d}s + \tau\int_{t-\tau}^{t}\int_{u}^{t} \dot{x}^{\mathrm{T}}(s)R\dot{x}(s)\,\mathrm{d}s\mathrm{d}u + \int_{t-\tau}^{t}\int_{u}^{t}\int_{\sigma}^{t} \dot{x}^{\mathrm{T}}(s)S\dot{x}(s)\,\mathrm{d}s\mathrm{d}\sigma\mathrm{d}u \tag{15}$$

其中

$$\eta(t) = \left[x^{\mathrm{T}}(t) \quad \int_{t-\tau}^{t} x^{\mathrm{T}}(s)\,\mathrm{d}s \quad \int_{t-\tau}^{t}\int_{u}^{t} x^{\mathrm{T}}(s)\,\mathrm{d}s\mathrm{d}u \quad \int_{t-\tau}^{t}\int_{u}^{t}\int_{\sigma}^{t} \dot{x}^{\mathrm{T}}(s)S\dot{x}(s)\,\mathrm{d}s\mathrm{d}\sigma\mathrm{d}u\right]^{\mathrm{T}}$$

定义

$$\xi^{\mathrm{T}}(t) = [x^{\mathrm{T}}(t) \quad x^{\mathrm{T}}(t-\tau) \quad \dot{x}^{\mathrm{T}}(t) \quad \int_{t-\tau}^{t} x^{\mathrm{T}}(s)\,\mathrm{d}s \quad \int_{t-\tau}^{t}\int_{u}^{t} x^{\mathrm{T}}(s)\,\mathrm{d}s\mathrm{d}u$$

$$\int_{t-\tau}^{t}\int_{u}^{t}\int_{\sigma}^{t}\dot{\boldsymbol{x}}^{\mathrm{T}}(s)\boldsymbol{S}\dot{\boldsymbol{x}}(s)\mathrm{d}s\mathrm{d}\sigma\mathrm{d}u$$

$$\boldsymbol{e}_i=[\boldsymbol{O}\quad \boldsymbol{O}\quad \cdots\quad \boldsymbol{I}_{(i)}\quad \cdots\quad \boldsymbol{O}]\in \mathbf{R}^{n\times 6n}, i=1,2,\cdots,6$$

那么

$$\boldsymbol{\xi}^{\mathrm{T}}(t)\boldsymbol{e}_1^{\mathrm{T}}=\boldsymbol{x}^{\mathrm{T}}(t), \boldsymbol{\xi}^{\mathrm{T}}(t)\boldsymbol{e}_2^{\mathrm{T}}=\boldsymbol{x}^{\mathrm{T}}(t-\tau)$$

$$\boldsymbol{\xi}^{\mathrm{T}}(t)\boldsymbol{e}_3^{\mathrm{T}}=\dot{\boldsymbol{x}}(t), \boldsymbol{\xi}^{\mathrm{T}}(t)\boldsymbol{e}_4^{\mathrm{T}}=\int_{t-\tau}^{t}\boldsymbol{x}^{\mathrm{T}}(s)\mathrm{d}s$$

$$\boldsymbol{\xi}^{\mathrm{T}}(t)\boldsymbol{e}_5^{\mathrm{T}}=\int_{t-\tau}^{t}\int_{u}^{t}\boldsymbol{x}^{\mathrm{T}}(s)\mathrm{d}s\mathrm{d}u$$

$$\boldsymbol{\xi}^{\mathrm{T}}(t)\boldsymbol{e}_6^{\mathrm{T}}=\int_{t-\tau}^{t}\int_{u}^{t}\int_{\sigma}^{t}\dot{\boldsymbol{x}}^{\mathrm{T}}(s)\boldsymbol{S}\dot{\boldsymbol{x}}(s)\mathrm{d}s\mathrm{d}\sigma\mathrm{d}u$$

对 $\boldsymbol{V}(\boldsymbol{x}(t))$ 求导得

$$\begin{aligned}\dot{\boldsymbol{V}}(\boldsymbol{x}(t))=&2\boldsymbol{\eta}^{\mathrm{T}}(t)\boldsymbol{P}\dot{\boldsymbol{\eta}}(t)+\boldsymbol{x}^{\mathrm{T}}(t)\boldsymbol{Q}\boldsymbol{x}(t)-\boldsymbol{x}^{\mathrm{T}}(t-\tau)\boldsymbol{Q}\boldsymbol{x}(t-\tau)+\\&\tau^2\dot{\boldsymbol{x}}^{\mathrm{T}}(t)\boldsymbol{R}\dot{\boldsymbol{x}}(t)+\frac{\tau^2}{2}\dot{\boldsymbol{x}}^{\mathrm{T}}(t)\boldsymbol{S}\dot{\boldsymbol{x}}(t)-\\&\tau\int_{t-\tau}^{t}\dot{\boldsymbol{x}}^{\mathrm{T}}(s)\boldsymbol{R}\dot{\boldsymbol{x}}(s)\mathrm{d}s-\int_{t-\tau}^{t}\int_{u}^{t}\dot{\boldsymbol{x}}^{\mathrm{T}}(s)\boldsymbol{S}\dot{\boldsymbol{x}}(s)\mathrm{d}s\mathrm{d}u\\=&\boldsymbol{\xi}^{\mathrm{T}}(t)[\mathrm{sym}(\boldsymbol{E}_1^{\mathrm{T}}\boldsymbol{P}\boldsymbol{E}_2)+\boldsymbol{e}_1^{\mathrm{T}}\boldsymbol{Q}\boldsymbol{e}_1-\boldsymbol{e}_2^{\mathrm{T}}\boldsymbol{Q}\boldsymbol{e}_2+\\&\tau^2\boldsymbol{e}_3^{\mathrm{T}}\boldsymbol{R}\boldsymbol{e}_3+\frac{\tau^2}{2}\boldsymbol{e}_3^{\mathrm{T}}\boldsymbol{S}\boldsymbol{e}_3]\boldsymbol{\xi}(t)-\\&\tau\int_{t-\tau}^{t}\dot{\boldsymbol{x}}^{\mathrm{T}}(s)\boldsymbol{R}\dot{\boldsymbol{x}}(s)\mathrm{d}s-\int_{t-\tau}^{t}\int_{u}^{t}\dot{\boldsymbol{x}}^{\mathrm{T}}(s)\boldsymbol{S}\dot{\boldsymbol{x}}(s)\mathrm{d}s\mathrm{d}u\end{aligned}\tag{16}$$

其中

$$\boldsymbol{E}_1=[\boldsymbol{e}_1^{\mathrm{T}}\quad \boldsymbol{e}_2^{\mathrm{T}}\quad \boldsymbol{e}_3^{\mathrm{T}}\quad \boldsymbol{e}_4^{\mathrm{T}}]^{\mathrm{T}}$$

$$\boldsymbol{E}_2=\left[\boldsymbol{e}_3^{\mathrm{T}}\quad \boldsymbol{e}_1^{\mathrm{T}}-\boldsymbol{e}_2^{\mathrm{T}}\quad \tau\boldsymbol{e}_1^{\mathrm{T}}-\boldsymbol{e}_4^{\mathrm{T}}\quad \frac{\tau^2}{2}\boldsymbol{e}_1^{\mathrm{T}}-\boldsymbol{e}_5^{\mathrm{T}}\right]^{\mathrm{T}}$$

由引理 1 可得

$$\begin{aligned}-\tau\int_{t-\tau}^{t}\dot{\boldsymbol{x}}^{\mathrm{T}}(s)\boldsymbol{R}\dot{\boldsymbol{x}}(s)\mathrm{d}s\leqslant&\boldsymbol{\xi}^{\mathrm{T}}(t)(-\boldsymbol{E}_3^{\mathrm{T}}\boldsymbol{R}\boldsymbol{E}_3-3\boldsymbol{E}_4^{\mathrm{T}}\boldsymbol{R}\boldsymbol{E}_4-\\&5\boldsymbol{E}_5^{\mathrm{T}}\boldsymbol{R}\boldsymbol{E}_5-7\boldsymbol{E}_6^{\mathrm{T}}\boldsymbol{R}\boldsymbol{E}_6)\boldsymbol{\xi}(t)\end{aligned}\tag{17}$$

其中

$$\boldsymbol{E}_3=\boldsymbol{e}_1-\boldsymbol{e}_2, \boldsymbol{E}_4=\boldsymbol{e}_1+\boldsymbol{e}_2-\frac{2}{\tau}\boldsymbol{e}_4$$

$$\boldsymbol{E}_5 = \boldsymbol{e}_1 - \boldsymbol{e}_2 + \frac{6}{\tau}\boldsymbol{e}_4 - \frac{12}{\tau^2}\boldsymbol{e}_5$$

$$\boldsymbol{E}_6 = \boldsymbol{e}_1 + \boldsymbol{e}_2 - \frac{12}{\tau}\boldsymbol{e}_4 + \frac{60}{\tau^2}\boldsymbol{e}_5 - \frac{120}{\tau^3}\boldsymbol{e}_6$$

由引理 2 可得

$$-\int_{t-\tau}^{t}\int_{u}^{t}\dot{\boldsymbol{x}}^{\mathrm{T}}(s)\boldsymbol{S}\dot{\boldsymbol{x}}(s)\,\mathrm{d}s \leqslant \boldsymbol{\xi}^{\mathrm{T}}(t)(-2\boldsymbol{E}_7^{\mathrm{T}}\boldsymbol{R}\boldsymbol{E}_7 - 4\boldsymbol{E}_8^{\mathrm{T}}\boldsymbol{R}\boldsymbol{E}_8 - 6\boldsymbol{E}_9^{\mathrm{T}}\boldsymbol{R}\boldsymbol{E}_9)\boldsymbol{\xi}(t) \tag{18}$$

其中

$$\boldsymbol{E}_7 = \boldsymbol{e}_1 - \frac{1}{\tau}\boldsymbol{e}_4, \boldsymbol{E}_8 = \boldsymbol{e}_1 + \frac{2}{\tau}\boldsymbol{e}_4 - \frac{4}{\tau^2}\boldsymbol{e}_5$$

$$\boldsymbol{E}_9 = \boldsymbol{e}_1 - \frac{3}{\tau}\boldsymbol{e}_4 + \frac{24}{\tau^2}\boldsymbol{e}_5 - \frac{60}{\tau^3}\boldsymbol{e}_6$$

将式(17)和(18)代入式(16)可得

$$\dot{V}(\boldsymbol{x}(t)) \leqslant \boldsymbol{\xi}^{\mathrm{T}}(t)(\boldsymbol{\Omega}_1 + \boldsymbol{\Omega}_2 + \boldsymbol{\Omega}_3)\boldsymbol{\xi}(t) \tag{19}$$

其中

$$\boldsymbol{\Omega}_1 = \mathrm{sym}(\boldsymbol{E}_1^{\mathrm{T}}\boldsymbol{P}\boldsymbol{E}_2) + \boldsymbol{e}_1^{\mathrm{T}}\boldsymbol{Q}\boldsymbol{e}_1 - \boldsymbol{e}_2^{\mathrm{T}}\boldsymbol{Q}\boldsymbol{e}_2 + \tau^2\boldsymbol{e}_3^{\mathrm{T}}\boldsymbol{R}\boldsymbol{e}_3 + \frac{\tau^2}{2}\boldsymbol{e}_3^{\mathrm{T}}\boldsymbol{S}\boldsymbol{e}_3 \tag{20}$$

$$\boldsymbol{\Omega}_2 = -\boldsymbol{E}_3^{\mathrm{T}}\boldsymbol{R}\boldsymbol{E}_3 - 3\boldsymbol{E}_4^{\mathrm{T}}\boldsymbol{R}\boldsymbol{E}_4 - 5\boldsymbol{E}_5^{\mathrm{T}}\boldsymbol{R}\boldsymbol{E}_5 - 7\boldsymbol{E}_6^{\mathrm{T}}\boldsymbol{R}\boldsymbol{E}_6 \tag{21}$$

$$\boldsymbol{\Omega}_3 = -2\boldsymbol{E}_7^{\mathrm{T}}\boldsymbol{R}\boldsymbol{E}_7 - 4\boldsymbol{E}_8^{\mathrm{T}}\boldsymbol{R}\boldsymbol{E}_8 - 6\boldsymbol{E}_9^{\mathrm{T}}\boldsymbol{R}\boldsymbol{E}_9 \tag{22}$$

由式(9),有下述等式成立

$$2\sum_{i=1}^{r}\sum_{j=1}^{c}h_{ij}((\boldsymbol{A}_{1i} + \boldsymbol{B}_i\boldsymbol{F}_j)\boldsymbol{x}(t) + \boldsymbol{A}_{2i}\boldsymbol{x}(t-\tau) + \boldsymbol{A}_{3i}\int_{t-\tau}^{t}\boldsymbol{x}(s)\,\mathrm{d}s - \dot{\boldsymbol{x}}(t)) = 0 \tag{23}$$

定义

$$\boldsymbol{W}_{ij} = [(\boldsymbol{A}_{1i} + \boldsymbol{B}_i\boldsymbol{F}_j) \quad \boldsymbol{A}_{2i} \quad -\boldsymbol{I} \quad \boldsymbol{A}_{3i}][\boldsymbol{e}_1 \quad \boldsymbol{e}_2 \quad \boldsymbol{e}_3 \quad \boldsymbol{e}_4]^{\mathrm{T}} \tag{24}$$

那么式(23)可以等价转换为

$$2\sum_{i=1}^{r}\sum_{j=1}^{c}h_{ij}\boldsymbol{W}_{ij}\boldsymbol{\xi}(t) = 0 \tag{25}$$

进一步,对于任意矩阵 $\boldsymbol{T}_1$ 和 $\boldsymbol{T}_2$,有下述等式成立

$$\boldsymbol{\xi}^{\mathrm{T}}(t)(2\sum_{i=1}^{r}\sum_{j=1}^{c}h_{ij}\boldsymbol{\Theta}_{ij})\boldsymbol{\xi}(t) = 0 \tag{26}$$

其中

$$\boldsymbol{\Theta}_{ij} = (\boldsymbol{e}_1\boldsymbol{T}_1 + \boldsymbol{e}_3\boldsymbol{T}_2)\boldsymbol{W}_{ij}$$

结合(26)式和(19)可得

$$\dot{\boldsymbol{V}}(\boldsymbol{x}(t)) \leqslant \boldsymbol{\xi}^{\mathrm{T}}(t)(\boldsymbol{\Omega}_1 + \boldsymbol{\Omega}_2 + \boldsymbol{\Omega}_3)\boldsymbol{\xi}(t) + \boldsymbol{\xi}^{\mathrm{T}}(t)(2\sum_{i=1}^{r}\sum_{j=1}^{c}h_{ij}\boldsymbol{\Theta}_{ij})$$

$$\boldsymbol{\xi}(t) = \sum_{i=1}^{r}\sum_{j=1}^{c}h_{ij}\boldsymbol{\xi}^{\mathrm{T}}(t)\boldsymbol{\Phi}_{ij}\boldsymbol{\xi}(t) \tag{27}$$

其中

$$\boldsymbol{\Phi}_{ij} = \boldsymbol{\Omega}_1 + \boldsymbol{\Omega}_2 + \boldsymbol{\Omega}_3 + \boldsymbol{\Theta}_{ij} + \boldsymbol{\Theta}_{ij}^{\mathrm{T}} \tag{28}$$

如果 $\boldsymbol{\Phi}_{ij} < 0$,那么 $\dot{\boldsymbol{V}}(\boldsymbol{x}(t)) < 0$.

由引理3,如果 $\boldsymbol{\xi}^{\mathrm{T}}(t)\boldsymbol{\Phi}_{ij}\boldsymbol{\xi}(t) < 0$,$\boldsymbol{W}_{ij}\boldsymbol{\xi}(t) = 0$,那么存在

$$\tilde{\boldsymbol{L}} = [\boldsymbol{L} \quad \boldsymbol{L} \quad \boldsymbol{L} \quad \boldsymbol{L} \quad \boldsymbol{L} \quad \boldsymbol{L}] \in \mathbf{R}^{n\times 6n}$$

使得

$$\boldsymbol{\Phi}_{ij} + \tilde{\boldsymbol{L}}\boldsymbol{W}_{ij} + \boldsymbol{W}_{ij}^{\mathrm{T}}\tilde{\boldsymbol{L}}^{\mathrm{T}} < 0 \tag{29}$$

为了进一步降低保守性,将隶属度函数信息引入不等式(29),进一步得到

$$\begin{aligned}
\dot{\boldsymbol{V}}(\boldsymbol{x}(t)) &\leqslant \sum_{i=1}^{r}\sum_{j=1}^{c}h_{ij}(\boldsymbol{x}(t))\boldsymbol{\xi}^{\mathrm{T}}(t)(\boldsymbol{\Phi}_{ij} + \tilde{\boldsymbol{L}}\boldsymbol{W}_{ij} + \boldsymbol{W}_{ij}^{\mathrm{T}}\tilde{\boldsymbol{L}}^{\mathrm{T}})\boldsymbol{\xi}(t) \\
&\leqslant \sum_{i=1}^{r}\sum_{j=1}^{c}h_{ij}(\boldsymbol{x}(t))\boldsymbol{\xi}^{\mathrm{T}}(t)(\boldsymbol{\Phi}_{ij} + \tilde{\boldsymbol{L}}\boldsymbol{W}_{ij} + \boldsymbol{W}_{ij}^{\mathrm{T}}\tilde{\boldsymbol{L}}^{\mathrm{T}})\boldsymbol{\xi}(t) + \\
&\quad \sum_{i=1}^{r}\sum_{j=1}^{c}(\bar{h}_{ij} - h_{ij})\boldsymbol{\xi}^{\mathrm{T}}(t)\boldsymbol{M}_{ij}\boldsymbol{\xi}(t) \\
&= \sum_{i=1}^{r}\sum_{j=1}^{c}h_{ij}(\boldsymbol{x}(t))\boldsymbol{\xi}^{\mathrm{T}}(t)(\boldsymbol{\Phi}_{ij} + \tilde{\boldsymbol{L}}\boldsymbol{W}_{ij} + \boldsymbol{W}_{ij}^{\mathrm{T}}\tilde{\boldsymbol{L}}^{\mathrm{T}} - M_{ij})\boldsymbol{\xi}(t) + \\
&\quad \sum_{i=1}^{r}\sum_{j=1}^{c}\bar{h}_{ij}(\boldsymbol{x}(t))\boldsymbol{\xi}^{\mathrm{T}}(t)M_{ij}\boldsymbol{\xi}(t) \\
&= \sum_{i=1}^{r}\sum_{j=1}^{c}h_{ij}(\boldsymbol{x}(t))\boldsymbol{\xi}^{\mathrm{T}}(t)(\boldsymbol{\Phi}_{ij} + \tilde{\boldsymbol{L}}\boldsymbol{W}_{ij} + \boldsymbol{W}_{ij}^{\mathrm{T}}\tilde{\boldsymbol{L}}^{\mathrm{T}} - M_{ij} + \\
&\quad \sum_{\alpha=1}^{r}\sum_{\beta=1}^{c}\bar{h}_{\alpha\beta}(\boldsymbol{x}(t))\boldsymbol{M}_{\alpha\beta})\boldsymbol{\xi}(t)
\end{aligned} \tag{30}$$

其中,$h_{ij} \leqslant \bar{h}_{ij}$,$\bar{h}_{ij}$ 是 h_{ij} 的上界,并且 $\boldsymbol{M}_{ij} = \boldsymbol{M}_{ij}^{\mathrm{T}}$.

如果

$$\boldsymbol{\Phi}_{ij} + \tilde{\boldsymbol{L}}\boldsymbol{W}_{ij} + \boldsymbol{W}_{ij}^{\mathrm{T}}\tilde{\boldsymbol{L}}^{\mathrm{T}} - \boldsymbol{M}_{ij} + \sum_{i=1}^{r}\sum_{j=1}^{c}\bar{h}_{ij}(\boldsymbol{x}(t))\boldsymbol{M}_{ij} < 0 \tag{31}$$

那么 $\dot{V}(\boldsymbol{x}(t)) < 0$. 即此时系统(9) 是渐近稳定的.

在上述证明过程中,我们发现控制器增益是已知的. 下面对式(31) 进行相应的变换,进而得到控制器增益的计算表达式.

在式(31) 的左边乘以 $\mathrm{diag}[\boldsymbol{L}^{-1} \quad \boldsymbol{L}^{-1} \quad \boldsymbol{L}^{-1} \quad \boldsymbol{L}^{-1} \quad \boldsymbol{L}^{-1} \quad \boldsymbol{L}^{-1}]$,同时在其右边乘以 $\mathrm{diag}[\boldsymbol{L}^{-1} \quad \boldsymbol{L}^{-1} \quad \boldsymbol{L}^{-1} \quad \boldsymbol{L}^{-1} \quad \boldsymbol{L}^{-1} \quad \boldsymbol{L}^{-1}]^{\mathrm{T}}$. 令 $\boldsymbol{T}_i = t_i\boldsymbol{L}(i = 1,2)$,$\boldsymbol{F}_j = \boldsymbol{Y}_j\boldsymbol{L}^{-\mathrm{T}}(j = 1,2,\cdots,c)$,从而得到式(13),其中

$$\hat{\boldsymbol{Q}} = \boldsymbol{L}^{-1}\boldsymbol{Q}\boldsymbol{L}^{-\mathrm{T}}$$

$$\hat{\boldsymbol{R}} = \boldsymbol{L}^{-1}\boldsymbol{R}\boldsymbol{L}^{-\mathrm{T}}$$

$$\hat{\boldsymbol{S}} = \boldsymbol{L}^{-1}\boldsymbol{S}\boldsymbol{L}^{-\mathrm{T}}$$

$$\hat{\boldsymbol{M}}_{ij} = \boldsymbol{L}^{-1}\boldsymbol{M}_{ij}\boldsymbol{L}^{-\mathrm{T}}$$

$$\hat{\boldsymbol{P}} = \mathrm{diag}[\boldsymbol{L}^{-1} \quad \boldsymbol{L}^{-1} \quad \boldsymbol{L}^{-1} \quad \boldsymbol{L}^{-1}] \times \boldsymbol{P} \times \mathrm{diag}[\boldsymbol{L}^{-1} \quad \boldsymbol{L}^{-1} \quad \boldsymbol{L}^{-1} \quad \boldsymbol{L}^{-1}]^{\mathrm{T}}$$

那么在模糊控制律(14) 的作用下,闭环模糊时滞控制系统(9) 是渐近稳定的.

注 2 引理 1 中,与已有推广的 Wirtinger 不等式比较,此时对于任意向量 $\boldsymbol{\Omega}_4 \neq \boldsymbol{0}$,积分 $\int_a^b \dot{\boldsymbol{x}}^{\mathrm{T}}(s)\boldsymbol{Q}\dot{\boldsymbol{x}}(s)\,\mathrm{d}s$ 具有更小的下界. 如果我们令 $\boldsymbol{\Omega}_4 = \boldsymbol{0}$,那么此时引理 1 将退化为推广的 Wirtinger 不等式. 因此当选取的 Lyapunov-Krasovskii 函数的导数出现积分项时,利用此不等式处理可以得到更小的下界,因此与推广的 Wirtinger 不等式的方法比较,当选取相同的 Lyapunov-Krasovskii 函数时,附录 1 的方法可以得到更小保守性的结果.

注 3 当 Lyapunov-Krasovskii 函数导数出现二重积分项

$$\int_{t-\tau}^{t}\int_{u}^{t} \dot{\boldsymbol{x}}^{\mathrm{T}}(s)\boldsymbol{S}\dot{\boldsymbol{x}}(s)\,\mathrm{d}s\mathrm{d}u$$

时,我们可以利用引理 2 得到其下界. 由于引理 2 充分考虑了积分

$$\int_a^b \boldsymbol{x}(s)\,\mathrm{d}s$$

二重积分

$$\int_{t-\tau}^{t}\int_{u}^{t} \dot{\boldsymbol{x}}^{\mathrm{T}}(s)\boldsymbol{S}\dot{\boldsymbol{x}}(s)\,\mathrm{d}s\mathrm{d}u$$

以及三重积分

$$\int_a^b\int_u^b\int_v^b \boldsymbol{x}(s)\,\mathrm{d}s\mathrm{d}v\mathrm{d}u$$

的关系,因此得到了更小的下界,从而进一步降低了稳定条件的保守性.

注 4 在处理不等式的过程中我们引入了隶属度函数的信息,因此得到了改进的依赖隶属度函数信息的镇定条件,与已有文献的结果比较,大大降低了镇定条件的保守性.

注 5 弥补了传统的并行分布补偿控制器的设计方法的不足. 在前提不匹配的条件下,由于模糊控制器的规则数与其所拥有的隶属度函数均可以选取不同于模糊模型的规则数与隶属度函数,因此增加了控制器设计的灵活性.

由定理 1 可以看出该镇定准则包含了隶属度函数的信息,为了说明在证明过程中引入隶属度函数信息可以进一步降低保守性,下面给出不依赖隶属度函数信息的镇定条件,即推论 1. 最后我们可以通过仿真示例 3,对定理 1 和推理 1 进行比较,可以验证包含隶属度函数信息的镇定条件具有更小的保守性.

推论 1 给定常数 $t_i(i=1,2)$,如果存在正定矩阵 $\hat{\boldsymbol{P}} \in \mathbf{R}^{4n\times 4n}$,$\hat{\boldsymbol{Q}} \in \mathbf{R}^{n\times n}$,$\hat{\boldsymbol{R}} \in \mathbf{R}^{n\times n}$,$\hat{\boldsymbol{S}} \in \mathbf{R}^{n\times n}$和任意矩阵 $\boldsymbol{L} \in \mathbf{R}^{n\times n}$ 以及 $\boldsymbol{Y}_j \in \mathbf{R}^{n\times n}(j=1,2,\cdots,c)$ 满足如下线性矩阵不等式

$$\hat{\boldsymbol{\Omega}}_1+\hat{\boldsymbol{\Omega}}_2+\hat{\boldsymbol{\Omega}}_3+\mathrm{sym}\{\hat{\boldsymbol{\Theta}}_{ij}\}+\tilde{\boldsymbol{L}}\hat{\boldsymbol{W}}_{ij}+\hat{\boldsymbol{W}}_{ij}^{\mathrm{T}}\tilde{\boldsymbol{L}}^{\mathrm{T}}<0 \tag{32}$$

则系统(9) 是渐近稳定的,并且控制器增益可以表示为

$$\boldsymbol{F}_j=\boldsymbol{Y}_j\boldsymbol{L}^{-\mathrm{T}},j=1,2,\cdots,c$$

其中,$\hat{\boldsymbol{\Omega}}_1,\hat{\boldsymbol{\Omega}}_2,\hat{\boldsymbol{\Omega}}_3,\hat{\boldsymbol{\Theta}}_{ij},\tilde{\boldsymbol{L}},\hat{\boldsymbol{W}}_{ij}$ 与定理 1 中的表述相同.

证明 同定理 1. 在证明过程中我们不考虑隶属度函数的信息,即在式(29) 的基础上直接对其左边乘以矩阵 $\mathrm{diag}[\boldsymbol{L}^{-1}\quad \boldsymbol{L}^{-1}\quad \boldsymbol{L}^{-1}\quad \boldsymbol{L}^{-1}\quad \boldsymbol{L}^{-1}\quad \boldsymbol{L}^{-1}]$,同时在其右边乘以 $\mathrm{diag}[\boldsymbol{L}^{-1}\quad \boldsymbol{L}^{-1}\quad \boldsymbol{L}^{-1}\quad \boldsymbol{L}^{-1}\quad \boldsymbol{L}^{-1}\quad \boldsymbol{L}^{-1}]^{\mathrm{T}}$, 即得到不等式(32).

基于以上的理论分析结果,下面通过数值算例及实际应用示例来验证理论结果的正确性.

四、仿真示例和分析

在本节中,我们通过四个仿真示例来验证附录 1 的方法的有效性及优越性. 首先,通过示例 1 说明附录 1 所提出的方法具有更小的保守性; 其次,通过示例 2 说明附录 1 所提出的控制器设计方法的有效性及优越性; 进一步,通过示例 3 说明在证明过程中引入隶属度函数的信息可以降低稳定性的保守性;最

后,结合工业生产中的实际问题来进一步验证附录 1 的方法的有效性,具体详见示例 4.

1. 仿真示例 1

为了验证附录 1 所得到的镇定条件具有更小的保守性,此时令输入 $\boldsymbol{u}(t)=0$,考虑如下具有两条模糊规则数的 T-S 模糊时滞模型(9)(其参数选取如文献[1])

$$\boldsymbol{A}_{11}=\begin{bmatrix}-2.1 & 0.1\\ -0.2 & -0.9\end{bmatrix},\boldsymbol{A}_{12}=\begin{bmatrix}-1.9 & 0\\ -0.2 & -1.1\end{bmatrix}$$

$$\boldsymbol{A}_{21}=\begin{bmatrix}-1.1 & 0.1\\ -0.8 & -0.9\end{bmatrix},\boldsymbol{A}_{22}=\begin{bmatrix}-0.9 & 0\\ -1.1 & -1.2\end{bmatrix}$$

$$\boldsymbol{A}_{31}=\boldsymbol{A}_{32}=\begin{bmatrix}0 & 0\\ 0 & 0\end{bmatrix}$$

与已有文献对比结果如表 1 所示,可以看出附录 1 的方法可以得到更大的时滞上界,从而可以看出附录 1 中的定理 1 具有更小的保守性.

表 1　最大时滞上界 τ

来源	文献[1]	文献[2]	文献[3]	文献[4]	文献[5]	文献[19]	附录 1 的定理 1
τ	4.71	0.65	1.25	5.58	3.37	5.73	5.92

2. 仿真示例 2

为了验证附录 1 所提出的设计方法的有效性,即附录 1 所提出的前提不匹配的模糊控制器可以保证系统是稳定的. 特别当被控对象的隶属度函数中含有不确定参数时,附录 1 方法同样适用. 同时通过该示例 2 可以看出附录 1 所提出的控制器设计方法大大提高了控制器设计的灵活性.

考虑如下具有三条模糊规则数的 T-S 模糊时滞模型(9)(其参数选取如文献[1])

$$\boldsymbol{A}_{11}=\begin{bmatrix}0 & 0.6\\ 0 & 1\end{bmatrix},\boldsymbol{A}_{12}=\begin{bmatrix}1 & 0\\ 1 & 0\end{bmatrix},\boldsymbol{A}_{21}=\begin{bmatrix}0.5 & 0.9\\ 0 & 2\end{bmatrix}$$

$$\boldsymbol{A}_{22}=\begin{bmatrix}0.9 & 0\\ 1 & 1.6\end{bmatrix},\boldsymbol{A}_{31}=\boldsymbol{A}_{32}=\begin{bmatrix}0 & 0\\ 0 & 0\end{bmatrix},\boldsymbol{B}_1=\boldsymbol{B}_2=\begin{bmatrix}1\\ 1\end{bmatrix}$$

隶属度函数选取如下

$$w_1(x_1(t))=1-\frac{c(t)\sin(|x_1(t)|^{-4})^5}{1+e^{-100x_1(t)^3(1-x_1(t))}}$$

$$w_2(x_1(t))=1-w_1(x_1(t))$$

其中,$c(t)=\frac{\sin(x_1(t))+1}{40}\in[-0.05,0.05]$,$x_1(t)\in\left[-\frac{\pi}{2},\frac{\pi}{2}\right]$,并且 $c(t)$ 是不确定变量.

由定理 1,设计如下前提不匹配的模糊控制器

$$\boldsymbol{u}(t)=\sum_{j=1}^{2}m_j(x_1(t))\boldsymbol{F}_j\boldsymbol{x}(t)$$

由前提不匹配原则,我们可以选取如下简单且确定的隶属度函数作为上述模糊控制器的隶属度函数

$$m_1(x_1(t))=0.93e^{\frac{-x_1(t)}{4\times1.5^2}}$$

$$m_2(x_1(t))=1-m_1(x_1(t))$$

与已有文献方法对比,求得满足稳定条件的最大时滞上界如表 2 所示.

表 2 最大时滞上界 τ

来源	文献[1]	文献[6]	文献[11]	文献[12]	文献[19]	附录 1 的定理 1
τ	0.842 0	0.152 4	0.661 1	1.094 7	1.140 3	1.324 1

由定理 1,求得控制器增益如下

$$\boldsymbol{F}_1=[154.378\,6\quad -387.321\,7],\boldsymbol{F}_2=[154.370\,1\quad -387.316\,5]$$

选取初值 $\boldsymbol{x}(0)=[0\quad 1.6]^{\mathrm{T}}$ 及时滞 $\tau=1.324\,1$,给出仿真结果如图 1 所示. 可见依据定理 1 所设计的控制器可以保证系统稳定.

注 6 由表 2 可见,当选取相同模型时,利用附录 1 的方法可以得到更大的时滞上界. 所以当选取相同时滞 $\tau=1.324\,1$ 时,已有的文献方法不能保证系统稳定,然而依据定理 1 却可以保证系统稳定.

注 7 示例 2 中,我们发现模糊模型的隶属度函数中含有不确定参数 $c(t)$. 如果利用并行分布补偿控制器设计方法,该方法要求模糊控制器的隶属度函数必须选取模糊模型的隶属度函数,那么将会导致模糊控制器中的隶属度函数含有不确定性,因此使得模糊控制器无法执行. 然而,利用附录 1 的方法,我们可以选取简单且确定的函数作为模糊控制器的隶属度函数,使得模糊控制器可以有效地执行.

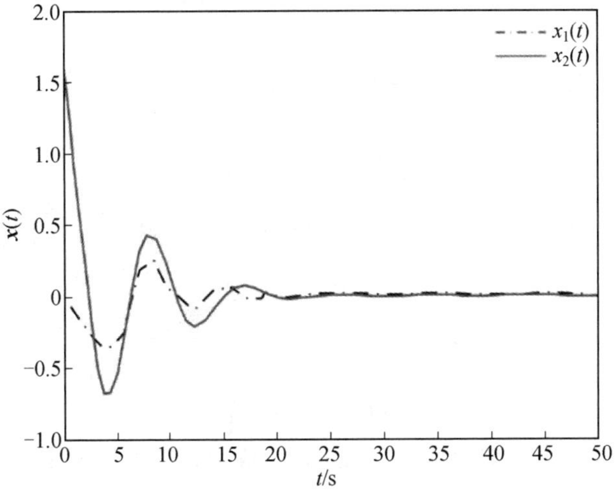

图 1　闭环系统的状态响应

3. 仿真示例 3

为了验证在定理 1 的证明过程中引入隶属度函数信息可以进一步降低保守性,在本示例中我们通过比较定理1 和推论1 的稳定区域,能够验证含有隶属度函数信息的稳定条件可以提供更大的稳定区域,即具有更小的保守性.

考虑如下具有三条模糊规则数的 T-S 模糊时滞模型(9)(其参数选取如文献[27])

$$\boldsymbol{A}_{11}=\begin{bmatrix}1 & 6-a\\ 1 & 0\end{bmatrix},\boldsymbol{A}_{12}=\begin{bmatrix}-10 & -0.5\\ 1 & 1\end{bmatrix}$$

$$\boldsymbol{A}_{13}=\begin{bmatrix}-1 & 0.5\\ 1 & -1\end{bmatrix},\boldsymbol{A}_{21}=\begin{bmatrix}1 & -0.2\\ 0.2 & 0\end{bmatrix}$$

$$\boldsymbol{A}_{22}=\begin{bmatrix}0 & -0.2\\ 0.2 & 2\end{bmatrix},\boldsymbol{A}_{23}=\begin{bmatrix}0 & 0.2\\ 0.2 & 2\end{bmatrix}$$

$$\boldsymbol{A}_{31}=\boldsymbol{A}_{32}=\boldsymbol{A}_{33}=\begin{bmatrix}0 & 0\\ 0 & 0\end{bmatrix},\boldsymbol{B}_{1}=\begin{bmatrix}-1\\ 0.5\end{bmatrix}$$

$$\boldsymbol{B}_{2}=\begin{bmatrix}16+b\\ -2\end{bmatrix},\boldsymbol{B}_{3}=\begin{bmatrix}1\\ -0.01\end{bmatrix}$$

$$-30\leqslant a\leqslant -5,0\leqslant b\leqslant 100$$

其中隶属度函数选取如下

$$w_1(x_1(t)) = 1 - \frac{0.6}{1 + e^{-3-x_1(t)}}$$

$$w_2(x_1(t)) = 1 - w_1(x_1(t)) - w_3(x_1(t))$$

$$w_3(x_1(t)) = \frac{0.4}{1 + e^{3-x_1(t)}} \tag{33}$$

由定理1,选取如下具有两个规则数的隶属度函数作为模糊控制器的隶属度函数

$$m_1(x_1(t)) = 0.7 - \frac{0.5}{1 + e^{4-x_1(t)}}$$

$$m_2(x_1(t)) = 1 - m_1(x_1(t)) \tag{34}$$

利用Matlab分别求得满足定理1以及满足推论1 的镇定条件下的数值解.当a,b取不同值时,我们求得定理1下的稳定区域,即依赖隶属度函数信息的稳定条件区域,此时用"×" 表示; 同时求得推论1下的稳定区域,即不依赖隶属度函数信息的稳定区域,此时用"○" 表示. 具体对比结果详见图2. 由图2 可以看出考虑隶属度函数信息的镇定条件可以提供更大的镇定区域,即保守性更小.

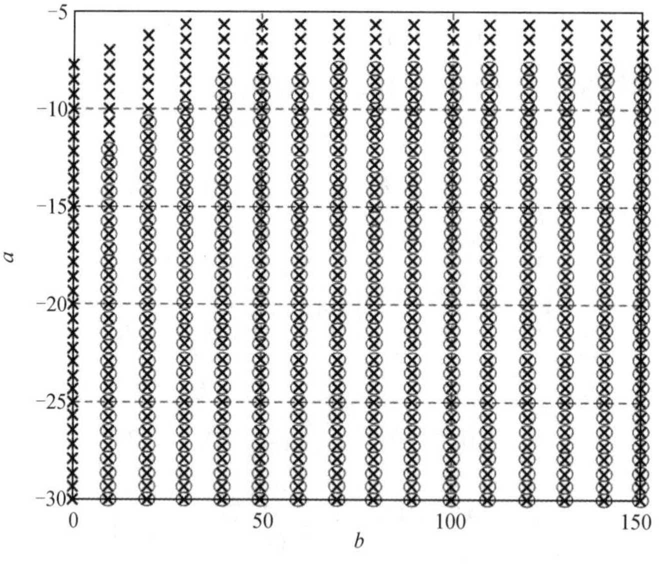

图2 "×" 表示稳定条件区域(定理1);"○" 表示稳定条件区域(推论1)

当选取$a=0$,$b=20$,$\boldsymbol{x}(0)=[3 \quad -1]^{\mathrm{T}}$及时滞$\tau=1$时,分别给出基于定理1 及文献[27] 的仿真结果,即图3 和图4. 可以看出当选取相同的时滞项时,我们所设计的模糊控制器在$t=40$ s时可以保证系统(9) 是渐近稳定的,而利用文

献[27]的方法在 $t = 100$ s时系统(9)是渐近稳定的. 由此可见,在相同条件下,附录1设计的控制器能够使得系统在更短的时间内达到稳定状态. 更进一步说明附录1的方法具有更小的保守性.

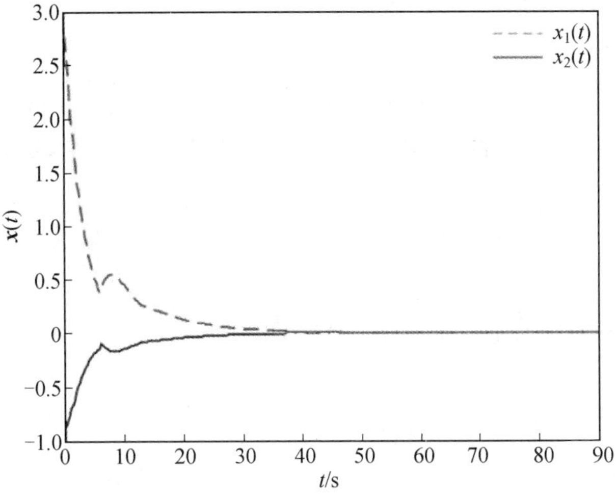

图3　闭环系统的状态响应(定理1)

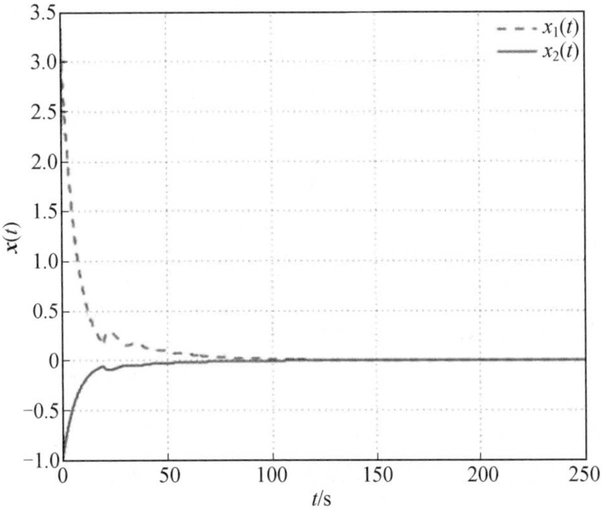

图4　闭环系统的状态响应(文献[27])

注8　当参数 a,b 在"×"区域取值时,依据定理1(依赖隶属度函数)总可以找到使得系统镇定的模糊控制器. 然而依据推论1(隶属度函数无关)却在某些区域找不到控制器. 换句话说,定理1与推论1比较,定理1可以提供更大的

稳定区域,即依赖隶属度函数的镇定条件比隶属度函数无关的镇定条件具有更小的保守性.

注 9 当选取相同隶属度函数以及相同时滞项时,与文献[27]比较,即图3和图4可以看出附录1的方法更有优势.

4. 仿真示例 4

考虑化工生产中一种常见的反应容器——连续搅拌反应釜(continuously stirred tank reactor,CSTR). 该系统可以用如下非线性模型来表示

$$\dot{x}_1(t) = -\frac{1}{\lambda}x_1(t) + D_\alpha(1 - x_1(t))\mathrm{e}^{\frac{x_2(t)}{1+\frac{x_2(t)}{\gamma_0}}} + \left(\frac{1}{\lambda} - 1\right)x_1(t-\tau) \tag{35}$$

$$\dot{x}_2(t) = -\left(\frac{1}{\lambda} + \beta\right)x_2(t) + \left(\frac{1}{\lambda} - 1\right)x_2(t-\tau) + \beta\boldsymbol{u}(t) + HD_\alpha(1 - x_1(t))\mathrm{e}^{\frac{x_2(t)}{1+\frac{x_2(t)}{\gamma_0}}} \tag{36}$$

其中,$x_1(t)$ 表示反应器转化率;$x_2(t)$ 表示无量纲温度;$\boldsymbol{u}(t)$ 表示控制输入;λ,D_α,γ_0,H,β,T_w 表示无量纲的系统参数;τ 表示时滞. 为了方便起见,令 $\gamma_0 = 20$,$H = 8$,$\beta = 1$,$D_\alpha = 0.072$,$\lambda = 0.8$. 在连续搅拌反应釜系统中有三个平衡点

$$\boldsymbol{x}_{10} = [0.1440 \quad 0.8862]$$

$$\boldsymbol{x}_{20} = [0.4472 \quad 2.7520]$$

$$\boldsymbol{x}_{30} = [0.7646 \quad 4.7052]$$

基于这三个平衡点,建立如下T-S模糊时滞模型.

模糊规则1:如果 $x_2(t)$ 为0.8862,那么

$$\dot{\boldsymbol{x}}(t) = \boldsymbol{A}_1\boldsymbol{x}(t) + \boldsymbol{A}_{d1}\boldsymbol{x}(t-\tau) + \boldsymbol{B}\boldsymbol{u}(t)$$

模糊规则2:如果 $x_2(t)$ 为2.7520,那么

$$\dot{\boldsymbol{x}}(t) = \boldsymbol{A}_2\boldsymbol{x}(t) + \boldsymbol{A}_{d2}\boldsymbol{x}(t-\tau) + \boldsymbol{B}\boldsymbol{u}(t)$$

模糊规则3:如果 $x_2(t)$ 为4.7052,那么

$$\dot{\boldsymbol{x}}(t) = \boldsymbol{A}_3\boldsymbol{x}(t) + \boldsymbol{A}_{d3}\boldsymbol{x}(t-\tau) + \boldsymbol{B}\boldsymbol{u}(t)$$

其中

$$\boldsymbol{A}_1 = \begin{bmatrix} -1.4182 & 0.1320 \\ -1.3457 & -1.1937 \end{bmatrix}, \boldsymbol{A}_2 = \begin{bmatrix} -2.0590 & 0.3456 \\ -6.4720 & 0.5146 \end{bmatrix}$$

$$\boldsymbol{A}_3 = \begin{bmatrix} -4.4978 & 1.1666 \\ -25.9826 & 1.7584 \end{bmatrix}$$

$$\boldsymbol{A}_{di} = \begin{bmatrix} 0.25 & 0 \\ 0 & 0.25 \end{bmatrix}, i = 1,2,3$$

$$\boldsymbol{B} = [0 \quad 1]^{\mathrm{T}}$$

选取式(33)作为模型的隶属度函数,因此得到

$$\dot{\boldsymbol{x}}(t) = \sum_{i=1}^{3} w_i(\boldsymbol{x}_2(t))(\boldsymbol{A}_i\boldsymbol{x}(t) + \boldsymbol{A}_{di}\boldsymbol{x}(t-\tau) + \boldsymbol{B}\boldsymbol{u}(t))$$

针对上述模型,设计前提不匹配的模糊状态反馈控制器如下

$$\boldsymbol{u}(t) = \sum_{j=1}^{2} m_j(x_2(t))\boldsymbol{F}_j\boldsymbol{x}(t)$$

其中,$m_j(x_2(t)), j = 1,2$ 结构同式(34). 由定理2,求得控制器增益矩阵如下

$$\boldsymbol{F}_1 = [1.3013 \quad -86.4765], \boldsymbol{F}_2 = [5.3487 \quad -86.3894]$$

取时滞 $\tau = 2$,初值

$$\boldsymbol{x}^1(0) = [0.9 \quad 0.9]^{\mathrm{T}}$$

$$\boldsymbol{x}^2(0) = [2.7 \quad 2.7]^{\mathrm{T}}$$

$$\boldsymbol{x}^3(0) = [4.5 \quad 4.5]^{\mathrm{T}}$$

图5 ~ 图7 给出系统的仿真结果. 可以看出依据附录1方法所设计的前提不匹配的模糊控制器可以保证该非线性的连续搅拌反应釜系统是渐近稳定的.

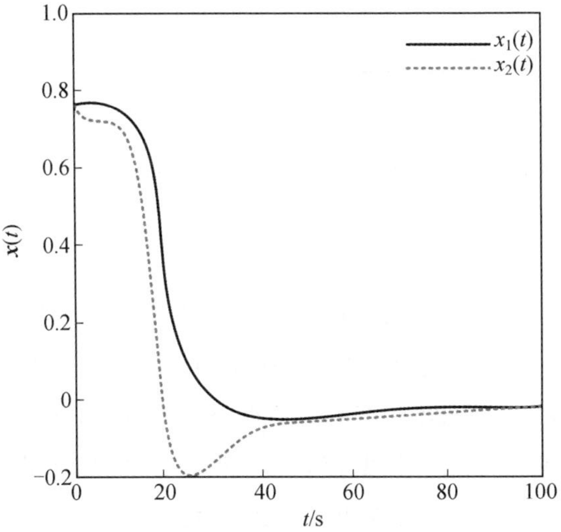

图5　初值为 $\boldsymbol{x}^1(0)$ 时系统的状态响应

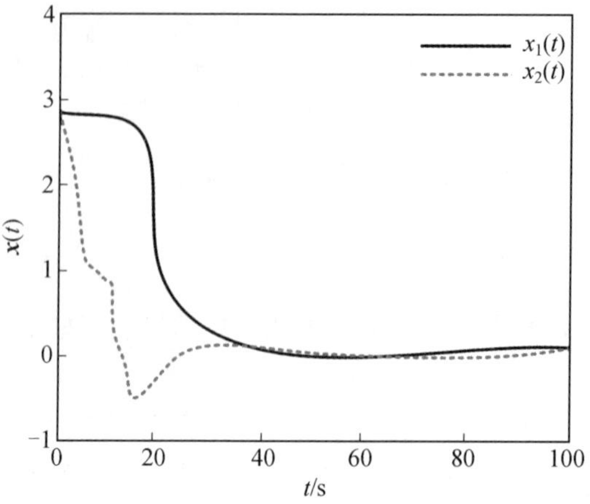

图 6　初值为 $\boldsymbol{x}^2(0)$ 时系统的状态响应

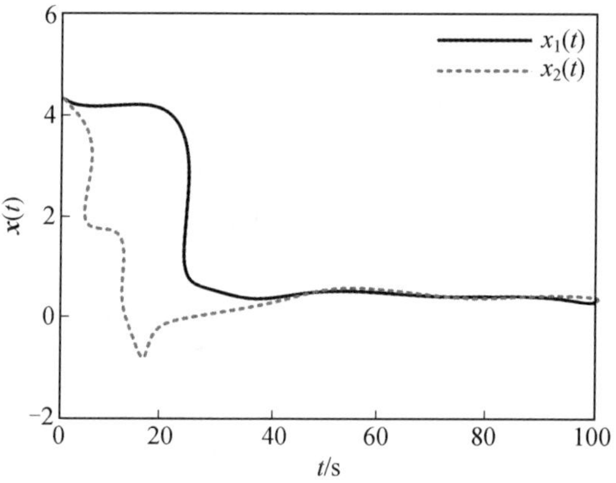

图 7　初值为 $\boldsymbol{x}^3(0)$ 时系统的状态响应

五、结论

针对前提不匹配的 T-S 模糊时滞系统，通过引入隶属度函数的信息，得到了一个具有较小保守性的镇定准则；另外，由于附录 1 引入的改进的积分不等式比已有的 Wirtinger 积分不等式具有更严格的下界，从而进一步降低了结果的保守性. 同时给出了前提不匹配控制器的设计方法，由于此时模糊控制器的模糊规则与模糊隶属度函数可以任意选取，因此大大提高了控制器设计的灵活性. 最后通过四个例子验证了附录 1 的方法的保守性和有效性. 然而如何将此方法推广至区间二型的前提不匹配的 T-S 模糊时滞系统中，是我们进一步要研究的问题.

参考文献

[1] ZHAO Y, GAO H, LAM J, et al. Stability and stabilization of delayed T-S fuzzy systems: a delay partitioning approach[J]. IEEE Transaction on Fuzzy Systems, 2009, 17(4): 750-762.

[2] LIN C, WANG Q G, LEE T H. Delay-dependent LMI condition for stability and stabilization of T-S fuzzy systems with bounded time-delay[J]. Fuzzy Sets and Systems, 2006, 157 (9): 1229-1247.

[3] GUAN X P, CHEN C L. Delay-dependent guaranteed cost control for T-S fuzzy systems with time delays[J]. IEEE Transaction on Fuzzy Systems, 2004, 12 (2): 236-249.

[4] ZHANG Z Y, LIN C, CHEN B. New stability and stabilization conditions for T-S fuzzy systems with time delay[J]. Fuzzy Sets and Systems, 2015, 263: 82-91.

[5] WU H N, LI H X. New approach to delay-dependent stability analysis and stabilization for continuous-time fuzzy systems with time-varying delay[J]. IEEE Transactions on Fuzzy Systems, 2007, 15 (3): 482-493.

[6] CHEN B, LIN X P. Delay-dependent robust H_∞ control for T-S fuzzy systems with time delay[J]. IEEE Transactions on fuzzy systems, 2005, 13(4): 544-556.

[7] ZHAO T, CHEN C S, DIAN S Y. Local stability and stabilization of uncertain nonlinear systems with two additive time-varying delays[J]. Communications in Nonlinear Science and Numerical Simulation, 2020, 83: 105097.

[8] SHENG Z L, LIN C, CHEN B, et al. An asymmetric Lyapunov-Krasovskii functional method on stability and stabilization for T-S fuzzy systems with time delay[J]. IEEE Transactions on Fuzzy Systems, 2021, 30(6): 2135-2140.

[9] JIA R, WANG G, SONG H D. New stability criterion for time-delay Takagi-Sugeno fuzzy systems[J]. Control Theory & Applications, 2018,

35(3): 317-323.

[10] KWON O M, PARK M J, PARK J H, et al. Stability and stabilization of T-S fuzzy systems with time-varying delays via augmented Lyapunov-Krasovskii functionals[J]. Information Science, 2016, 372: 1-15.

[11] YONEYAMA J. New delay-dependent approach to robust stability and stabilization for Takagi-Sugeno fuzzy time-delay systems[J]. Fuzzy Sets and Systems, 2007, 158(20): 2225-2237.

[12] PENG C, TIAN Y C, TIAN E G. Improved delay-dependent robust stabilization conditions of uncertain T-S fuzzy systems with time-varying delay[J]. Fuzzy Sets and Systems, 2008, 159(20): 2713-2729.

[13] GU K, CHEN J, KHARITONOV V L. Stability of time-delay systems[M]. Boston: Birkhäuser, 2003.

[14] DATTA R, DEY R, BHATTACHARYA B. Improved delay- range-dependent stability condition for T-S fuzzy systems with variable delays using new extended affine wirtinger inequality[J]. International Journal of Fuzzy Systems, 2020, 22(3): 985-998.

[15] ZHANG L S, HE L, SONG Y D. New results on stability analysis of delayed systems derived from extended wirtinger's integral inequality[J]. Neurocomputing, 2018, 283: 98-106.

[16] TIAN J K, REN Z R, ZHONG S M. A new integral inequality and application to stability of time-delay systems[J]. Applied Mathematics Letters, 2020, 101: 1-7.

[17] WANG G, JIA L, ZHANG H. Stability and stabilization of T-S fuzzy time-delay system via relaxed integral inequality and dynamic delay partition[J]. IEEE Transactions on Fuzzy Systems, 2020, 29(10): 2829-2843.

[18] ZHANG Z J, WANG D W, GAO X Z. Stability and stabilization condition for T-S fuzzy systems with time-delay under imperfect premise matching via an integral inequality[J]. International Journal of Computational Intelligence Systems, 2021, 14(1): 11-22.

[19] TAN J,DIAN S,ZHAO T,et al. Stability and stabilization of T-S fuzzy systems with time delay via Wirtinger-based double integral inequality[J]. Neurocomputing,2018,275: 1063-1071.

[20] ZHAO N,LIN C,CHEN B,et al. A new double integral inequality and application to stability test for time-delay systems[J]. Applied Mathematics Letters,2017,65: 26-31.

[21] LIAN Z,HE Y,WU M. Stability and stabilization for delayed fuzzy systems via reciprocally convex matrix inequality[J]. Fuzzy Sets and Systems, 2021,402:124-141.

[22] ZHANG X F,LIU Y Y. An effective method of controller design for uncertain fractional T-S fuzzy systems[J]. Control and Decision,2019, 34(7): 1469-1474.

[23] XIAO H Q,HE Y,WU M,et al. Improved H-infinity tracking control for nonlinear networked control systems based on T-S fuzzy model[J]. Control Theory & Applications,2012,29(1): 71-78.

[24] WANG X F,ZHOU S S. Extended dissipative control design for discrete-time interval type-2 Tagaki-Sugeno model based systems with time-varying delays[J]. Control Theory & Applications,2018,35(9): 1293-1301.

[25] LAM H K,NARIMANI M. Stability analysis and performance design for fuzzy-model-based control system under imperfect premise matching[J]. IEEE Transactions on Fuzzy Systems,2009,17 (4): 949-961.

[26] ZHANG Z J,HUANG X L,BAN X J,et al. New delay-dependent robust stability and stabilization for uncertain T-S fuzzy time-delay systems under imperfect premise matching[J]. Journal of Central South University,2012, 19(12): 3415-3423.

[27] XIA H,LAM H K,LI L,et al. Stability analysis and synthesis of fuzzy-model-based time-delay systems under imperfect premise matching [J]. Journal of Intelligent & Fuzzy Systems,2012,19(12): 3415-3423.

附录2　作者攻读博士学位期间发表的论文

[1] ZHANG Z J, GAO X Z, KAI Z, et al. Delay-dependent stability analysis of uncertain fuzzy systems with state and input delays under imperfect premise matching[J]. Mathematical Problems in Engineering, 2013, 2013(1): 1-13.

[2] ZHANG Z J, HUANG X L, BAN X J, et al. New delay-dependent robust stability and stabilization for uncertain T-S fuzzy time-delay systems under imperfect premise matching[J]. Journal of Central South University of Technology, 2012, 19(12): 3415-3423.

[3] ZHANG Z J, HUANG X L, BAN X J, et al. Stability analysis and design for discrete fuzzy systems with time-delay under imperfect premise matching[J]. Journal of Information & Computational Science, 2011, 13(8): 2611-2622.

[4] ZHANG Z J, HUANG X L, BAN X J, et al. Stability analysis and design for T-S fuzzy systems with time-delay under imperfect premise matching[J]. Journal of Beijing Institute of Technology, 2012, 21(3): 2613-2622.

[5] 张泽健，黄显林，班晓军，等. 前提不匹配的T-S模糊系统的时滞相关镇定[J]. 哈尔滨工业大学学报, 2013, 45(11): 682-688.

[6] HUANG X L, ZHANG Z J, CAO K R, et al. A sufficient stability condition for a type of proportional T-S fuzzy control system in the frequency domain[C]// IEEE. Proceedings of the 3rd International Symposium on Systems and Control in Aeronautics and Astronautics, Harbin: IEEE, 2010: 333-338, 2010.

[7] HUANG X L, ZHANG Z J, BAN X J, et al. New delay-dependent stability and stabilization for T-S fuzzy time-delay systems under imperfect premise matching[C]// IEEE, Proceedings of the 2nd International Conference on Intelligent Control and Information Processing, Harbin: IEEE, 2011: 999-1004.

[8] BAN X J, ZHANG Z J, HUANG X L, et al. LMI based stability conditions for nonlinear systems constructed by fuzzy input-output models[C]// IEEE. Proceedings of the 2nd International Conference on Intelligent Control and Infor-

mation Processing, Harbin: IEEE, 2011: 983-987.

[9] ZHANG Z J, HUANG X L, BAN X J. New LMIs-based stability conditions for fuzzy time-delay control systems[C]// IEEE. Proceedings of the 4th International Joint Conference on Computational Sciences and Optimization, Lijiang: IEEE, 2011: 939-942.

[10] ZHANG Z J, BAN X J, HUANG X L, et al. New delay-dependent robust stability for T-S fuzzy systems with interval time-varying delay[C]// IEEE. Proceedings of the 5th International Joint Conference on Computational Sciences and Optimization, Harbin: IEEE, 2012: 826-830, 2012.

[11] ZHANG Z J, WANG D W, Gao X Z, et al. Improved delay-dependent stability analysis for uncertain T-S fuzzy systems with time-varying delay[C]// IEEE. The 12th International Conference on Fuzzy Systems and Knowledge Discovery, Zhangjiajie: IEEE, 2015:73-77.

[12] 张泽健, 黄显林, 班晓军,等. 改进的 T-S 模糊时滞系统的鲁棒稳定性分析[J]. 黑龙江大学自然科学学报, 2013, 30(2): 151-156.

附录3　作者参加工作之后发表的论文

[1] ZHANG Z J, WANG D W. Design of an unmatching observer-based controller for discrete-time fuzzy systems with time delay[J]. Discrete Dynamics in Nature and Society, 2020, 2020: 1-11.

[2] ZHANG Z J, WANG D W, LI P, et al. Design of an observer -based controller for T-S fuzzy time-delay systems under imperfect premise matching[J]. Intelligent automation and soft computing, 2020, 26(5): 905-915.

[3] ZHANG Z J, WANG D W, GAO X Z. Stability and stabilization condition for T-S fuzzy systems with time-delay under imperfect premise matching via an integral inequality[J]. International Journal of computational intelligence systems, 2021, 14(1): 11-22.

[4] 张泽健,王大伟,高晓智. 前提不匹配的模糊时滞系统镇定条件的改进[J]. 控制理论与应用,2022, 39(4): 711-720.

[5] ZHANG Z J, WANG D W, GAO X Z. Imperfect premise matching controller design for interval type-2 fuzzy systems under network environments [J]. Intelligent automation and soft computing, 2021, 27(1): 173-189.

刘培杰数学工作室
已出版(即将出版)图书目录——高等数学

书　　名	出版时间	定　价	编号
距离几何分析导引	2015－02	68.00	446
大学几何学	2017－01	78.00	688
关于曲面的一般研究	2016－11	48.00	690
近世纯粹几何学初论	2017－01	58.00	711
拓扑学与几何学基础讲义	2017－04	58.00	756
物理学中的几何方法	2017－06	88.00	767
几何学简史	2017－08	28.00	833
微分几何学历史概要	2020－07	58.00	1194
解析几何学史	2022－03	58.00	1490
曲面的数学	2024－01	98.00	1699

复变函数引论	2013－10	68.00	269
伸缩变换与抛物旋转	2015－01	38.00	449
无穷分析引论(上)	2013－04	88.00	247
无穷分析引论(下)	2013－04	98.00	245
数学分析	2014－04	28.00	338
数学分析中的一个新方法及其应用	2013－01	38.00	231
数学分析例选:通过范例学技巧	2013－01	88.00	243
高等代数例选:通过范例学技巧	2015－06	88.00	475
基础数论例选:通过范例学技巧	2018－09	58.00	978
三角级数论(上册)(陈建功)	2013－01	38.00	232
三角级数论(下册)(陈建功)	2013－01	48.00	233
三角级数论(哈代)	2013－06	48.00	254
三角级数	2015－07	28.00	263
超越数	2011－03	18.00	109
三角和方法	2011－03	18.00	112
随机过程(Ⅰ)	2014－01	78.00	224
随机过程(Ⅱ)	2014－01	68.00	235
算术探索	2011－12	158.00	148
组合数学	2012－04	28.00	178
组合数学浅谈	2012－03	28.00	159
分析组合学	2021－09	88.00	1389
丢番图方程引论	2012－03	48.00	172
拉普拉斯变换及其应用	2015－02	38.00	447
高等代数.上	2016－01	38.00	548
高等代数.下	2016－01	38.00	549
高等代数教程	2016－01	58.00	579
高等代数引论	2020－07	48.00	1174
数学解析教程.上卷.1	2016－01	58.00	546
数学解析教程.上卷.2	2016－01	38.00	553
数学解析教程.下卷.1	2017－04	48.00	781
数学解析教程.下卷.2	2017－06	48.00	782
数学分析.第1册	2021－03	48.00	1281
数学分析.第2册	2021－03	48.00	1282
数学分析.第3册	2021－03	28.00	1283
数学分析精选习题全解.上册	2021－03	38.00	1284
数学分析精选习题全解.下册	2021－03	38.00	1285
数学分析专题研究	2021－11	68.00	1574
实分析中的问题与解答	2024－06	98.00	1737
函数构造论.上	2016－01	38.00	554
函数构造论.中	2017－06	48.00	555
函数构造论.下	2016－09	48.00	680
函数逼近论(上)	2019－02	98.00	1014
概周期函数	2016－01	48.00	572
变叙的项的极限分布律	2016－01	18.00	573
整函数	2012－08	18.00	161
近代拓扑学研究	2013－04	38.00	239
多项式和无理数	2008－01	68.00	22
密码学与数论基础	2021－01	28.00	1254

刘培杰数学工作室
已出版(即将出版)图书目录——高等数学

书　　名	出版时间	定　价	编号
模糊数据统计学	2008－03	48.00	31
模糊分析学与特殊泛函空间	2013－01	68.00	241
常微分方程	2016－01	58.00	586
平稳随机函数导论	2016－03	48.00	587
量子力学原理.上	2016－01	38.00	588
图与矩阵	2014－08	40.00	644
钢丝绳原理:第二版	2017－01	78.00	745
代数拓扑和微分拓扑简史	2017－06	68.00	791
半序空间泛函分析.上	2018－06	48.00	924
半序空间泛函分析.下	2018－06	68.00	925
概率分布的部分识别	2018－07	68.00	929
Cartan 型单模李超代数的上同调及极大子代数	2018－07	38.00	932
纯数学与应用数学若干问题研究	2019－03	98.00	1017
数理金融学与数理经济学若干问题研究	2020－07	98.00	1180
清华大学"工农兵学员"微积分课本	2020－09	48.00	1228
力学若干基本问题的发展概论	2023－04	58.00	1262
Banach 空间中前后分离算法及其收敛率	2023－06	98.00	1670
基于广义加法的数学体系	2024－03	168.00	1710
向量微积分、线性代数和微分形式:统一方法:第 5 版	2024－03	78.00	1707
向量微积分、线性代数和微分形式:统一方法:第 5 版:习题解答	2024－03	48.00	1708
分布式多智能体系统主动安全控制方法	2023－08	98.00	1687

受控理论与解析不等式	2012－05	78.00	165
不等式的分拆降维降幂方法与可读证明(第 2 版)	2020－07	78.00	1184
石焕南文集:受控理论与不等式研究	2020－09	198.00	1198
半离散 Hardy-Hilbert 不等式的拓展性应用	2025－01	88.00	1809

实变函数论	2012－06	78.00	181
复变函数论	2015－08	38.00	504
非光滑优化及其变分分析(第 2 版)	2024－05	68.00	230
疏散的马尔科夫链	2014－01	58.00	266
马尔科夫过程论基础	2015－01	28.00	433
初等微分拓扑学	2012－07	18.00	182
方程式论	2011－03	38.00	105
Galois 理论	2011－03	18.00	107
古典数学难题与伽罗瓦理论	2012－11	58.00	223
伽罗华与群论	2014－01	28.00	290
代数方程的根式解及伽罗瓦理论	2011－03	28.00	108
代数方程的根式解及伽罗瓦理论(第二版)	2015－01	28.00	423
线性偏微分方程讲义	2011－03	18.00	110
几类微分方程数值方法的研究	2015－05	38.00	485
分数阶微分方程理论与应用	2020－05	95.00	1182
N 体问题的周期解	2011－03	28.00	111
代数方程式论	2011－05	18.00	121
线性代数与几何:英文	2016－06	58.00	578
动力系统的不变量与函数方程	2011－07	48.00	137
基于短语评价的翻译知识获取	2012－02	48.00	168
应用随机过程	2012－04	48.00	187
概率论导引	2012－04	18.00	179
矩阵论(上)	2013－06	58.00	250
矩阵论(下)	2013－06	48.00	251
对称锥互补问题的内点法:理论分析与算法实现	2014－08	68.00	368
抽象代数:方法导引	2013－06	38.00	257
集论	2016－01	48.00	576
多项式理论研究综述	2016－01	38.00	577
函数论	2014－11	78.00	395
反问题的计算方法及应用	2011－11	28.00	147
数阵及其应用	2012－02	28.00	164
绝对值方程—折边与组合图形的解析研究	2012－07	48.00	186
代数函数论(上)	2015－07	38.00	494
代数函数论(下)	2015－07	38.00	495

刘培杰数学工作室
已出版(即将出版)图书目录——高等数学

书　　名	出版时间	定　价	编号
偏微分方程论:法文	2015－10	48.00	533
粒子图像测速仪实用指南:第二版	2017－08	78.00	790
数域的上同调	2017－08	98.00	799
图的正交因子分解(英文)	2018－01	38.00	881
图的度因子和分支因子:英文	2019－09	88.00	1108
点云模型的优化配准方法研究	2018－07	58.00	927
锥形波入射粗糙表面反散射问题理论与算法	2018－03	68.00	936
广义逆的理论与计算	2018－07	58.00	973
不定方程及其应用	2018－12	58.00	998
几类椭圆型偏微分方程高效数值算法研究	2018－08	48.00	1025
现代密码算法概论	2019－05	98.00	1061
模形式的 p－进性质	2019－06	78.00	1088
混沌动力学:分形、平铺、代换	2019－09	48.00	1109
微分方程,动力系统与混沌引论:第3版	2020－05	65.00	1144
分数阶微分方程理论与应用	2020－05	95.00	1187
应用非线性动力系统与混沌导论:第2版	2021－05	58.00	1368
非线性振动,动力系统与向量场的分支	2021－06	55.00	1369
遍历理论引论	2021－11	46.00	1441
全局分支与混沌:解析方法	2025－03	78.00	1812
动力系统与混沌	2022－05	48.00	1485
Galois 上同调	2020－04	138.00	1131
毕达哥拉斯定理:英文	2020－03	38.00	1133
模糊可拓多属性决策理论与方法	2021－06	98.00	1357
统计方法和科学推断	2021－10	48.00	1428
有关几类种群生态学模型的研究	2022－04	98.00	1486
加性数论:典型基	2022－05	48.00	1491
加性数论:反问题与和集的几何	2023－08	58.00	1672
乘性数论:第三版	2022－07	38.00	1528
解析数论	2024－10	58.00	1771
交替方向乘子法及其应用	2022－08	98.00	1553
结构元理论及模糊决策应用	2022－09	98.00	1573
随机微分方程和应用:第二版	2022－12	48.00	1580
前提不匹配的 T－S 模糊时滞系统的稳定性分析与镇定	2024－11	98.00	1783

吴振奎高等数学解题真经(概率统计卷)	2012－01	38.00	149
吴振奎高等数学解题真经(微积分卷)	2012－01	68.00	150
吴振奎高等数学解题真经(线性代数卷)	2012－01	58.00	151
高等数学解题全攻略(上卷)	2013－06	58.00	252
高等数学解题全攻略(下卷)	2013－06	58.00	253
高等数学复习纲要	2014－01	18.00	384
数学分析历年考研真题解析.第一卷	2021－04	38.00	1288
数学分析历年考研真题解析.第二卷	2021－04	38.00	1289
数学分析历年考研真题解析.第三卷	2021－04	38.00	1290
数学分析历年考研真题解析.第四卷	2022－09	68.00	1560
数学分析历年考研真题解析.第五卷	2024－10	58.00	1773
数学分析历年考研真题解析.第六卷	2024－10	68.00	1774
硕士研究生入学考试数学试题及解答.第1卷	2024－01	58.00	1703
硕士研究生入学考试数学试题及解答.第2卷	2024－04	68.00	1704
硕士研究生入学考试数学试题及解答.第3卷	即将出版		1705

超越吉米多维奇.数列的极限	2009－11	48.00	58
超越普里瓦洛夫.留数卷	2015－01	48.00	437
超越普里瓦洛夫.无穷乘积与它对解析函数的应用卷	2015－05	28.00	477
超越普里瓦洛夫.积分卷	2015－06	18.00	481
超越普里瓦洛夫.基础知识卷	2015－06	28.00	482
超越普里瓦洛夫.数项级数卷	2015－07	38.00	489
超越普里瓦洛夫.微分、解析函数、导数卷	2018－01	48.00	852

统计学专业英语(第三版)	2015－04	68.00	465
代换分析:英文	2015－07	38.00	499

刘培杰数学工作室
已出版(即将出版)图书目录——高等数学

书　　名	出版时间	定　价	编号
历届美国大学生数学竞赛试题集.第一卷(1938—1949)	2015－01	28.00	397
历届美国大学生数学竞赛试题集.第二卷(1950—1959)	2015－01	28.00	398
历届美国大学生数学竞赛试题集.第三卷(1960—1969)	2015－01	28.00	399
历届美国大学生数学竞赛试题集.第四卷(1970—1979)	2015－01	18.00	400
历届美国大学生数学竞赛试题集.第五卷(1980—1989)	2015－01	28.00	401
历届美国大学生数学竞赛试题集.第六卷(1990—1999)	2015－01	28.00	402
历届美国大学生数学竞赛试题集.第七卷(2000—2009)	2015－08	18.00	403
历届美国大学生数学竞赛试题集.第八卷(2010—2012)	2015－01	18.00	404
超越普特南试题:大学数学竞赛中的方法与技巧	2017－04	98.00	758
历届国际大学生数学竞赛试题集(1994－2020)	2021－01	58.00	1252
历届美国大学生数学竞赛试题集(全3册)	2023－10	168.00	1693
全国大学生数学夏令营数学竞赛试题及解答	2007－03	28.00	15
全国大学生数学竞赛辅导教程	2012－07	28.00	189
全国大学生数学竞赛复习全书(第2版)	2017－05	58.00	787
历届美国大学生数学竞赛试题集	2009－03	88.00	43
前苏联大学生数学奥林匹克竞赛题解(上编)	2012－04	28.00	169
前苏联大学生数学奥林匹克竞赛题解(下编)	2012－04	38.00	170
大学生数学竞赛讲义	2014－09	28.00	371
大学生数学竞赛教程——高等数学(基础篇、提高篇)	2018－09	128.00	968
普林斯顿大学数学竞赛	2016－06	38.00	669
高等数学竞赛:1962—1991年米克洛什·施外策竞赛	2024－09	128.00	1743
考研高等数学高分之路	2020－10	45.00	1203
考研高等数学基础必刷	2021－01	45.00	1251
考研概率论与数理统计	2022－06	58.00	1522
越过211,刷到985:考研数学二	2019－10	68.00	1115
初等数论难题集(第一卷)	2009－05	68.00	44
初等数论难题集(第二卷)(上、下)	2011－02	128.00	82,83
数论概貌	2011－03	18.00	93
代数数论(第二版)	2013－08	58.00	94
代数多项式	2014－06	38.00	289
初等数论的知识与问题	2011－02	28.00	95
超越数论基础	2011－03	28.00	96
数论初等教程	2011－03	28.00	97
数论基础	2011－03	18.00	98
数论基础与维诺格拉多夫	2014－03	18.00	292
解析数论基础	2012－08	28.00	216
解析数论基础(第二版)	2014－01	48.00	287
解析数论问题集(第二版)(原版引进)	2014－05	88.00	343
解析数论问题集(第二版)(中译本)	2016－04	88.00	607
解析数论基础(潘承洞,潘承彪著)	2016－07	98.00	673
解析数论导引	2016－07	58.00	674
数论入门	2011－03	38.00	99
代数数论入门	2015－03	38.00	448
数论开篇	2012－07	28.00	194
解析数论引论	2011－03	48.00	100
Barban Davenport Halberstam 均值和	2009－01	40.00	33
基础数论	2011－03	28.00	101
初等数论100例	2011－05	18.00	122
初等数论经典例题	2012－07	18.00	204
最新世界各国数学奥林匹克中的初等数论试题(上、下)	2012－01	138.00	144,145
初等数论(Ⅰ)	2012－01	18.00	156
初等数论(Ⅱ)	2012－01	18.00	157
初等数论(Ⅲ)	2012－01	28.00	158

刘培杰数学工作室
已出版(即将出版)图书目录——高等数学

书　　名	出版时间	定　价	编号
Gauss,Euler,Lagrange 和 Legendre 的遗产:把整数表示成平方和	2022－06	78.00	1540
平面几何与数论中未解决的新老问题	2013－01	68.00	229
代数数论简史	2014－11	28.00	408
代数数论	2015－09	88.00	532
代数、数论及分析习题集	2016－11	98.00	695
数论导引提要及习题解答	2016－01	48.00	559
素数定理的初等证明.第2版	2016－09	48.00	686
数论中的模函数与狄利克雷级数(第二版)	2017－11	78.00	837
数论:数学导引	2018－01	68.00	849
域论	2018－04	68.00	884
代数数论(冯克勤　编著)	2018－04	68.00	885
范氏大代数	2019－02	98.00	1016
高等算术:数论导引:第八版	2023－04	78.00	1689
新编640个世界著名数学智力趣题	2014－01	88.00	242
500个最新世界著名数学智力趣题	2008－06	48.00	3
400个最新世界著名数学最值问题	2008－09	48.00	36
500个世界著名数学征解问题	2009－06	48.00	52
400个中国最佳初等数学征解老问题	2010－01	48.00	60
500个俄罗斯数学经典老题	2011－01	28.00	81
1000个国外中学物理好题	2012－04	48.00	174
300个日本高考数学题	2012－05	38.00	142
700个早期日本高考数学试题	2017－02	88.00	752
500个前苏联早期高考数学试题及解答	2012－05	28.00	185
546个早期俄罗斯大学生数学竞赛题	2014－03	38.00	285
548个来自美苏的数学好问题	2014－11	28.00	396
20所苏联著名大学早期入学试题	2015－02	18.00	452
161道德国工科大学生必做的微分方程习题	2015－05	28.00	469
500个德国工科大学生必做的高数习题	2015－06	28.00	478
360个数学竞赛问题	2016－08	58.00	677
德国讲义日本考题.微积分卷	2015－04	48.00	456
德国讲义日本考题.微分方程卷	2015－04	38.00	457
二十世纪中叶中、英、美、日、法、俄高考数学试题精选	2017－06	38.00	783
博弈论精粹	2008－03	58.00	30
博弈论精粹.第二版(精装)	2015－01	88.00	461
数学 我爱你	2008－01	28.00	20
精神的圣徒　别样的人生——60位中国数学家成长的历程	2008－09	48.00	39
数学史概论	2009－06	78.00	50
数学史概论(精装)	2013－03	158.00	272
数学史选讲	2016－01	48.00	544
斐波那契数列	2010－02	28.00	65
数学拼盘和斐波那契魔方	2010－07	38.00	72
斐波那契数列欣赏	2011－01	28.00	160
数学的创造	2011－02	48.00	85
数学美与创造力	2016－01	48.00	595
数海拾贝	2016－01	48.00	590
数学中的美	2011－02	38.00	84
数论中的美学	2014－12	38.00	351
数学王者　科学巨人——高斯	2015－01	28.00	428
振兴祖国数学的圆梦之旅:中国初等数学研究史话	2015－06	98.00	490
二十世纪中国数学史料研究	2015－10	48.00	536
数字谜、数阵图与棋盘覆盖	2016－01	58.00	298
时间的形状	2016－01	38.00	556
数学发现的艺术:数学探索中的合情推理	2016－07	58.00	671
活跃在数学中的参数	2016－07	48.00	675

刘培杰数学工作室
已出版(即将出版)图书目录——高等数学

书　名	出版时间	定　价	编号
格点和面积	2012－07	18.00	191
射影几何趣谈	2012－04	28.00	175
斯潘纳尔引理——从一道加拿大数学奥林匹克试题谈起	2014－01	28.00	228
李普希兹条件——从几道近年高考数学试题谈起	2012－10	18.00	221
拉格朗日中值定理——从一道北京高考试题的解法谈起	2015－10	18.00	197
闵科夫斯基定理——从一道清华大学自主招生试题谈起	2014－01	28.00	198
哈尔测度——从一道冬令营试题的背景谈起	2012－08	28.00	202
切比雪夫逼近问题——从一道中国台北数学奥林匹克试题谈起	2013－04	38.00	238
伯恩斯坦多项式与贝齐尔曲面——从一道全国高中数学联赛试题谈起	2013－03	38.00	236
卡塔兰猜想——从一道普特南竞赛试题谈起	2013－06	18.00	256
麦卡锡函数和阿克曼函数——从一道前南斯拉夫数学奥林匹克试题谈起	2012－08	18.00	201
贝蒂定理与拉姆贝克莫斯尔定理——从一个拣石子游戏谈起	2012－08	18.00	217
皮亚诺曲线和豪斯道夫分球定理——从无限集谈起	2012－08	18.00	211
平面凸图形与凸多面体	2012－10	28.00	218
斯坦因豪斯问题——从一道二十五省市自治区中学数学竞赛试题谈起	2012－07	18.00	196
纽结理论中的亚历山大多项式与琼斯多项式——从一道北京市高一数学竞赛试题谈起	2012－07	28.00	195
原则与策略——从波利亚"解题表"谈起	2013－04	38.00	244
转化与化归——从三大尺规作图不能问题谈起	2012－08	28.00	214
代数几何中的贝祖定理(第一版)——从一道 IMO 试题的解法谈起	2013－08	18.00	193
成功连贯理论与约当块理论——从一道比利时数学竞赛试题谈起	2012－04	18.00	180
素数判定与大数分解	2014－08	18.00	199
置换多项式及其应用	2012－10	18.00	220
椭圆函数与模函数——从一道美国加州大学洛杉矶分校(UCLA)博士资格考题谈起	2012－10	28.00	219
差分方程的拉格朗日方法——从一道 2011 年全国高考理科试题的解法谈起	2012－08	28.00	200
力学在几何中的一些应用	2013－01	38.00	240
高斯散度定理、斯托克斯定理和平面格林定理——从一道国际大学生数学竞赛试题谈起	即将出版		
康托洛维奇不等式——从一道全国高中联赛试题谈起	2013－03	28.00	337
拉克斯定理和阿廷定理——从一道 IMO 试题的解法谈起	2014－01	58.00	246
毕卡大定理——从一道美国大学数学竞赛试题谈起	2014－07	18.00	350
拉格朗日乘子定理——从一道 2005 年全国高中联赛试题的高等数学解法谈起	2015－05	28.00	480
雅可比定理——从一道日本数学奥林匹克试题谈起	2013－04	48.00	249
李天岩－约克定理——从一道波兰数学竞赛试题谈起	2014－06	28.00	349
受控理论与初等不等式:从一道 IMO 试题的解法谈起	2023－03	48.00	1601
布劳维不动点定理——从一道前苏联数学奥林匹克试题谈起	2014－01	38.00	273
莫德尔－韦伊定理——从一道日本数学奥林匹克试题谈起	2024－10	48.00	1602
斯蒂尔杰斯积分——从一道国际大学生数学竞赛试题的解法谈起	2024－10	68.00	1605

刘培杰数学工作室
已出版(即将出版)图书目录——高等数学

书 名	出版时间	定 价	编号
切博塔廖夫猜想——从一道 1978 年全国高中数学竞赛试题谈起	2024-10	38.00	1606
卡西尼卵形线——从一道高中数学期中考试试题谈起	2024-10	48.00	1607
格罗斯问题——亚纯函数的唯一性问题	2024-10	48.00	1608
布格尔问题——从一道第 6 届全国中学生物理竞赛预赛试题谈起	2024-09	68.00	1609
多项式逼近问题——从一道美国大学生数学竞赛试题谈起	2024-10	48.00	1748
中国剩余定理——总数法构建中国历史年表	2015-01	28.00	430
贝克码与编码理论——从一道全国高中数学联赛二试试题的解法谈起	2025-03	48.00	1751
沙可夫斯基定理——从一道韩国数学奥林匹克竞赛试题的解法谈起	2025-01	68.00	1753
斯特林公式——从一道 2023 年高考数学(天津卷)试题的背景谈起	2025-01	28.00	1754
外索夫博弈——从一道瑞士国家队选拔考试试题谈起	2025-03	48.00	1755
分圆多项式——从一道美国国家队选拔考试试题的解法谈起	2025-01	48.00	1786
费马数与广义费马数——从一道 USAMO 试题的解法谈起	2025-01	48.00	1794
拉比诺维奇定理	即将出版		
刘维尔定理——从一道《美国数学月刊》征解问题的解法谈起	即将出版		
卡塔兰恒等式与级数求和——从一道 IMO 试题的解法谈起	即将出版		
勒让德猜想与素数分布——从一道爱尔兰竞赛试题谈起	即将出版		
天平称重与信息论——从一道基辅市数学奥林匹克试题谈起	即将出版		
哈密尔顿一凯莱定理:从一道高中数学联赛试题的解法谈起	2014-09	18.00	376
艾思特曼定理——从一道 CMO 试题的解法谈起	即将出版		
一个爱尔特希问题——从一道西德数学奥林匹克试题谈起	即将出版		
有限群中的爱丁格尔问题——从一道北京市初中二年级数学竞赛试题谈起	即将出版		
糖水中的不等式——从初等数学到高等数学	2019-07	48.00	1093
帕斯卡三角形	2014-03	18.00	294
蒲丰投针问题——从 2009 年清华大学的一道自主招生试题谈起	2014-01	38.00	295
斯图姆定理——从一道“华约”自主招生试题的解法谈起	2014-01	18.00	296
许瓦兹引理——从一道加利福尼亚大学伯克利分校数学系博士生试题谈起	2014-08	18.00	297
拉姆塞定理——从王诗宬院士的一个问题谈起	2016-04	48.00	299
坐标法	2013-12	28.00	332
数论三角形	2014-04	38.00	341
毕克定理	2014-07	18.00	352
数林掠影	2014-09	48.00	389
我们周围的概率	2014-10	38.00	390
凸函数最值定理:从一道华约自主招生题的解法谈起	2014-10	28.00	391
易学与数学奥林匹克	2014-10	38.00	392
生物数学趣谈	2015-01	18.00	409
反演	2015-01	28.00	420
因式分解与圆锥曲线	2015-01	18.00	426
轨迹	2015-01	28.00	427
面积原理:从常庚哲命的一道 CMO 试题的积分解法谈起	2015-01	48.00	431
形形色色的不动点定理:从一道 28 届 IMO 试题谈起	2015-01	38.00	439
柯西函数方程:从一道上海交大自主招生的试题谈起	2015-02	28.00	440

刘培杰数学工作室
已出版(即将出版)图书目录——高等数学

书　　名	出版时间	定　价	编号
三角恒等式	2015－02	28.00	442
无理性判定:从一道 2014 年"北约"自主招生试题谈起	2015－01	38.00	443
数学归纳法	2015－03	18.00	451
极端原理与解题	2015－04	28.00	464
法雷级数	2014－08	18.00	367
摆线族	2015－01	38.00	438
函数方程及其解法	2015－05	38.00	470
含参数的方程和不等式	2012－09	28.00	213
希尔伯特第十问题	2016－01	38.00	543
无穷小量的求和	2016－01	28.00	545
切比雪夫多项式:从一道清华大学金秋营试题谈起	2016－01	38.00	583
泽肯多夫定理	2016－03	38.00	599
代数等式证题法	2016－01	28.00	600
三角等式证题法	2016－01	28.00	601
吴大任教授藏书中的一个因式分解公式:从一道美国数学邀请赛试题的解法谈起	2016－06	28.00	656
易卦——类万物的数学模型	2017－08	68.00	838
"不可思议"的数与数系可持续发展	2018－01	38.00	878
最短线	2018－01	38.00	879

从毕达哥拉斯到怀尔斯	2007－10	48.00	9
从迪利克雷到维斯卡尔迪	2008－01	48.00	21
从哥德巴赫到陈景润	2008－05	98.00	35
从庞加莱到佩雷尔曼	2011－08	138.00	136

从费马到怀尔斯——费马大定理的历史	2013－10	198.00	Ⅰ
从庞加莱到佩雷尔曼——庞加莱猜想的历史	2013－10	298.00	Ⅱ
从切比雪夫到爱尔特希(上)——素数定理的初等证明	2013－07	48.00	Ⅲ
从切比雪夫到爱尔特希(下)——素数定理 100 年	2012－12	98.00	Ⅲ
从高斯到盖尔方特——二次域的高斯猜想	2013－10	198.00	Ⅳ
从库默尔到朗兰兹——朗兰兹猜想的历史	2014－01	98.00	Ⅴ
从比勃巴赫到德布朗斯——比勃巴赫猜想的历史	2014－02	298.00	Ⅵ
从麦比乌斯到陈省身——麦比乌斯变换与麦比乌斯带	2014－02	298.00	Ⅶ
从布尔到豪斯道夫——布尔方程与格论漫谈	2013－10	198.00	Ⅷ
从开普勒到阿诺德——三体问题的历史	2014－05	298.00	Ⅸ
从华林到华罗庚——华林问题的历史	2013－10	298.00	Ⅹ

数学物理大百科全书.第 1 卷	2016－01	418.00	508
数学物理大百科全书.第 2 卷	2016－01	408.00	509
数学物理大百科全书.第 3 卷	2016－01	396.00	510
数学物理大百科全书.第 4 卷	2016－01	408.00	511
数学物理大百科全书.第 5 卷	2016－01	368.00	512

朱德祥代数与几何讲义.第 1 卷	2017－01	38.00	697
朱德祥代数与几何讲义.第 2 卷	2017－01	28.00	698
朱德祥代数与几何讲义.第 3 卷	2017－01	28.00	699

刘培杰数学工作室
已出版(即将出版)图书目录——高等数学

书　　名	出版时间	定　价	编号
闵嗣鹤文集	2011—03	98.00	102
吴从炘数学活动三十年(1951～1980)	2010—07	99.00	32
吴从炘数学活动又三十年(1981～2010)	2015—07	98.00	491
斯米尔诺夫高等数学.第一卷	2018—03	88.00	770
斯米尔诺夫高等数学.第二卷.第一分册	2018—03	68.00	771
斯米尔诺夫高等数学.第二卷.第二分册	2018—03	68.00	772
斯米尔诺夫高等数学.第二卷.第三分册	2018—03	48.00	773
斯米尔诺夫高等数学.第三卷.第一分册	2018—03	58.00	774
斯米尔诺夫高等数学.第三卷.第二分册	2018—03	58.00	775
斯米尔诺夫高等数学.第三卷.第三分册	2018—03	68.00	776
斯米尔诺夫高等数学.第四卷.第一分册	2018—03	48.00	777
斯米尔诺夫高等数学.第四卷.第二分册	2018—03	88.00	778
斯米尔诺夫高等数学.第五卷.第一分册	2018—03	58.00	779
斯米尔诺夫高等数学.第五卷.第二分册	2018—03	68.00	780
zeta 函数,q-zeta 函数,相伴级数与积分(英文)	2015—08	88.00	513
微分形式:理论与练习(英文)	2015—08	58.00	514
离散与微分包含的逼近和优化(英文)	2015—08	58.00	515
艾伦·图灵:他的工作与影响(英文)	2016—01	98.00	560
测度理论概率导论,第2版(英文)	2016—01	88.00	561
带有潜在故障恢复系统的半马尔柯夫模型控制(英文)	2016—01	98.00	562
数学分析原理(英文)	2016—01	88.00	563
随机偏微分方程的有效动力学(英文)	2016—01	88.00	564
图的谱半径(英文)	2016—01	58.00	565
量子机器学习中数据挖掘的量子计算方法(英文)	2016—01	98.00	566
量子物理的非常规方法(英文)	2016—01	118.00	567
运输过程的统一非局部理论:广义波尔兹曼物理动力学,第2版(英文)	2016—01	198.00	568
量子力学与经典力学之间的联系在原子、分子及电动力学系统建模中的应用(英文)	2016—01	58.00	569
算术域(英文)	2018—01	158.00	821
高等数学竞赛:1962—1991年的米洛克斯·史怀哲竞赛(英文)	2018—01	128.00	822
用数学奥林匹克精神解决数论问题(英文)	2018—01	108.00	823
代数几何(德文)	2018—04	68.00	824
丢番图逼近论(英文)	2018—01	78.00	825
代数几何学基础教程(英文)	2018—01	98.00	826
解析数论入门课程(英文)	2018—01	78.00	827
数论中的丢番图问题(英文)	2018—01	78.00	829
数论(梦幻之旅):第五届中日数论研讨会演讲集(英文)	2018—01	68.00	830
数论新应用(英文)	2018—01	68.00	831
数论(英文)	2018—01	78.00	832
测度与积分(英文)	2019—04	68.00	1059
卡塔兰数入门(英文)	2019—05	68.00	1060
多变量数学入门(英文)	2021—05	68.00	1317
偏微分方程入门(英文)	2021—05	88.00	1318
若尔当典范性:理论与实践(英文)	2021—07	68.00	1366
R 统计学概论(英文)	2023—03	88.00	1614
基于不确定静态和动态问题解的仿射算术(英文)	2023—03	38.00	1618

刘培杰数学工作室
已出版(即将出版)图书目录——高等数学

书　　名	出版时间	定　价	编号
湍流十讲(英文)	2018－04	108.00	886
无穷维李代数:第3版(英文)	2018－04	98.00	887
等值、不变量和对称性(英文)	2018－04	78.00	888
解析数论(英文)	2018－09	78.00	889
《数学原理》的演化:伯特兰·罗素撰写第二版时的手稿与笔记(英文)	2018－04	108.00	890
哈密尔顿数学论文集(第4卷):几何学、分析学、天文学、概率和有限差分等(英文)	2019－05	108.00	891
数学王子——高斯	2018－01	48.00	858
坎坷奇星——阿贝尔	2018－01	48.00	859
闪烁奇星——伽罗瓦	2018－01	58.00	860
无穷统帅——康托尔	2018－01	48.00	861
科学公主——柯瓦列夫斯卡娅	2018－01	48.00	862
抽象代数之母——埃米·诺特	2018－01	48.00	863
电脑先驱——图灵	2018－01	58.00	864
昔日神童——维纳	2018－01	48.00	865
数坛怪侠——爱尔特希	2018－01	68.00	866
当代世界中的数学.数学思想与数学基础	2019－01	38.00	892
当代世界中的数学.数学问题	2019－01	38.00	893
当代世界中的数学.应用数学与数学应用	2019－01	38.00	894
当代世界中的数学.数学王国的新疆域(一)	2019－01	38.00	895
当代世界中的数学.数学王国的新疆域(二)	2019－01	38.00	896
当代世界中的数学.数林撷英(一)	2019－01	38.00	897
当代世界中的数学.数林撷英(二)	2019－01	48.00	898
当代世界中的数学.数学之路	2019－01	38.00	899
偏微分方程全局吸引子的特性(英文)	2018－09	108.00	979
整函数与下调和函数(英文)	2018－09	118.00	980
幂等分析(英文)	2018－09	118.00	981
李群,离散子群与不变量理论(英文)	2018－09	108.00	982
动力系统与统计力学(英文)	2018－09	118.00	983
表示论与动力系统(英文)	2018－09	118.00	984
分析学练习.第1部分(英文)	2021－01	88.00	1247
分析学练习.第2部分.非线性分析(英文)	2021－01	88.00	1248
初级统计学:循序渐进的方法:第10版(英文)	2019－05	68.00	1067
工程师与科学家微分方程用书:第4版(英文)	2019－07	58.00	1068
大学代数与三角学(英文)	2019－06	78.00	1069
培养数学能力的途径(英文)	2019－07	38.00	1070
工程师与科学家统计学:第4版(英文)	2019－06	58.00	1071
贸易与经济中的应用统计学:第6版(英文)	2019－06	58.00	1072
傅立叶级数和边值问题:第8版(英文)	2019－05	48.00	1073
通往天文学的途径:第5版(英文)	2019－05	58.00	1074

刘培杰数学工作室
已出版(即将出版)图书目录——高等数学

书　　名	出版时间	定　价	编号
拉马努金笔记. 第 1 卷(英文)	2019—06	165.00	1078
拉马努金笔记. 第 2 卷(英文)	2019—06	165.00	1079
拉马努金笔记. 第 3 卷(英文)	2019—06	165.00	1080
拉马努金笔记. 第 4 卷(英文)	2019—06	165.00	1081
拉马努金笔记. 第 5 卷(英文)	2019—06	165.00	1082
拉马努金遗失笔记. 第 1 卷(英文)	2019—06	109.00	1083
拉马努金遗失笔记. 第 2 卷(英文)	2019—06	109.00	1084
拉马努金遗失笔记. 第 3 卷(英文)	2019—06	109.00	1085
拉马努金遗失笔记. 第 4 卷(英文)	2019—06	109.00	1086

数论:1976 年纽约洛克菲勒大学数论会议记录(英文)	2020—06	68.00	1145
数论:卡本代尔 1979:1979 年在南伊利诺伊卡本代尔大学举行的数论会议记录(英文)	2020—06	78.00	1146
数论:诺德韦克豪特 1983:1983 年在诺德韦克豪特举行的 Journees Arithmetiques 数论大会会议记录(英文)	2020—06	68.00	1147
数论:1985—1988 年在纽约城市大学研究生院和大学中心举办的研讨会(英文)	2020—06	68.00	1148
数论:1987 年在乌尔姆举行的 Journees Arithmetiques 数论大会会议记录(英文)	2020—06	68.00	1149
数论:马德拉斯 1987:1987 年在马德拉斯安娜大学举行的国际拉马努金百年纪念大会会议记录(英文)	2020—06	68.00	1150
解析数论:1988 年在东京举行的日法研讨会会议记录(英文)	2020—06	68.00	1151
解析数论:2002 年在意大利切特拉罗举行的 C. I. M. E. 暑期班演讲集(英文)	2020—06	68.00	1152

量子世界中的蝴蝶:最迷人的量子分形故事(英文)	2020—06	118.00	1157
走进量子力学(英文)	2020—06	118.00	1158
计算物理学概论(英文)	2020—06	48.00	1159
物质,空间和时间的理论:量子理论(英文)	即将出版		1160
物质,空间和时间的理论:经典理论(英文)	即将出版		1161
量子场理论:解释世界的神秘背景(英文)	2020—07	38.00	1162
计算物理学概论(英文)	即将出版		1163
行星状星云(英文)	即将出版		1164
基本宇宙学:从亚里士多德的宇宙到大爆炸(英文)	2020—08	58.00	1165
数学磁流体力学(英文)	2020—07	58.00	1166

计算科学:第 1 卷,计算的科学(日文)	2020—07	88.00	1167
计算科学:第 2 卷,计算与宇宙(日文)	2020—07	88.00	1168
计算科学:第 3 卷,计算与物质(日文)	2020—07	88.00	1169
计算科学:第 4 卷,计算与生命(日文)	2020—07	88.00	1170
计算科学:第 5 卷,计算与地球环境(日文)	2020—07	88.00	1171
计算科学:第 6 卷,计算与社会(日文)	2020—07	88.00	1172
计算科学. 别卷,超级计算机(日文)	2020—07	88.00	1173
多复变函数论(日文)	2022—06	78.00	1518
复变函数入门(日文)	2022—06	78.00	1523

刘培杰数学工作室
已出版(即将出版)图书目录——高等数学

书　　名	出版时间	定　价	编号
代数与数论:综合方法(英文)	2020－10	78.00	1185
复分析:现代函数理论第一课(英文)	2020－07	58.00	1186
斐波那契数列和卡特兰数:导论(英文)	2020－10	68.00	1187
组合推理:计数艺术介绍(英文)	2020－07	88.00	1188
二次互反律的傅里叶分析证明(英文)	2020－07	48.00	1189
旋瓦兹分布的希尔伯特变换与应用(英文)	2020－07	58.00	1190
泛函分析:巴拿赫空间理论入门(英文)	2020－07	48.00	1191
典型群,错排与素数(英文)	2020－11	58.00	1204
李代数的表示:通过 gln 进行介绍(英文)	2020－10	38.00	1205
实分析演讲集(英文)	2020－10	38.00	1206
现代分析及其应用的课程(英文)	2020－10	58.00	1207
运动中的抛射物数学(英文)	2020－10	38.00	1208
2－扭结与它们的群(英文)	2020－10	38.00	1209
概率,策略和选择:博弈与选举中的数学(英文)	2020－11	58.00	1210
分析学引论(英文)	2020－11	58.00	1211
量子群:通往流代数的路径(英文)	2020－11	38.00	1212
集合论入门(英文)	2020－10	48.00	1213
酉反射群(英文)	2020－11	58.00	1214
探索数学:吸引人的证明方式(英文)	2020－11	58.00	1215
微分拓扑短期课程(英文)	2020－10	48.00	1216
抽象凸分析(英文)	2020－11	68.00	1222
费马大定理笔记(英文)	2021－03	48.00	1223
高斯与雅可比和(英文)	2021－03	78.00	1224
π 与算术几何平均:关于解析数论和计算复杂性的研究(英文)	2021－01	58.00	1225
复分析入门(英文)	2021－03	48.00	1226
爱德华·卢卡斯与素性测定(英文)	2021－03	78.00	1227
通往凸分析及其应用的简单路径(英文)	2021－01	68.00	1229
微分几何的各个方面.第一卷(英文)	2021－01	58.00	1230
微分几何的各个方面.第二卷(英文)	2020－12	58.00	1231
微分几何的各个方面.第三卷(英文)	2020－12	58.00	1232
沃克流形几何学(英文)	2020－11	58.00	1233
彷射和韦尔几何应用(英文)	2020－12	58.00	1234
双曲几何学的旋转向量空间方法(英文)	2021－02	58.00	1235
积分:分析学的关键(英文)	2020－12	48.00	1236
为有天分的新生准备的分析学基础教材(英文)	2020－11	48.00	1237

刘培杰数学工作室
已出版(即将出版)图书目录——高等数学

书　　名	出版时间	定　价	编号
数学不等式.第一卷.对称多项式不等式(英文)	2021—03	108.00	1273
数学不等式.第二卷.对称有理不等式与对称无理不等式(英文)	2021—03	108.00	1274
数学不等式.第三卷.循环不等式与非循环不等式(英文)	2021—03	108.00	1275
数学不等式.第四卷.Jensen 不等式的扩展与加细(英文)	2021—03	108.00	1276
数学不等式.第五卷.创建不等式与解不等式的其他方法(英文)	2021—04	108.00	1277

书　　名	出版时间	定　价	编号
冯·诺依曼代数中的谱位移函数:半有限冯·诺依曼代数中的谱位移函数与谱流(英文)	2021—06	98.00	1308
链接结构:关于嵌入完全图的直线中链接单形的组合结构(英文)	2021—05	58.00	1309
代数几何方法.第1卷(英文)	2021—06	68.00	1310
代数几何方法.第2卷(英文)	2021—06	68.00	1311
代数几何方法.第3卷(英文)	2021—06	58.00	1312

书　　名	出版时间	定　价	编号
代数、生物信息和机器人技术的算法问题.第四卷,独立恒等式系统(俄文)	2020—08	118.00	1119
代数、生物信息和机器人技术的算法问题.第五卷,相对覆盖性和独立可拆分恒等式系统(俄文)	2020—08	118.00	1200
代数、生物信息和机器人技术的算法问题.第六卷,恒等式和准恒等式的相等 问题、可推导性和可实现性(俄文)	2020—08	128.00	1201
分数阶微积分的应用:非局部动态过程,分数阶导热系数(俄文)	2021—01	68.00	1241
泛函分析问题与练习:第2版(俄文)	2021—01	98.00	1242
集合论、数学逻辑和算法论问题:第5版(俄文)	2021—01	98.00	1243
微分几何和拓扑短期课程(俄文)	2021—01	98.00	1244
素数规律(俄文)	2021—01	88.00	1245
无穷边值问题解的递减:无界域中的拟线性椭圆和抛物方程(俄文)	2021—01	48.00	1246
微分几何讲义(俄文)	2020—12	98.00	1253
二次型和矩阵(俄文)	2021—01	98.00	1255
积分和级数.第2卷,特殊函数(俄文)	2021—01	168.00	1258
积分和级数.第3卷,特殊函数补充:第2版(俄文)	2021—01	178.00	1264
几何图上的微分方程(俄文)	2021—01	138.00	1259
数论教程:第2版(俄文)	2021—01	98.00	1260
非阿基米德分析及其应用(俄文)	2021—03	98.00	1261

刘培杰数学工作室
已出版(即将出版)图书目录——高等数学

书　　名	出版时间	定　价	编号
古典群和量子群的压缩(俄文)	2021—03	98.00	1263
数学分析习题集.第3卷,多元函数:第3版(俄文)	2021—03	98.00	1266
数学习题:乌拉尔国立大学数学力学系大学生奥林匹克(俄文)	2021—03	98.00	1267
柯西定理和微分方程的特解(俄文)	2021—03	98.00	1268
组合极值问题及其应用:第3版(俄文)	2021—03	98.00	1269
数学词典(俄文)	2021—01	98.00	1271
确定性混沌分析模型(俄文)	2021—06	168.00	1307
精选初等数学习题和定理.立体几何.第3版(俄文)	2021—03	68.00	1316
微分几何习题:第3版(俄文)	2021—05	98.00	1336
精选初等数学习题和定理.平面几何.第4版(俄文)	2021—05	68.00	1335
曲面理论在欧氏空间 En 中的直接表示	2022—01	68.00	1444
维纳一霍普夫离散算子和托普利兹算子:某些可数赋范空间中的诺特性和可逆性(俄文)	2022—03	108.00	1496
Maple 中的数论:数论中的计算机计算(俄文)	2022—03	88.00	1497
贝尔曼和克努特问题及其概括:加法运算的复杂性(俄文)	2022—03	138.00	1498
复分析:共形映射(俄文)	2022—07	48.00	1542
微积分代数样条和多项式及其在数值方法中的应用(俄文)	2022—08	128.00	1543
蒙特卡罗方法中的随机过程和场模型:算法和应用(俄文)	2022—08	88.00	1544
线性椭圆型方程组:论二阶椭圆型方程的迪利克雷问题(俄文)	2022—08	98.00	1561
动态系统解的增长特性:估值、稳定性、应用(俄文)	2022—08	118.00	1565
群的自由积分解:建立和应用(俄文)	2022—08	78.00	1570
混合方程和偏差自变数方程问题:解的存在和唯一性(俄文)	2023—01	78.00	1582
拟度量空间分析:存在和逼近定理(俄文)	2023—01	108.00	1583
二维和三维流形上函数的拓扑性质:函数的拓扑分类(俄文)	2023—03	68.00	1584
齐次马尔科夫过程建模的矩阵方法:此类方法能够用于不同目的的复杂系统研究、设计和完善(俄文)	2023—03	68.00	1594
周期函数的近似方法和特性:特殊课程(俄文)	2023—04	158.00	1622
扩散方程解的矩函数:变分法(俄文)	2023—03	58.00	1623
多赋范空间和广义函数:理论及应用(俄文)	2023—03	98.00	1632
分析中的多值映射:部分应用(俄文)	2023—06	98.00	1634
数学物理问题(俄文)	2023—03	78.00	1636
函数的幂级数与三角级数分解(俄文)	2024—01	58.00	1695
星体理论的数学基础:原子三元组(俄文)	2024—01	98.00	1696
素数规律:专著(俄文)	2024—01	118.00	1697

狭义相对论与广义相对论:时空与引力导论(英文)	2021—07	88.00	1319
束流物理学和粒子加速器的实践介绍:第2版(英文)	2021—07	88.00	1320
凝聚态物理中的拓扑和微分几何简介(英文)	2021—05	88.00	1321
混沌映射:动力学、分形学和快速涨落(英文)	2021—05	128.00	1322
广义相对论:黑洞、引力波和宇宙学介绍(英文)	2021—06	68.00	1323
现代分析电磁均质化(英文)	2021—06	68.00	1324
为科学家提供的基本流体动力学(英文)	2021—06	88.00	1325
视觉天文学:理解夜空的指南(英文)	2021—06	68.00	1326

刘培杰数学工作室
已出版(即将出版)图书目录——高等数学

书　　名	出版时间	定　价	编号
物理学中的计算方法(英文)	2021－06	68.00	1327
单星的结构与演化:导论(英文)	2021－06	108.00	1328
超越居里:1903 年至 1963 年物理界四位女性及其著名发现(英文)	2021－06	68.00	1329
范德瓦尔斯流体热力学的进展(英文)	2021－06	68.00	1330
先进的托卡马克稳定性理论(英文)	2021－06	88.00	1331
经典场论导论:基本相互作用的过程(英文)	2021－07	88.00	1332
光致电离量子动力学方法原理(英文)	2021－07	108.00	1333
经典域论和应力:能量张量(英文)	2021－05	88.00	1334
非线性太赫兹光谱的概念与应用(英文)	2021－06	68.00	1337
电磁学中的无穷空间并矢格林函数(英文)	2021－06	88.00	1338
物理科学基础数学. 第 1 卷,齐次边值问题、傅里叶方法和特殊函数(英文)	2021－07	108.00	1339
离散量子力学(英文)	2021－07	68.00	1340
核磁共振的物理学和数学(英文)	2021－07	108.00	1341
分子水平的静电学(英文)	2021－08	68.00	1342
非线性波:理论、计算机模拟、实验(英文)	2021－06	108.00	1343
石墨烯光学:经典问题的电解解决方案(英文)	2021－06	68.00	1344
超材料多元宇宙(英文)	2021－07	68.00	1345
银河系外的天体物理学(英文)	2021－07	68.00	1346
原子物理学(英文)	2021－07	68.00	1347
将光打结:将拓扑学应用于光学(英文)	2021－07	68.00	1348
电磁学:问题与解法(英文)	2021－07	88.00	1364
海浪的原理:介绍量子力学的技巧与应用(英文)	2021－07	108.00	1365
多孔介质中的流体:输运与相变(英文)	2021－07	68.00	1372
洛伦兹群的物理学(英文)	2021－08	68.00	1373
物理导论的数学方法和解决方法手册(英文)	2021－08	68.00	1374
非线性波数学物理学入门(英文)	2021－08	88.00	1376
波:基本原理和动力学(英文)	2021－07	68.00	1377
光电子量子计量学. 第 1 卷,基础(英文)	2021－07	88.00	1383
光电子量子计量学. 第 2 卷,应用与进展(英文)	2021－07	68.00	1384
复杂流的格子玻尔兹曼建模的工程应用(英文)	2021－08	68.00	1393
电偶极矩挑战(英文)	2021－08	108.00	1394
电动力学:问题与解法(英文)	2021－09	68.00	1395
自由电子激光的经典理论(英文)	2021－08	68.00	1397
曼哈顿计划——核武器物理学简介(英文)	2021－09	68.00	1401

刘培杰数学工作室
已出版(即将出版)图书目录——高等数学

书　　名	出版时间	定　价	编号
粒子物理学(英文)	2021—09	68.00	1402
引力场中的量子信息(英文)	2021—09	128.00	1403
器件物理学的基本经典力学(英文)	2021—09	68.00	1404
等离子体物理及其空间应用导论.第1卷,基本原理和初步过程(英文)	2021—09	68.00	1405
伽利略理论力学:连续力学基础(英文)	2021—10	48.00	1416
磁约束聚变等离子体物理:理想 MHD 理论(英文)	2023—03	68.00	1613
相对论量子场论.第1卷,典范形式体系(英文)	2023—03	38.00	1615
相对论量子场论.第2卷,路径积分形式(英文)	2023—06	38.00	1616
相对论量子场论.第3卷,量子场论的应用(英文)	2023—06	38.00	1617
涌现的物理学(英文)	2023—05	58.00	1619
量子化旋涡:一本拓扑激发手册(英文)	2023—04	68.00	1620
非线性动力学:实践的介绍性调查(英文)	2023—05	68.00	1621
静电加速器:一个多功能工具(英文)	2023—06	58.00	1625
相对论多体理论与统计力学(英文)	2023—06	58.00	1626
经典力学.第1卷,工具与向量(英文)	2023—04	38.00	1627
经典力学.第2卷,运动学和匀加速运动(英文)	2023—04	58.00	1628
经典力学.第3卷,牛顿定律和匀速圆周运动(英文)	2023—04	58.00	1629
经典力学.第4卷,万有引力定律(英文)	2023—04	38.00	1630
经典力学.第5卷,守恒定律与旋转运动(英文)	2023—04	38.00	1631
对称问题:纳维尔—斯托克斯问题(英文)	2023—04	38.00	1638
摄影的物理和艺术.第1卷,几何与光的本质(英文)	2023—04	78.00	1639
摄影的物理和艺术.第2卷,能量与色彩(英文)	2023—04	78.00	1640
摄影的物理和艺术.第3卷,探测器与数码的意义(英文)	2023—04	78.00	1641

拓扑与超弦理论焦点问题(英文)	2021—07	58.00	1349
应用数学:理论、方法与实践(英文)	2021—07	78.00	1350
非线性特征值问题:牛顿型方法与非线性瑞利函数(英文)	2021—07	58.00	1351
广义膨胀和齐性:利用齐性构造齐次系统的李雅普诺夫函数和控制律(英文)	2021—06	48.00	1352
解析数论焦点问题(英文)	2021—07	58.00	1353
随机微分方程:动态系统方法(英文)	2021—07	58.00	1354
经典力学与微分几何(英文)	2021—07	58.00	1355
负定相交形式流形上的瞬子模空间几何(英文)	2021—07	68.00	1356

广义卡塔兰轨道分析:广义卡塔兰轨道计算数字的方法(英文)	2021—07	48.00	1367
洛伦兹方法的变分:二维与三维洛伦兹方法(英文)	2021—08	38.00	1378
几何、分析和数论精编(英文)	2021—08	68.00	1380
从一个新角度看数论:通过遗传方法引入现实的概念(英文)	2021—07	58.00	1387
动力系统:短期课程(英文)	2021—08	68.00	1382

刘培杰数学工作室
已出版(即将出版)图书目录——高等数学

书　　名	出版时间	定　价	编号
几何路径:理论与实践(英文)	2021—08	48.00	1385
广义斐波那契数列及其性质(英文)	2021—08	38.00	1386
论天体力学中某些问题的不可积性(英文)	2021—07	88.00	1396
对称函数和麦克唐纳多项式:余代数结构与 Kawanaka 恒等式	2021—09	38.00	1400
杰弗里·英格拉姆·泰勒科学论文集:第 1 卷.固体力学(英文)	2021—05	78.00	1360
杰弗里·英格拉姆·泰勒科学论文集:第 2 卷.气象学、海洋学和湍流(英文)	2021—05	68.00	1361
杰弗里·英格拉姆·泰勒科学论文集:第 3 卷.空气动力学以及落弹数和爆炸的力学(英文)	2021—05	68.00	1362
杰弗里·英格拉姆·泰勒科学论文集:第 4 卷.有关流体力学(英文)	2021—05	58.00	1363
非局域泛函演化方程:积分与分数阶(英文)	2021—08	48.00	1390
理论工作者的高等微分几何:纤维丛、射流流形和拉格朗日理论(英文)	2021—08	68.00	1391
半线性退化椭圆微分方程:局部定理与整体定理(英文)	2021—07	48.00	1392
非交换几何、规范理论和重整化:一般简介与非交换量子场论的重整化(英文)	2021—09	78.00	1406
数论论文集:拉普拉斯变换和带有数论系数的幂级数(俄文)	2021—09	48.00	1407
挠理论专题:相对极大值,单射与扩充模(英文)	2021—09	88.00	1410
强正则图与欧几里得若尔当代数:非通常关系中的启示(英文)	2021—10	48.00	1411
拉格朗日几何和哈密顿几何:力学的应用(英文)	2021—10	48.00	1412
时滞微分方程与差分方程的振动理论:二阶与三阶(英文)	2021—10	98.00	1417
卷积结构与几何函数理论:用以研究特定几何函数理论方向的分数阶微积分算子与卷积结构(英文)	2021—10	48.00	1418
经典数学物理的历史发展(英文)	2021—10	78.00	1419
扩展线性丢番图问题(英文)	2021—10	38.00	1420
一类混沌动力系统的分歧分析与控制:分歧分析与控制(英文)	2021—11	38.00	1421
伽利略空间和伪伽利略空间中一些特殊曲线的几何性质(英文)	2022—01	48.00	1422
一阶偏微分方程:哈密尔顿—雅可比理论(英文)	2021—11	48.00	1424
各向异性黎曼多面体的反问题:分段光滑的各向异性黎曼多面体反边界谱问题:唯一性(英文)	2021—11	38.00	1425

刘培杰数学工作室
已出版(即将出版)图书目录——高等数学

书 名	出版时间	定 价	编号
项目反应理论手册.第一卷,模型(英文)	2021—11	138.00	1431
项目反应理论手册.第二卷,统计工具(英文)	2021—11	118.00	1432
项目反应理论手册.第三卷,应用(英文)	2021—11	138.00	1433
二次无理数:经典数论入门(英文)	2022—05	138.00	1434
数,形与对称性:数论,几何和群论导论(英文)	2022—05	128.00	1435
有限域手册(英文)	2021—11	178.00	1436
计算数论(英文)	2021—11	148.00	1437
拟群与其表示简介(英文)	2021—11	88.00	1438
数论与密码学导论:第二版(英文)	2022—01	148.00	1423
几何分析中的柯西变换与黎兹变换:解析调和容量和李普希兹调和容量、变化和振荡以及一致可求长性(英文)	2021—12	38.00	1465
近似不动点定理及其应用(英文)	2022—05	28.00	1466
局部域的相关内容解析:对局部域的扩展及其伽罗瓦群的研究(英文)	2022—01	38.00	1467
反问题的二进制恢复方法(英文)	2022—03	28.00	1468
对几何函数中某些类的各个方面的研究:复变量理论(英文)	2022—01	38.00	1469
覆盖、对应和非交换几何(英文)	2022—01	28.00	1470
最优控制理论中的随机线性调节器问题:随机最优线性调节器问题(英文)	2022—01	38.00	1473
正交分解法:涡流流体动力学应用的正交分解法(英文)	2022—01	38.00	1475
芬斯勒几何的某些问题(英文)	2022—03	38.00	1476
受限三体问题(英文)	2022—05	38.00	1477
利用马利亚万微积分进行 Greeks 的计算:连续过程、跳跃过程中的马利亚万微积分和金融领域中的 Greeks(英文)	2022—05	48.00	1478
经典分析和泛函分析的应用:分析学的应用(英文)	2022—05	38.00	1479
特殊芬斯勒空间的探究(英文)	2022—03	48.00	1480
某些图形的施泰纳距离的细谷多项式:细谷多项式与图的维纳指数(英文)	2022—05	38.00	1481
图论问题的遗传算法:在新鲜与模糊的环境中(英文)	2022—05	48.00	1482
多项式映射的渐近簇(英文)	2022—05	38.00	1483
一维系统中的混沌:符号动力学,映射序列,一致收敛和沙可夫斯基定理(英文)	2022—05	38.00	1509
多维边界层流动与传热分析:粘性流体流动的数学建模与分析(英文)	2022—05	38.00	1510

刘培杰数学工作室
已出版(即将出版)图书目录——高等数学

书　　名	出版时间	定　价	编号
演绎理论物理学的原理:一种基于量子力学波函数的逐次置信估计的一般理论的提议(英文)	2022—05	38.00	1511
R^2 和 R^3 中的仿射弹性曲线:概念和方法(英文)	2022—08	38.00	1512
算术数列中除数函数的分布:基本内容、调查、方法、第二矩、新结果(英文)	2022—05	28.00	1513
抛物型狄拉克算子和薛定谔方程:不定常薛定谔方程的抛物型狄拉克算子及其应用(英文)	2022—07	28.00	1514
黎曼-希尔伯特问题与量子场论:可积重正化、戴森-施温格方程(英文)	2022—08	38.00	1515
代数结构和几何结构的形变理论(英文)	2022—08	48.00	1516
概率结构和模糊结构上的不动点:概率结构和直觉模糊度量空间的不动点定理(英文)	2022—08	38.00	1517
反若尔当对:简单反若尔当对的自同构(英文)	2022—07	28.00	1533
对某些黎曼—芬斯勒空间变换的研究:芬斯勒几何中的某些变换(英文)	2022—07	38.00	1534
内诣零流形映射的尼尔森数的阿诺索夫关系(英文)	2023—01	38.00	1535
与广义积分变换有关的分数次演算:对分数次演算的研究(英文)	2023—01	48.00	1536
强子的芬斯勒几何和吕拉几何(宇宙学方面):强子结构的芬斯勒几何和吕拉几何(拓扑缺陷)(英文)	2022—08	38.00	1537
一种基于混沌的非线性最优化问题:作业调度问题(英文)	即将出版		1538
广义概率论发展前景:关于趣味数学与置信函数实际应用的一些原创观点(英文)	即将出版		1539
纽结与物理学:第二版(英文)	2022—09	118.00	1547
正交多项式和q—级数的前沿(英文)	2022—09	98.00	1548
算子理论问题集(英文)	2022—03	108.00	1549
抽象代数:群、环与域的应用导论:第二版(英文)	2023—01	98.00	1550
菲尔兹奖得主演讲集:第三版(英文)	2023—01	138.00	1551
多元实函数教程(英文)	2022—09	118.00	1552
球面空间形式群的几何学:第二版(英文)	2022—09	98.00	1566
对称群的表示论(英文)	2023—01	98.00	1585
纽结理论:第二版(英文)	2023—01	88.00	1586
拟群理论的基础与应用(英文)	2023—01	88.00	1587
组合学:第二版(英文)	2023—01	98.00	1588
加性组合学:研究问题手册(英文)	2023—01	68.00	1589
扭曲、平铺与镶嵌:几何折纸中的数学方法(英文)	2023—01	98.00	1590
离散与计算几何手册:第三版(英文)	2023—01	248.00	1591
离散与组合数学手册:第二版(英文)	2023—01	248.00	1592

刘培杰数学工作室
已出版(即将出版)图书目录——高等数学

书　　名	出版时间	定　价	编号
分析学教程. 第1卷,一元实变量函数的微积分分析学介绍(英文)	2023-01	118.00	1595
分析学教程. 第2卷,多元函数的微分和积分,向量微积分(英文)	2023-01	118.00	1596
分析学教程. 第3卷,测度与积分理论,复变量的复值函数(英文)	2023-01	118.00	1597
分析学教程. 第4卷,傅里叶分析,常微分方程,变分法(英文)	2023-01	118.00	1598
共形映射及其应用手册(英文)	2024-01	158.00	1674
广义三角函数与双曲函数(英文)	2024-01	78.00	1675
振动与波:概论:第二版(英文)	2024-01	88.00	1676
几何约束系统原理手册(英文)	2024-01	120.00	1677
微分方程与包含的拓扑方法(英文)	2024-01	98.00	1678
数学分析中的前沿话题(英文)	2024-01	198.00	1679
流体力学建模:不稳定性与湍流(英文)	2024-03	88.00	1680
动力系统:理论与应用(英文)	2024-03	108.00	1711
空间统计学理论:概述(英文)	2024-03	68.00	1712
梅林变换手册(英文)	2024-03	128.00	1713
非线性系统及其绝妙的数学结构. 第1卷(英文)	2024-03	88.00	1714
非线性系统及其绝妙的数学结构. 第2卷(英文)	2024-03	108.00	1715
Chip-firing 中的数学(英文)	2024-04	88.00	1716
阿贝尔群的可确定性:问题、研究、概述(俄文)	2024-05	716.00(全7册)	1727
素数规律:专著(俄文)	2024-05	716.00(全7册)	1728
函数的幂级数与三角级数分解(俄文)	2024-05	716.00(全7册)	1729
星体理论的数学基础:原子三元组(俄文)	2024-05	716.00(全7册)	1730
技术问题中的数学物理微分方程(俄文)	2024-05	716.00(全7册)	1731
概率论边界问题:随机过程边界穿越问题(俄文)	2024-05	716.00(全7册)	1732
代数和幂等配置的正交分解:不可交换组合(俄文)	2024-05	716.00(全7册)	1733
数学物理精选专题讲座:李理论的进一步应用(英文)	2024-10	252.00(全4册)	1775
工程师和科学家应用数学概论:第二版(英文)	2024-10	252.00(全4册)	1775
高等微积分快速入门(英文)	2024-10	252.00(全4册)	1775
微分几何的各个方面. 第四卷(英文)	2024-10	252.00(全4册)	1775
具有连续变量的量子信息形式主义概论(英文)	2024-10	378.00(全6册)	1776
拓扑绝缘体(英文)	2024-10	378.00(全6册)	1776
论全息度量原则:从大学物理到黑洞热力学(英文)	2024-10	378.00(全6册)	1776
量化测量:无所不在的数字(英文)	2024-10	378.00(全6册)	1776
21世纪的彗星:体验下一颗伟大彗星的个人指南(英文)	2024-10	378.00(全6册)	1776
激光及其在玻色-爱因斯坦凝聚态观测中的应用(英文)	2024-10	378.00(全6册)	1776

刘培杰数学工作室
已出版(即将出版)图书目录——高等数学

书　　名	出版时间	定　价	编号
随机矩阵理论的最新进展(英文)	2025—02	78.00	1797
计算代数几何的应用(英文)	2025—02	78.00	1798
纽结与物理学的交界(英文)	2025—03	98.00	1799
公钥密码学(英文)	2025—02	78.00	1800
量子计算:一个对21世纪和千禧年的宏大的数学挑战(英文)	2025—02	108.00	1801
信息流的数学基础(英文)	2025—01	98.00	1802
偏微分方程的最新研究进展:威尼斯1996(英文)	2025—01	108.00	1803
拉东变换、反问题及断层成像(英文)	2025—02	78.00	1804
应用与计算拓扑学进展(英文)	2025—02	98.00	1805
复动力系统:芒德布罗集与朱利亚集背后的数学(英文)	2025—02	98.00	1806
双曲问题:理论、数值数据及应用(全2册)(英文)	即将出版		1807

联系地址:哈尔滨市南岗区复华四道街10号　哈尔滨工业大学出版社刘培杰数学工作室

邮　　编:150006

联系电话:0451—86281378　　13904613167

E-mail:lpj1378@163.com